现代职业教育新形态人才培养体系教材

中高本院校（高职）：婴幼儿托育服务与管理专业

婴幼儿
心理发展

本书编写组 编

SPM
南方传媒 广东人民出版社
·广州·

图书在版编目（CIP）数据

婴幼儿心理发展 / 本书编写组编. —广州：广东人民出版社，2023.8
（2025.8重印）
　　ISBN 978-7-218-16892-0

Ⅰ.①婴…　Ⅱ.①本…　Ⅲ.①婴幼儿心理学　Ⅳ.①B844.12

中国国家版本馆CIP数据核字（2023）第162868号

Yingyou'er Xinli Fazhan

婴 幼 儿 心 理 发 展

本书编写组　编

出 版 人：肖风华

策划编辑：张　瑀
责任编辑：李媛媛
责任校对：胡艺超
责任技编：吴彦斌
装帧设计：奔流文化

出版发行：广东人民出版社
地　　址：广州市越秀区大沙头四马路10号（邮政编码：510199）
电　　话：（020）85716809（总编室）
传　　真：（020）83289585
网　　址：https://www.gdpph.com
印　　刷：广州小明数码印刷有限公司
开　　本：787毫米×1092毫米　1/16
印　　张：21.75　　字　　数：390千
版　　次：2023年8月第1版
印　　次：2025年8月第6次印刷
定　　价：49.80元

如发现印装质量问题，影响阅读，请与出版社（020-85716849）联系调换。
售书热线：（020）85716896

前　言

　　婴幼儿心理发展是婴幼儿托育服务与管理专业及早期教育专业的一门专业基础课。本书基于学习成果导向理论，对接职业教育课程标准而开发，全面介绍了0~3岁婴幼儿心理发展方面的专业知识和主要理论，旨在让学生了解婴幼儿心理发展的基本特点和规律，提高学生在实际工作中运用这些知识解决相关教育问题的能力，培养学生深入探究婴幼儿心理发展的兴趣。

　　本书共分为九章，分别是绪论、婴幼儿心理发展的生理基础、婴幼儿的动作发展、婴幼儿的认知发展、婴幼儿的言语发展、婴幼儿的情绪情感发展、婴幼儿的个性发展、婴幼儿的社会化发展、婴幼儿各年龄阶段特点及照护策略。

　　本书的编写团队为高等专科、本科学校学前心理学专任教师，妇幼保健院主任医师及托育机构负责人。团队成员在编写过程中结合各自丰富的学前心理学教学与科研经验或幼儿园、早教机构教育实践经验，力求科学、实用、创新，辅之以案例分析和拓展阅读，使本书理论与实践并重，图文并茂，且具有以下明显特色。

　　1. 对接职业教育课程标准，基于学习成果导向理论，于每章开头设置思维导图、学习成果目标，引入主题；结尾设置真题回放，以检验章节学习成果。部分章后设置学习情境和实践项目，与岗位实际工作相匹配，给学生以一定的实践体验。

　　2. 创新性地挖掘中华优秀传统文化中的心理学元素，在部分知识点讲解过程中通过学生熟悉的诗歌、成语、谚语、中华经典故事等诠释其中蕴含的心理学知识，帮助学生更快地理解、掌握知识点，同时提高学生的文化素养，传承中华优秀传统文化。

　　3. 体现课程思政思想，将知识的传授与价值的引领有机结合在一起，引导学生在学习专业知识的同时感受其中的德育内涵，通过德育与智育的融合，在专业课程中培养学生尊重儿童、理解儿童、爱护儿童和爱岗敬业的优良品格，实现知识传授、价值塑造和能力培养的多元统一。

本书由广东交通职业技术学院教育与艺术学院罗罕淑院长担任主编，负责全书编写大纲的审核、指导及全书的审定工作，陈明珠、周佩芳担任副主编，广东技术师范大学陈丽负责初审。编写团队成员具体分工如下：第一章由陈明珠负责，第二章由陈美媛负责，第三章由梁亭玉负责，第四章由吴珊琦、王艺静负责，第五章由施鸿秀负责，第六章由周佩芳负责，第七章由陈亚女负责，第八章由周佩芳负责，第九章由林穗方、张珺负责。

本书既可作为职业院校婴幼儿托育服务与管理专业、早期教育专业的教材，也可作为托育服务中心教师、早教机构教师的培训资料，同时可以作为婴幼儿家长和对婴幼儿心理发展感兴趣人士的学习参考用书。

婴幼儿心理发展是一个有待持续探究的领域，由于编写团队的水平和经验有限，本书难免存在不足之处，敬请广大师生、同仁提出宝贵意见和建议，以便今后进一步修改完善。

目录

Contents

第四章　婴幼儿的认知发展

第五章　婴幼儿的言语发展

第六章　婴幼儿的情绪情感发展

第七章　婴幼儿的个性发展

第一章

绪论

1

扫码获取配套资源

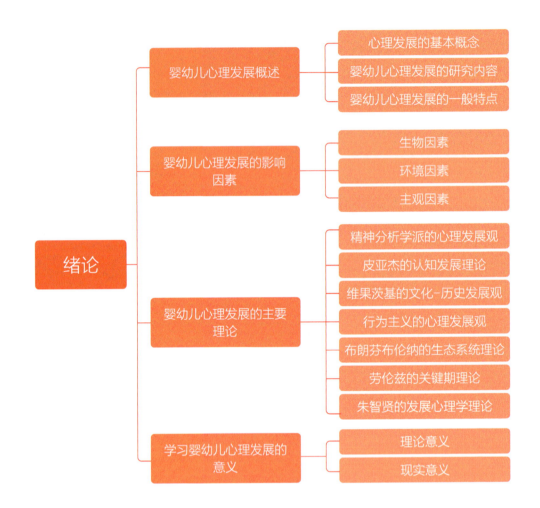

思维导图

绪论

- 婴幼儿心理发展概述
  - 心理发展的基本概念
  - 婴幼儿心理发展的研究内容
  - 婴幼儿心理发展的一般特点
- 婴幼儿心理发展的影响因素
  - 生物因素
  - 环境因素
  - 主观因素
- 婴幼儿心理发展的主要理论
  - 精神分析学派的心理发展观
  - 皮亚杰的认知发展理论
  - 维果茨基的文化-历史发展观
  - 行为主义的心理发展观
  - 布朗芬布伦纳的生态系统理论
  - 劳伦兹的关键期理论
  - 朱智贤的发展心理学理论
- 学习婴幼儿心理发展的意义
  - 理论意义
  - 现实意义

学习成果目标

（一）知识目标

（1）能阐述心理发展的基本概念。

（2）能阐释婴幼儿心理发展的一般特点。

（3）能阐述影响婴幼儿心理发展的主要因素。

（4）能阐释婴幼儿心理发展的主要理论。

（二）技能目标

（1）能联系实际情况分析影响婴幼儿心理发展的主要因素。

（2）能运用婴幼儿心理发展的主要理论分析婴幼儿心理发展特点。

（三）思政素质目标

（1）喜爱婴幼儿，建立良好的职业道德和教育使命感。

（2）能养成正确的儿童观和教育观。

第一节　婴幼儿心理发展概述

 情境导入

　　2岁半的玥玥和2岁半的明明是同学也是邻居，这天他们在公园里玩的时候看到一只小狗。玥玥很喜欢小狗，就跑过去抱了小狗一下。明明也喜欢小狗，当他想抱抱小狗时，小狗突然叫了一声，明明被吓哭了，边哭边喊："小狗吓死我了！"

　　这个案例中，同样喜欢小狗，同样听到小狗的叫声，为什么玥玥没有被吓坏，明明却被吓坏了？

知识导读

　　每个人的心理发展都不一样，婴幼儿的心理发展也不例外，如果能了解婴幼儿心理发展的特点，了解其心理发展的影响因素，掌握心理发展的主要理论特点，认识婴幼儿各阶段的心理发展特点及其关键期和敏感期，那么将给婴幼儿心理健康的建立和发展带来重要的指引和帮助。

一　心理发展的基本概念

（一）什么是心理

　　心理是指人内在符号活动梳理的过程和结果，具体是指生物对客观物质世界的主观反映。心理的表现形式即心理现象，心理就是心理现象的简称。心理现象的具体形式是多种多样的，心理学家通常将心理现象划分为心理过程和个性心理两大类。

1. 心理过程

心理过程是指人的心理活动发生、发展的过程，也就是人脑对客观现实的反映过程。它包括认知过程、情绪情感过程、意志过程，简称知、情、意。

认知过程是指一个人认识、反映客观事物时的心理过程。认知形式包括感知、记忆、思维、想象等。此外，当代认知心理学将言语也列为认知发展的内容之一。

情绪情感过程是指人在对客观事物的认识过程中形成的态度体验，如兴奋、愉快、愤怒、悲伤等，它总是和人的需求紧密相连。

意志过程是指人在有目的、有计划的行动中克服困难、排除障碍以达到预期目的的内在心理过程。

心理过程的这三个方面密切相关。认知过程是前提，情绪情感过程和意志过程是在认知过程的基础上产生和发展的；情绪情感过程总是伴随着认知过程和意志过程，并对认知过程和意志过程起到促进或阻碍的作用；意志过程是认知过程的保障，同时也对情绪情感过程起到调节作用。

2. 个性心理

心理过程体现的是人所共有的反映形式，每个人在反映客观现实时还表现出个体差异，这些差异构成了个性心理，具体体现在三个方面：个性倾向性、个性心理特征、自我意识。

个性倾向性是指一个人所具有的意识倾向和对客观事物的稳定态度，主要包括需要、动机、兴趣、理想、信念、价值观和世界观等。

个性心理特征是指人的多种心理特点的一种独特的结合，是个体经常而稳定地表现出来的心理特点，主要包括能力、气质、性格。

自我意识是指对自己身心活动的觉察，即自己对自己的认识，具体包括认识自己的生理状况、心理特征以及自己与他人的关系。

（二）什么是心理发展及婴幼儿心理发展

心理发展，广义上是指人类个体从出生到死亡整个一生的心理变化；狭义上是指个体的心理从不成熟到成熟的整个成长过程。本书对婴幼儿心理发展的定义是指0~3岁婴幼儿随着年龄和经验的增长，在神经生理、身体动作、认知、言语、情感和社会性等方面发生的积极、有序、系统、持续的变化过程。

心理是人脑对客观现实主观能动的反映，这就意味着婴幼儿即使年龄再小，也不是只能被动地接受外界的影响。婴幼儿对外界事物的反应会受到其先天遗传特征、气质特征、主观经历的影响。最新研究也表明，婴幼儿心理发展变化是一个积极主动的过程，是基因、经验、环境各个层面之间相互作用的结果。

婴幼儿心理发展不是某一种心理现象的变化，而是各种心理现象作为一个整体的变化发展过程。虽然在生命初期，心理现象之间尚未形成一个有机整体，但心理发展始终按照一定的规律，经历一定的阶段向着整体方向发展，多种心理现象相互联系、相互协调，有序、系统地发展，最终展现出心理整体的面貌。

婴幼儿心理发展与年龄有着密切的关系。它相对持久，是一个持续的过程，有来龙去脉，有前因后果。在人的一生当中，发展变化最快的就是婴幼儿时期，即出生的头三年。这个时期的心理发展是人生后续发展的基石，这个时期的发展情况将会给后续发展带来深刻的影响。

二 婴幼儿心理发展的研究内容

众所周知，心理成长的经历是一个多侧面的发展过程，包括技能和知识的获得、注意和记忆能力的提高、神经元和其他生物能力的增长、人格的形成与改变、对自己与他人理解的增进与重组、情绪和行为调节的发展、沟通与合作能力的加强及各种各样的其他成就。婴幼儿心理发展既关注婴幼儿心理活动的一般规律，又探究认知、情绪及社会化等具体领域的发展规律。面对纷繁复杂的发展现象，研究者大多倾向于将婴幼儿发展心理学划分为三大研究领域——生理与动作发展，认知与言语发展，情绪、人格与社会性发展，如表1-1所示。

表1-1 婴幼儿发展心理学的三大研究领域

研究领域	具体研究内容	研究问题举例
生理与动作发展	考察身体的构造方式，如大脑、神经系统、肌肉，以及感觉能力、饮食和睡眠需求等对心理与行为的影响；考察婴幼儿动作的发展及其与心理发展的关系	◇什么决定了胎儿的性别 ◇哪些因素会导致胎儿畸形 ◇婴幼儿的神经系统经历了哪些发展 ◇个体动作发展遵循何种轨迹 ◇动作发展受到哪些因素的影响

（续表）

研究领域	具体研究内容	研究问题举例
认知与言语发展	研究认知发展，包括注意、记忆、学习、知觉、思维、想象等，也包括在社会交往中、个体认知活动中所使用的语言	◇人在婴儿期最早能够回忆哪些内容 ◇空间推理能力是否与练习有关 ◇个体的问题解决能力如何发展 ◇孩子如何获得言语能力 ◇双语是否有利于个体发展
情绪、人格与社会性发展	研究个体独有的持久特质，以及在生命过程中与他人互动和社会关系的发展、变化、保持的方式	◇新生儿对父母和其他人的回应是否有差别 ◇管教婴幼儿的最佳方式是什么 ◇对于性别的认同感何时发展起来

发展是一个有机的整体，各个领域的发展相互影响。生理与动作，认知与言语，情绪、人格与社会性的发展贯穿于发展全过程，其中生理与动作发展是心理发展的基础。

三　婴幼儿心理发展的一般特点

心理发展是有客观规律的。它是通过量变而达到质变的过程；是从简单到复杂、由低级到高级、新质否定旧质的过程；是矛盾着的对立面又统一又斗争的过程。婴幼儿心理发展表现出一些带有普遍性的特点，概括起来有以下几点。

（一）连续性和阶段性

1. 发展的连续性

发展的连续性是指心理发展是循序渐进的、不间断的，量的积累过程表现为连续性。每个人每天都在改变着，只不过这种改变有时候微小到我们不能轻易察觉。

2. 发展的阶段性

当量变积累到一定程度就会产生质变。发展过程中的质变，特别是大的质变，意味着心理发展达到了一个新的阶段，这个新阶段会出现不同于其他阶段的特点（年龄特征），从而形成心理发展的阶段性。心理发展的年龄特征是指每个年龄阶段中形成并表现出来的一般的、典型的、本质的心理特征。需要强调的

是，阶段与阶段之间没有明显界限，而总是有一个承上启下的过渡。

3. 心理发展是连续性和阶段性的辩证统一

心理发展是一个连续的、渐变的过程，在连续发展中重大的质变构成了发展的阶段性，阶段之间的交叉重叠又体现了发展的连续性。也就是说，各阶段之间的界限并不明显，前一阶段是后一阶段的基础和前提，后一阶段是前一阶段的完善和提高；前一阶段总包含后一阶段的某些特征的萌芽，而后一阶段又总带有前一阶段某些特征的痕迹。可见心理发展是连续性和阶段性的辩证统一。

（二）方向性和顺序性

1. 发展的方向性

发展的方向性是指发展总是朝着一定方向前进。这种方向性具体表现在心理发展趋势上——从简单到复杂，从低级到高级，从具体到抽象，从被动到主动，从零乱到成体系。可见，心理发展就是个体的心理从不成熟到成熟的整个成长过程。

心理发展始终遵循上述趋势进行。婴幼儿心理处于发展的起始阶段，各种心理活动相继发生，逐渐达到齐全——从笼统到开始分化，从非常具体到出现抽象概括的萌芽，从完全被动到出现最初的主动性，从非常零乱到出现系统性的萌芽。

2. 发展的顺序性

发展的顺序性是指个体发展具有一定先后顺序的特性。在正常情况下，个体之间的发展速度有差异，但发展顺序不会颠倒，发展阶段也不会被逾越。顺序性反映出发展阶段之间的密切关系，对婴幼儿来说，意味着学好走路才可以学跑，学好说话才可以更好地沟通与交流。换句话说，个体只有将每个阶段的发展任务完成好，才可以顺利进入下一个阶段的发展。

发展的顺序性表现在很多方面，主要有以下几点。

（1）发展遵循首尾规律和近远规律，即从头到脚、从身体的中轴到边缘。婴幼儿的头部发育最早，其次是躯干，最后是下肢。所以婴幼儿动作发展的顺序是先会抬头，后会翻身，再会坐、爬，最后才会走路；先发展臂部动作，后发展手指动作。

（2）神经系统最早成熟，骨骼系统次之，最后是生殖系统。

（3）大脑的感觉皮层先成熟，然后才是顶叶外侧及其他区域，即与基本功能（如感觉、运动）相关的脑区（感觉和运动皮层）最早成熟，然后是与空间导向、言语发展和注意相关的颞顶叶联合皮层，最后才是与执行功能、协调动作相关的前额叶和外侧颞叶皮层。

（4）与大脑皮层发育顺序相对应，心理机能的发展也有顺序性，如感知能力最先发展，其次是运动、言语等能力，抽象思维能力发展最晚。显然，婴幼儿心理机能发展与大脑皮层发育成熟的顺序是一致的。

（5）全世界儿童言语能力的发展顺序基本上是一致的：1岁左右开始说出单音节词句，2岁时说出双音节词句，3~6岁逐渐掌握口语规则（语法）和词汇，到了学前末期已经掌握大部分语法规则和几千个词汇。

（三）不均衡性和整体性

1. 发展的不均衡性

心理发展的不均衡性表现在两个方面。一方面，同一心理现象的发展速度不是均衡的，即发展不是等速的。年龄越小发展的速度越快，这是婴幼儿心理发展的规律。新生儿心理是一周一个样，满月后是一个月一个样，周岁以后发展速度缓慢下来，两三岁以后幼儿相隔一周变化一般就不那么明显了。另一方面，不同心理现象的发展速度是不均衡的，如感知觉在出生后迅速发展，而思维的发展则要经过相当长的孕育过程，到2岁左右才真正发生发展起来。

另外，婴幼儿发展过程中还存在着关键期和敏感期。

（1）关键期。

这一概念源自奥地利动物学家劳伦兹（Konrad Lorenz）发现的"印刻现象"。关键期是孩子对某一方面最敏感的时期。在此期间，大脑对某种类型的信息输入产生反应，以创造或巩固神经网络。胎儿神经细胞的数目从第3个月开始迅速增长，每分钟超过25万个。人类的新生儿是在大脑发育未成熟的状态下出生的，出生后还要继续生长发育，完善大脑的功能。到1岁时大脑的重量已达到成人的1/2，0~3岁是人一生中大脑发育最快的时期。关键期六大核心领域如图1-1所示。

（2）敏感期。

敏感期是指一个人心理发展过程中，因为外界刺激而出现促进或者阻碍某一心理特点的发展阶段。蒙台梭利认为，儿童在每一个特定的时期都有一种特殊的

感受能力，这种感受能力促使其对环境中的某些事物很敏感，对有关事物的注意力很集中，很有耐心，而对其他事物则置若罔闻。

敏感期强调的是适宜的环境。所谓适宜的环境，是指能引发婴幼儿经验的环境，能促进其发展的环境。婴幼儿（0～6岁）敏感期如图1-2所示。

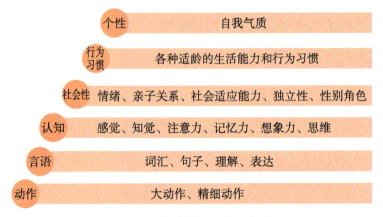

图1-1　关键期六大核心领域

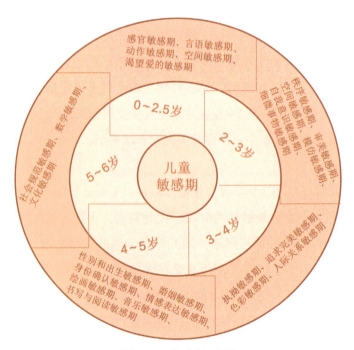

图1-2　儿童敏感期

2. 发展的整体性

整体性是指婴幼儿心理各领域的发展并非孤立进行，认知、言语、动作、社会性、个性之间有着密不可分的关系，彼此相互影响、相互促进，整体向前发展。

（四）普遍性和差异性

1. 发展的普遍性

发展的普遍性是指婴幼儿心理发展存在一个客观的过程，这个客观过程不以人的主观愿望为转移，心理发展的总趋势和各个心理过程的具体发展都遵循一定的客观规律。心理学就是要揭示这些普遍规律。

2. 发展的差异性

发展的差异性是指每个婴幼儿的心理发展都有自己的特点和风格，在发展的速度、发展的优势领域及最终达到的发展水平等方面存在个体差异，从而呈现出心理发展的个体差异性。这种差异是遗传、环境和自身因素综合作用的结果。

没有任何两个婴幼儿是以同样的方式、同样的速率发展的，每个婴幼儿都是独一无二的，都有自己独特的发展进程和发展方式。当代心理学强调要尊重婴幼儿发展的差异性，承认发展的多元化，承认不同发展条件、不同社会环境、不同文化对心理发展的影响。个体差异意味着不能采用同一种方法来对待所有婴幼儿，而应该依据每个婴幼儿的独特性采取有针对性的教育方法，从个性出发、因材施教才是符合婴幼儿心理发展规律的教育。

第二节　婴幼儿心理发展的影响因素

 情境导入

安安和小松在构建区域搭建房子，到了吃饭前洗手的环节，他们完全沉浸在自己的活动中，对马老师多次的提醒充耳不闻。这时，马老师走过来对他们说："再不洗手吃饭，等一下就不给饭吃了。"其实，马老师只是想吓唬吓唬他们，没想到小松被吓哭了，越哭声音越大，而安安依然在搭建自己的房子。

这个案例中，听到同样的一句话，两个孩子为什么有不一样的反应？影响婴幼儿心理发展的因素有哪些？

 知识导读

婴幼儿心理发展的影响因素很多，而且非常复杂。心理发展与其影响因素之间不是一一对应的因果关系，心理发展是多种因素交互作用的结果。本节主要论述的是三个最基本的影响因素：生物因素、环境因素和主观因素。

一　生物因素

影响婴幼儿心理发展的生物因素包括遗传和生理成熟，而生理成熟总是伴随着重要心理现象的发展。

（一）遗传为心理发展提供可能性，奠定个体差异基础

婴幼儿心理发展的首要影响因素来自遗传。

首先，遗传因素提供了心理发展的最初前提和可能性。人类神经系统高级部位的结构、机能高度发达，这是其他一切生物所没有的特征。人类共有的遗传素质是婴幼儿心理发生与发展的前提条件，也是婴幼儿有可能达到社会所要求的心理水平的最初步、最基本的条件。由于遗传缺陷造成脑发育不全的婴幼儿，其智力障碍往往难以克服。黑猩猩即使有良好的人类生活条件并受到精心训练，其智力发展的最高限也只能是人类幼儿的水平。这证明了遗传素质是婴幼儿心理发展的物质前提。

其次，遗传因素奠定了婴幼儿心理发展个别差异的最初基础。每个婴幼儿一出生就具备独特的、与众不同的遗传特质，这种遗传特质的差异决定了婴幼儿心理活动所依据的大脑及其活动的差异，从而影响到心理机能的差异。我们从新生儿身上就可以看出明显的行为差异。

（二）生理成熟使心理活动的出现或发展处于准备状态

生理成熟是指身体生长发育的程度或水平，主要依赖于种系遗传的成长程序，有一定的规律性。身体生长发育和动作发展的顺序是从上到下，从中心到边缘，即所谓首尾规律和近远规律。体内各大系统成熟的顺序是神经系统最早成熟，骨骼肌肉系统次之，最后是生殖系统。婴幼儿生长发育速度的规律是出生后头几年速度很快，青春期再次出现一个迅速生长发育的阶段。

生理成熟对婴幼儿心理发展的具体作用表现在使心理活动的出现或发展处于准备状态。也就是说，若在生理成熟达到一定程度时，适时给予恰当的刺激，就会使相应的心理活动有效地出现或发展；而如果生理尚未成熟，即使给予某种刺激，也难以取得预期的效果。生理成熟的这种作用最明显地表现在婴幼儿走路和说话上。

脑的成熟是婴幼儿心理发展最直接的自然物质基础。大脑结构和机能的成熟制约着婴幼儿心理发展的顺序，如果脑的某区域尚未发育成熟，相应的心理机能就无法发展起来。如婴幼儿大脑皮层各区域发展成熟的顺序是枕叶、颞叶、顶叶、额叶。与之相应，婴幼儿最先发展的是感知觉，与额叶相关的思维、注意力、计算等心理机能发展较晚，额叶是控制有意行为的主要区域，7岁以后才真正发展起来。

二 环境因素

环境可以分为自然环境和社会环境。自然环境为婴幼儿提供生存所需要的物质条件，如空气、阳光、水和营养等。对婴幼儿心理发展起重要作用的是社会环境。社会环境是指婴幼儿所生活的环境，包括家庭、教育、社会生产力水平、社会文化等。其中，教育又是社会环境中最重要的部分，它是一种有计划、有目的、有组织地引导婴幼儿发展的环境。环境因素对婴幼儿心理发展所起的作用具体表现在以下三个方面。

（一）社会生活环境使遗传提供的可能性变成现实

如果不生活在人类的生活环境里，即使遗传为心理发展提供了可能性，这种可能性也不会变成现实。世界各地发现的由野兽哺育长大的孩子就是有力的证明。早期隔离实验（也称剥夺实验）和现实生活案例都证明，正常的人类生活环境对婴幼儿心理发展具有重要的影响，早期被剥夺正常人类生活环境的孩子是无法发展出正常心理的。

（二）社会生活条件和教育制约心理发展的水平、方向

婴幼儿心理发展与动物心理发展有本质不同：动物发展靠本能、成熟及直接经验；而婴幼儿发展不仅受成熟和直接经验的影响，更主要的是受学习、文化传递、群体经验、社会生活条件和教育的影响。婴幼儿所处的环境是千差万别的，环境的多样性甚至超过遗传模式的多样性。即使是同卵双生子也有各自不同的环境，如在胎内所处的位置、出生顺序及成人对其不同的要求等，这些不同会促使婴幼儿形成不同的个性。另外，社会越进步，教育对婴幼儿心理发展的作用越明显。可以说，教育指引并促进婴幼儿通过学习而得到心理的发展。

（三）对婴幼儿发展来说，家庭环境是最重要的因素

0~3岁婴幼儿所接受的教育大多来自家庭，家庭生活的方方面面都会对其产生潜移默化的影响。因此，对婴幼儿发展来说，家庭环境是首要的、最直接的、最重要的因素。家庭环境一般指家庭的物质生活条件、家长的职业和文化水平、

家庭人口和社会关系，以及婴幼儿在家庭中的天然地位。这些因素大多是家长一时难以改变或难以控制的，相对比较稳定。在家庭环境中，对婴幼儿心理发展影响最大的是家庭教育，包括家长的教育观点、教育内容、教育态度、教养方式和教育方法。这些因素是家长能够并且应该自觉控制的。

孟母三迁

孟子是我国战国时期著名的思想家、政治家、教育家。据说，孟子三岁的时候，父亲就去世了，留下孟子和母亲相依为命。为了给父亲守坟，他们把家搬到坟墓附近。时间久了，孟子就和小朋友们学着哭坟、挖土、埋"死人"和办丧事。孟母看到这种情景甚为担忧。于是，孟母就把家搬到集市附近。集市上的人们整天吵吵嚷嚷地买卖东西，孟子觉得很有趣，就跟邻居的小孩儿玩杀猪、宰羊、买卖肉的游戏，还学猪羊死去的声音和小贩与顾客间的讨价还价。孟母见状，觉得这种环境也不适合孩子成长，于是，又把家搬到了一所学校的旁边。这样，孟子天天都听到孩子们读书的声音，就喜欢上了读书。孟母很高兴，为孟子走上正路而深感欣慰。

后人用"孟母三迁"来表示人应该接近好的人、事、物，才能形成好的习惯，学到好的行为。

 **三 主观因素**

环境不能机械地决定婴幼儿心理发展，其作用必须通过婴幼儿心理内部因素来实现。婴幼儿不是被动地接受外界因素影响，其本身也积极地参与并影响自身的发展过程，年龄越大，主观因素对自身心理发展所起的作用也越大。无论是经典的心理发展理论，还是当代的前沿科学研究，都证实婴幼儿心理发展是主客体相互作用的结果。

影响婴幼儿发展的主观因素指婴幼儿自身的生物、心理特征和实践活动。

其中，婴幼儿自身的实践活动指对物的操作、与人的交往，以及游戏、学习、生活等活动。活动本身不是心理，但与心理发展密不可分，婴幼儿的心理发展是在活动中实现的。我国心理学家陈帼眉指出，每个年龄阶段都有一种对心理发展起主要作用的活动。0～6岁婴幼儿的主要活动如下：

0～1个月，生命活动。新生儿首先要生存下来，心理才可能发展。

1个月～1岁，亲子交往。亲子交往是婴儿心理发展的首要条件。

1～3岁，实物操作。实物操作即操作实际物品的活动，幼儿在摆弄物品、玩具的过程中获得直接经验，通过亲身实践来认识世界。

3～6岁，游戏活动。游戏是幼儿最喜爱的活动，是促进幼儿心理发展的最好形式。

总之，婴幼儿心理发展是生物因素、环境因素、主观因素相互作用的结果。我们不仅要关注影响因素有哪些，更应关注各因素所起的作用及带给我们的启示。生物因素的影响意味着要考虑到婴幼儿生理上是否成熟，不能拔苗助长；环境因素的影响启发我们要尽量为婴幼儿营造良好的学习环境和成长环境，包括创设和睦安定的家庭环境，提供优质的早期教育；主观因素的影响提示我们，婴幼儿虽然年龄小，但也是一个独立的个体，我们要关注并尊重个体差异，因材施教。年龄特征的存在意味着我们要遵循婴幼儿身心发展的规律和特点实施教育；关键期和敏感期的存在给我们带来教育的契机，能让我们的教育事半功倍。婴幼儿心理发展是多种因素相互作用的结果，只有从不同角度综合分析才能全面认识和把握。

第三节 婴幼儿心理发展的主要理论

情境导入

静静妈妈正在打扫屋子，突然静静大声哭着从院子里跑了回来。等静静情绪平复之后，妈妈问他刚才发生了什么事，为什么哭得那么伤心。静静说刚才在院子里玩，一个小朋友抢了他心爱的图画书，还撕掉了一个角，然后静静就把书抢回来了。

假如你是静静的妈妈，你会怎么跟静静说呢？

知识导读

关于婴幼儿心理发展的经典理论众多。以下按照时间发展顺序介绍研究者探索学前儿童心理发展过程中出现的各理论流派，包括精神分析学派的心理发展观、皮亚杰的认知发展理论、维果茨基的文化–历史发展观、行为主义的心理发展观、布朗芬布伦纳的生态系统理论、劳伦兹的关键期理论、朱智贤的发展心理学理论等，着重分析各理论流派的基本观点及各类理论对婴幼儿教育的影响。

一 精神分析学派的心理发展观

精神分析理论是现代心理学的奠基石，对整个心理科学都产生了深远的影响。精神分析学派的创始人是弗洛伊德，主要代表人物还有埃里克森等。

（一）弗洛伊德的心理发展理论

弗洛伊德（Sigmund Freud，1856—1939），奥地利精神病医生和心理学家，精神分析学派创始人。其精神分析理论的最大特点是强调人的本能的、情欲的、自然性的一面。他首次阐述了无意识的作用，肯定了非理性因素在行为中的作用，开辟了潜意识研究的新领域。他还重视对人格的研究和心理应用。

1. 弗洛伊德的人格理论及发展观

弗洛伊德认为，人的心理活动主要包括意识和无意识两个部分，在此基础上又细分为本我、自我、超我三个部分。本我属于无意识的部分，是原始的、本能的，遵循快乐原则，婴儿几乎完全处于本我状态；自我是意识部分，是基于个体要与现实世界进行交流而发展起来的，遵循现实原则，随儿童年龄的增长在行为中所起的作用越来越大；超我包括良心和自我理想两部分，遵循道德原则，它使得儿童积极向上。

2. 弗洛伊德的人格发展理论

弗洛伊德根据力比多（Libido，泛指一切身体器官的快感）发展出"性感区"标准，将个体的人格发展分为以下五个阶段。

第一阶段：口唇期（0~1岁）。

这个时期婴儿的快感主要来自嘴唇、舌头的吮吸和吞咽活动。

第二阶段：肛门期（1~3岁）。

这个时期幼儿的快感区主要集中在肛门周围。

第三阶段：前生殖器期（3~6岁）。

这个时期幼儿的快感区集中在生殖器区。

第四阶段：潜伏期（6~11岁）。

这个时期幼儿的性发展出现了停滞或退化的现象。

第五阶段：生殖器期（12岁以后）。

随着青春期的到来，上一阶段沉寂了的性冲动又重新活跃起来。

（二）埃里克森的心理发展理论

埃里克森（Erik Homburger Erikson，1902—1994），美国心理学家。他强调自我在人格结构中的作用，认为人格发展既要考虑生物因素的影响，也要考虑社会文化因素的影响，个体的发展过程是自我与周围环境相互作用和不断整合的过程。他根据人一生中出现的心理社会问题，将人一生的人格发展划分为八个阶段，并指出了每一个阶段的主要冲突和发展的关键。

第一阶段：婴儿期（0~1.5岁）。

主要冲突是信任对不信任的冲突；发展的关键是婴幼儿与照料者建立依恋和安全的关系。

第二阶段：幼儿早期（1.5~3岁）。

主要冲突是自主对害羞、怀疑的冲突；发展的关键是建立符合社会要求的自主性行为。

第三阶段：幼儿期（3~6岁）。

主要冲突是主动对内疚的冲突；发展的关键是尝试完成新事物，激发新想法。

第四阶段：学龄期（6~12岁）。

主要冲突是勤奋对自卑的冲突；发展的关键是学习文化技能。

第五阶段：青春期（12~18岁）。

主要冲突是同一性对角色混乱的冲突；发展的关键是确定自我意识，建立自我内部与外部环境的协调。

第六阶段：成年早期（18~30岁）。

主要冲突是亲密对孤独的冲突；发展的关键是乐于交往，发展爱的能力，为事业定向。

第七阶段：成年中期（30~60岁）。

主要冲突是繁殖对停滞的冲突；发展的关键是热爱家庭，关心社会，对下一代负有责任感，发挥创造力。

第八阶段：成年晚期（60岁以上）。

主要冲突是自我调整对绝望感的冲突；发展的关键是回顾一生，欣然接受自己，坦然面对死亡。

埃里克森的人格发展八阶段理论，为不同年龄阶段个体的教育提供了理论依据和教育内容。无论在哪一个年龄阶段出现教育失误，都会阻碍人的终身发展；倘若每个阶段都能保持积极发展，那么就能逐渐形成健全的人格。

二　皮亚杰的认知发展理论

皮亚杰（Jean Piaget，1896—1980），瑞士心理学家。他的研究偏重儿童的认知心理，提出了认知发展阶段理论。该理论将儿童认知发展分为感知运动、前运算、具体运算和形式运算四个阶段。

第一阶段：感知运动阶段（0～2岁）。

该阶段婴幼儿的认知结构主要是感知运动图式，即通过最简单的身体动作和感官知觉（包括视觉、触觉、嗅觉、味觉和听觉等）来了解环境，适应环境。这个阶段的儿童，还没产生严格意义上的语言和思维。

第二阶段：前运算阶段（2～7岁）。

该阶段幼儿将感知运动图式内化为表象，建立符号功能，凭借语言和符号使得体验超出直觉范围，并出现直觉思维或表象思维。

第三阶段：具体运算阶段（7～11岁）。

该阶段儿童开始具有逻辑思维和运算能力，能对大小、体积、数量等进行推论思考，能把概念体系用于具体事物，并能逐渐运用守恒原则。

第四阶段：形式运算阶段（11岁以上）。

该阶段儿童不再依靠具体事物来运算，能进行抽象概括和推理，提出几种假设推测，通过演绎寻求正确答案。该阶段属于儿童认知发展的最高阶段，其思维能力同成熟的成年人相当。

皮亚杰以智力为主要研究对象，探索智力的结构、功能与年龄的关系，开创认知研究的先例。他按照思维的发展水平划分心理发展阶段，具有一定的科学性。他把社会影响、物理环境影响和个人内部动力因素有机结合起来，不仅考虑到先天遗传的作用，也注意到后天活动的功能；不仅承认各年龄阶段对学习过程的影响，也强调社会环境对心理发展的促进作用。

三　维果茨基的文化—历史发展观

维果茨基（Lev Vygotsky，1896—1934），苏联心理学家，文化-历史发展理论的代表人物。他主张人的高级心理机能是社会历史的产物，受社会规律制约，强调社会文化对人的心理发展的重要作用和社会交互对认知发展的重要性。

维果茨基认为人的心理发展是在环境和教育的影响下，从低级心理机能逐渐向高级心理机能转化的过程。低级心理机能是依靠生物本能进化而来的，为人和动物所共有，如吃、喝、睡等；高级心理机能是受文化历史影响的，通过人类特有的语言符号系统来保存自己的经验，如在网络时代，几岁的孩子知道坐在家中就能买到世界各地的东西。

对于儿童智力发展，维果茨基还提出内化学说。内化是指个体将自己在社会环境中吸收的知识转化到心理结构中的过程。他认为，只有掌握语言这个工具，才能把直接的、不随意的、低级的、自然的心理活动转化为间接的、随意的、高级的、社会历史的心理活动。具体地说，在内化的过程中，语言发展中的自我中心语言起着至关重要的作用。

关于教学与儿童智力发展的关系，维果茨基提出三个很重要的思想，即"最近发展区"思想（指实际的发展水平和潜在的发展水平之间的差距）、"学习最佳期限"思想和"教学应走在发展前面"思想。这三个思想理论提示我们，教学不仅要适应儿童现有的水平，抓住儿童学习的最佳时期，还要发挥对发展的主导作用，最大限度地发挥教育的作用，促进儿童的智力发展。

四 行为主义的心理发展观

行为主义心理学的创始人是华生，他主张心理学的研究对象是行为而不是意识。行为主义的主要代表人物还有斯金纳、班杜拉等。

（一）华生的行为主义理论

华生（John Watson，1878—1958），美国心理学家。他提出环境决定论，否定遗传的作用，认为人的心理本质是行为，行为的反应是由刺激所引起的，刺激来自客观而非遗传，提出用刺激—反应（S—R）来描述人的行为，认为有什么样的刺激就有什么样的反应，有什么样的反应就有什么样的结果。他还认为环境和教育是行为发展的唯一条件。刺激—反应模式不仅忽略了人的主体性，而且片面夸大了环境和教育的作用。

华生对心理学最大的贡献是他对儿童情绪（怕、怒、爱等）发展的一系列实

验研究。华生著名的儿童情绪研究实验是小白鼠恐惧实验，这个研究证明，情绪是可以形成条件反射的。这也解释了生活中很多有趣的现象，如为什么恋人常常与父母异性的一方有某种相似性，即男孩的恋人像母亲，女孩的恋人像父亲。

（二）斯金纳的新行为主义理论

斯金纳（Burrhus Frederic Skinner，1904—1990），美国心理学家、教育学家。他提出操作条件反射理论，又称强化理论，属于新行为主义理论。他认为重要的刺激是跟随在反应之后的强化物，而不是在反应之前的刺激物。因此，操作条件作用的学习方式是反应—刺激（R—S）。

斯金纳认为，强化作用是塑造行为的基础。儿童偶然做了某个动作而得到了教育者的强化，这个动作后来出现的概率就会大于没有受到强化的动作。强化的次数增多或强度增大，动作再出现的概率也随之增大，这就导致了人的操作行为的建立。如果一个动作发生后，未能得到及时的强化，那么强化的作用就不明显，甚至没有任何作用。如果在行为发展的过程中，儿童的行为得不到强化，行为就会消退。所以对于儿童的不良行为，如无理取闹、长时间啼哭等，可以在这些行为发生时不予强化，使之消退；而对于儿童好的行为，应该给予强化，使之得以巩固。

斯金纳的新行为主义理论在行为矫正和教学实践中产生了巨大的积极影响。成人对儿童的良好行为及时强化、对不良行为淡然处之，以及在程序教学过程中的"小步子"信息呈现、及时反馈与主动参与等，至今仍然是强化与影响个体行为发展的有效措施。但他将儿童心理的发展归因于外部强化，忽视了儿童自身的内在发展规律，给人的感觉是只要环境发生改变，儿童就可以相应地得到发展，这是其局限性。

（三）班杜拉的社会学习理论

班杜拉（Albert Bandura，1925—2021），美国心理学家。其理论核心是社会学习理论，这是行为主义理论中的一个重要部分。

班杜拉吸取认知学习理论的观点，形成了一种认知-行为主义的模式，提出了交互决定论。在社会学习过程中，他强调认知、行为和环境三者是相互作用的，认为儿童的学习主要是通过观察和模仿他人的活动完成的，进而提出观察学习的概念。

观察是学习的一个主要来源，观察学习又被称为替代学习。班杜拉把观察学习的过程分为注意、保持、复现（再现）、动机四个子过程，即观察学习首先要注意榜样的行为，然后将这种行为记在脑子里，再把大脑中的表象转化为外显的行为，最后在适当的动机出现时再一次表现出来。班杜拉还把观察学习分为三类：直接观察学习、抽象观察学习和创造性观察学习。为促进儿童的观察学习，班杜拉进一步发展了传统的强化理论，把强化分为三种类型：直接强化、替代强化和自我强化。

班杜拉强调观察学习，认为人的行为的变化是由内因和外因相互作用所决定的，这不仅揭示了人类学习的过程，也反映了人类学习的特点，具有一定的价值。班杜拉的社会学习理论看似重视认知因素，但并没有对认知因素做充分的探讨和给予其应有的地位，更缺乏必要的实验依据，偏重的还是对人的行为的研究，因而他的社会学习理论具有明显的不足之处。

五　布朗芬布伦纳的生态系统理论

布朗芬布伦纳（Urie Bronfenbrenner，1917—2005），美国心理学家，生态系统理论的创始人。他把外界环境因素和个体生物因素糅合起来，认为个体的发展处在直接环境到间接环境之间的几个环境系统中，提出了不同嵌套层次的生态系统理论。

布朗芬布伦纳提出的生态系统由里到外依次为微观系统、中间系统、外层系统、宏观系统和时序系统，这些系统与个体相互作用，并影响着个体发展。

微观系统是指与个体在面对面水平上进行直接交流的系统，该系统包括家庭、幼儿园、学校、社区等，其中的人彼此间相互影响，是一种双向互动的关系。比如，成人的行为会影响儿童的反应，而儿童的生物特征和社会特性也会影响成人的行为。另外，对学前儿童来说，幼儿园是除家庭以外对其影响最大的微观系统。

中间系统是指两个或多个微观系统间的交互作用。如果微观系统间有较强的积极联系，发展容易呈现最优化，反之则产生消极后果。比如，儿童在家庭中与兄弟姐妹的相处模式会影响其在幼儿园与同伴的相处模式。

外层系统是指儿童虽未直接参与但对他们的发展产生影响的系统。如果说中间系统对儿童产生的是直接影响，那么外层系统产生的就是间接影响了。比如，儿童3岁前，其母亲的单位按照政策从制度上给予其母亲每年10天的育儿假，其母

亲就有更多时间照护孩子，这样，单位制度就对儿童产生了间接影响。

宏观系统是指所有的文化形态，包括政治、经济、习俗、信念、价值观等社会系统，存在于微观系统、中间系统、外层系统中，直接或间接地影响儿童知识经验的获得。

时序系统指的是时间维度。布朗芬布伦纳将时间与环境结合起来考察儿童发展的动态过程。人的一生会有很多发展阶段，如婴儿阶段、幼儿阶段、入学阶段、升学阶段、婚姻阶段、退休阶段等，时序系统关注人生的每一个过渡阶段，每个阶段都有可能因为环境的变化而发生一些转变，而这些转变常常成为发展的动力。

六　劳伦兹的关键期理论

劳伦兹（Konrad Lorenz，1903—1989），奥地利动物学家、动物心理学家，是最早提出关键期理论的人。关键期理论是早期教育的重要依据，它的提出使人类在21世纪的学习产生了巨大改变。

（一）关键期的概念

关键期，是指人或动物的某些行为与能力的发展有一定的最佳时间。在这段时期内，某些外部刺激对有机体的影响可以比其他任何时候都大。研究认为，关键期既包括有机体需要刺激的时期，也包括有机体对某种刺激最敏感的时期。

关键期现象在动物和人类身上都存在。关于人类心理发展关键期的实验研究证明，如果在关键期内实施良好的教育，其效果将事半功倍。

（二）儿童心理发展的关键期

专家和学者对儿童心理发展的关键期进行了大量研究，提出了许多心理发展关键期。下面所列举的，是我们根据人类个体的年龄特征所收集的从婴幼儿期到青年初期心理发展的关键期。

1. 婴幼儿期（0~3岁）

这一时期是婴幼儿个体脑发育、感知发展、动作发展、信任感形成、模式识别、直觉行动思维形成与发展、口语学习、独立性发展、音乐学习、亲子关系发展的关键期。

2. 幼儿期（3~7岁）

这一时期是幼儿个体具体形象思维发展、创造性思维萌芽、守恒性发展、识字、社会性发展、入学准备的关键期。

3. 童年期（7~12岁）

这一时期是儿童个体形象思维向抽象思维过渡、创造性培养、学习动机形成、学习兴趣形成、学习态度形成和书面语言学习的关键期。

4. 青少年期（12~18岁）

这一时期是青少年个体身体发育、记忆力发展、注意力发展、性心理发展、友谊发展、理想形成的关键期。

5. 青年初期（18~22岁）

这一时期是青年个体思维能力发展、性格定型、恋爱心理发展、职业选择的关键期。

现代心理学、教育学和人类学的研究成果表明，个体的智力和性格发展从出生到3岁就已经完成了60%。这三年，是个体具有天才般吸收能力的时期，也是生命发展中最重要的时期。因此，对儿童进行早期教育从这个阶段就要开始。

 ## 七　朱智贤的发展心理学理论

朱智贤（1908—1991）是中国最早系统研究儿童发展心理学的专家，他用辩证唯物主义的观点探讨了儿童心理发展中先天与后天的关系、外因与内因的关系、教育与发展的关系、年龄特征与个别特点的关系等一系列重大问题。

（一）先天与后天的关系

人的心理发展是由先天遗传还是由后天环境、教育决定的？这在心理学界争论已久，在教育界看法也不一致。朱智贤一直坚持先天来自后天、后天决定先天的观点。他肯定先天因素在心理发展中的作用，不管是遗传还是生理成熟，都是个体心理发展的生物前提，都为个体提供了发展的可能性；而环境与教育则将这种可能性变成现实，决定着个体心理发展的方向和内容。

（二）外因与内因的关系

环境和教育不是机械地决定心理的发展，而是通过心理发展的内部矛盾起作

用。朱智贤认为这个内部矛盾是主体在实践中通过主客体的交互作用而形成的新需要与原有水平的矛盾，该矛盾是心理发展的动力，而环境和教育是促进这个内部矛盾产生和不断运动的条件。所以，心理的发展不是由外因机械决定的，也不是由内因孤立决定的，而是由适合于内因的那些外因决定的。

（三）教育与发展的关系

维果茨基提出"最近发展区""学习最佳期限"等概念，指出教学要适应儿童现有的水平，抓住儿童学习的最佳时期。那么，在教育与发展的关系中，应该如何发挥教育的主导作用？朱智贤认为，只有那种既高于个体的原有水平，又经过个体主观努力后能达到的要求，才是最好、最合适的要求，它是"教育—领会—发展"的过程。朱智贤的这个观点指明了挖掘潜力和发展的途径，道出从教育到发展，人类心理要经过一系列从量变到质变的过程。

（四）年龄特征与个别特点的关系

朱智贤认为，心理发展的质的变化就体现在年龄特征上，心理发展的年龄特征具有稳定性和可变性；在同一年龄阶段中，除了有本质的、一般的、典型的特征以外，还有人与人之间的差异性，即个别特点。

朱智贤经常说，认知心理学强调儿童认知发展的研究，精神分析学派强调儿童情绪发展的研究，行为主义强调儿童行为发展的研究，我们则要强调儿童心理整体发展的研究，即用系统的观点研究心理学，因为人的心理是一个开放的系统，是在主体和客体相互作用下的自动控制系统。因此，第一，研究儿童心理发展时要考虑到心理发展与环境的关系、心理与行为的关系、心理活动的组织形式等；第二，研究儿童心理发展时要系统使用各种方法，将不同的研究手段有机地结合起来；第三，系统处理研究结果，将定性分析和定量分析结合起来使用；第四，对儿童进行认知因素或非认知因素的研究时要同时注意到另一面的影响。

朱智贤强调儿童心理研究必须中国化，因为生长的社会环境和文化背景不同，中国儿童在心理发展上肯定会有自己的特点。他还主张将发展心理学的基础理论与应用结合起来，具体而言，他不仅提倡在教育实践中研究发展心理学，而且积极建议搞教育实验和教学实验，主张在教育实践中培养儿童与青少年的智力和人格。

第四节　学习婴幼儿心理发展的意义

 情境导入

这天晚上，浩浩（3岁）的妈妈和爸爸在客厅聊天。他们觉得浩浩胆小怕事，容易掉眼泪，不像一个男子汉，担心浩浩长大以后也是这样，因为俗语说"三岁看大，七岁看老"。可是，他们也不知道怎么帮助自己的孩子。

假如你是浩浩的老师，你会怎么帮助浩浩和他的爸爸妈妈呢？

知识导读

婴幼儿心理发展是指其大脑和身体在形态、结构及功能上的生长发育过程。心理活动的主要物质基础是神经系统，特别是大脑。婴幼儿的生理发展直接影响并制约着婴幼儿心理发生发展的过程，因此，婴幼儿生理的发展一直是发展心理学、生理心理学和神经心理学等学科的重要研究课题。近二三十年来，行为研究技术、电生理技术等新技术的不断发展与应用，使我们对婴幼儿大脑形态和机能的发展、身体和动作的发展，以及生理与心理的发展等方面有了新的认识和见解。所以，学习婴幼儿心理发展，对了解婴幼儿心理特点和发展规律，树立正确的育儿观、教育观有着重大的现实意义。

一　理论意义

婴幼儿心理发展的研究，是在幼儿发展心理学的基础上进行的，其研究为辩证唯物主义基本原理、心理学基本理论的形成和发展提供了大量的理论依据。

（一）为辩证唯物主义基本原理提供科学依据

通过追踪和考察婴幼儿认知活动发展的全过程，人们可以充实和进一步证实辩证唯物主义认识论关于感性认识与理性认识、认识与实践等基本原理。婴幼儿发展心理学也使人们进一步认识到意识（心理）是在外界环境的作用下，在人脑这种物质中产生的，从而证实了辩证唯物主义关于物质第一性、意识第二性的基本命题。

（二）丰富和发展心理学的基本理论

婴幼儿发展心理学主要研究婴幼儿心理发生发展的规律，是发展心理学的一个重要分支学科。如果没有对婴幼儿心理进行深入、科学的了解，发展心理学就是不完整的。0～6岁是人生发展的奠基时期，对这一时期进行研究所得到的心理学成果对于认识和了解小学生、中学生、成年人甚至老年人的心理特点都具有重要意义。从这个意义上看，婴幼儿发展心理学的研究为充实、丰富心理学的基本理论，为心理学的发展作出了积极的贡献。

二 现实意义

（一）有助于树立科学的育儿观

婴幼儿并不是成人的缩小版，他们的心理有其自身的特点和规律。人们要充分认识和了解婴幼儿的心理特点，由衷地尊重婴幼儿，不能用成人的标准去要求婴幼儿，不能把他们当作"小大人"，不能用统一的标准去要求不同年龄、不同特点的孩子。婴幼儿发展心理学可以帮助成人学会正确地看待、对待并尊重婴幼儿，形成正确的育儿观。

（二）有助于做好学前教育工作

学前教育目标的确立、内容方法的选择，不可避免地要以婴幼儿心理发展的特点和规律为依据。了解了婴幼儿心理发展的特点和规律，就能在学前教育中有效地采用适合婴幼儿的教育教学方式，实现学前教育的目标。

（三）有助于婴幼儿心理健康发展

学习婴幼儿发展心理学的有关知识，还可以帮助人们预见婴幼儿心理发展的前景，发现心理发育不良的婴幼儿并及时给予适当的教育引导，以及有意识地促进婴幼儿在心理层面健康地发展。

（四）有助于成人反思自己的心理活动

对婴幼儿发展心理学的研究，有助于成人反思自己的心理活动，正确认识自己面临的问题，学会自我调节，为改进自己的工作、生活提供有效的帮助。

中国自古就有这样一句话："三岁看大，七岁看老。"它是说我们能从3岁孩子的心理特点、个性倾向中看到这个孩子青少年时期的心理雏形，而从7岁孩子的身上看到他中年以后的成就和功业。现代心理学认为，人的一生是一个完整的心理发展过程，在从出生到去世这个过程中，0～3岁的心理发展情况尤其重要，它就如一座大厦的基础部分，直接决定了大厦的建筑风格和高度。家长如果能够抓住这一关键时期，对孩子进行很好的教育，就能够给其人生打下坚实的基础。所以，要照护养育好婴幼儿，就应学好婴幼儿发展心理学，以了解婴幼儿的心理发展特点和规律。

单项选择题

1. 下列选项中哪个不属于心理过程？（　　　）

    A. 意志过程　　　　　　　　　　B. 认知过程

    C. 情绪情感过程　　　　　　　　D. 感觉过程

2. 提出"最近发展区"理论的是（　　　）。

    A. 维果茨基　　　　　　　　　　B. 皮亚杰

    C. 杜威　　　　　　　　　　　　D. 福禄贝尔

3. 儿童对具体问题可以进行逻辑运算，思维具有可逆性。这属于皮亚杰关于儿童心理发展的（　　　）。

    A. 形式运算阶段　　　　　　　　B. 具体运算阶段

    C. 前运算阶段　　　　　　　　　D. 感知运算阶段

4. 在儿童连续发展的过程中，在不同年龄阶段会表现出某些稳定的共同的典型特点，体现了儿童发展的（　　　）特点。

    A. 阶段性　　　　B. 不平衡性　　　　C. 顺序性　　　　D. 差异性

5. 幼儿成长最自然的生态环境是（　　　）。

    A. 社区　　　　　B. 家庭　　　　　　C. 幼儿园　　　　D. 社会

6. 宝宝哭闹时，育婴师应该（　　　）？

    A. 完全忽视宝宝，让他自行入睡　　B. 抱起宝宝哄着安慰

    C. 继续离开房间，不干扰宝宝　　　D. 喂宝宝吃安眠药

7. 培养婴幼儿有规律地进行大小便，可以在大脑中建立起一系列（　　　）提高机体的工作效率，以保证各器官好好地工作和休息。

    A. 神经反射　　　　　　　　　　B. 吞咽反射

    C. 吸吮反射　　　　　　　　　　D. 条件反射

第二章

婴幼儿心理发展的生理基础

扫码获取配套资源

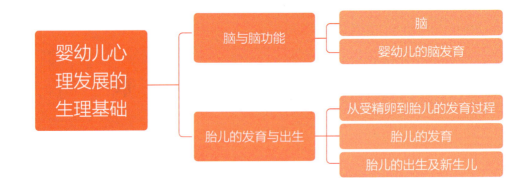

思维导图

婴幼儿心理发展的生理基础
- 脑与脑功能
  - 脑
  - 婴幼儿的脑发育
- 胎儿的发育与出生
  - 从受精卵到胎儿的发育过程
  - 胎儿的发育
  - 胎儿的出生及新生儿

学习成果目标

（一）知识目标

（1）能解释脑的组成及各部分功能。

（2）能识别妊娠期胎儿的发育特征。

（3）能复述出生后脑的发育表现，并理解脑的发育为心理发展提供了物质前提和基础。

（二）技能目标

（1）能利用所学知识评估新生儿的发育状况。

（2）能从生理基础的角度分析婴幼儿行为背后的心理发展机制。

（3）能够将理论知识应用于实际情境中，提高分析和解决问题的能力。

（三）思政素质目标

（1）形成细致认真、刻苦钻研的作风，保持对婴幼儿心理发展领域的好奇心和求知欲，愿意持续学习和探索新的知识和方法。

（2）培养对婴幼儿的关爱和耐心，理解婴幼儿在心理发展过程中可能遇到的困难和挑战，并愿意提供帮助和支持。

第一节　脑与脑功能

情境导入

3岁的聪聪总是习惯用左手吃饭，也喜欢用左手拿东西。聪聪妈妈对此总是严厉制止，而奶奶却不同意妈妈的意见，认为用哪只手应该顺其自然。你赞同谁的意见？

知识导读

近百年来，科学家从不同领域对脑进行了深入的探索，对婴幼儿时期脑结构和功能的发展特点、过程有了一定的了解。脑科学研究已经对教育领域，尤其是早期教育领域产生了重要影响，为促进婴幼儿的心理发展奠定了基础。

一　脑

（一）脑的组成

脑由大脑、小脑、间脑和脑干组成。

大脑是神经系统中最高级的部位，由左右两个半球构成。大脑皮层对神经系统的其他部位、全身的各项活动都有控制、管理的作用，还有进行思维活动和产生意识的功能。

小脑具有调节躯体运动、维持身体平衡、协调肌肉运动的作用。小脑若受损伤，会导致运动障碍，如站立不稳、走路摇晃和不能做精细动作等。

间脑由丘脑和下丘脑组成。丘脑是传入信息的中转站,下丘脑能够控制体温,调节摄食行为、内脏活动、水代谢和内分泌。

脑干包括延髓、脑桥和中脑。其中,延髓被称为"生命中枢",是调节人体基本生命活动的中枢,如调节呼吸、吞咽、心跳等。

脑的具体结构如图2-1所示。

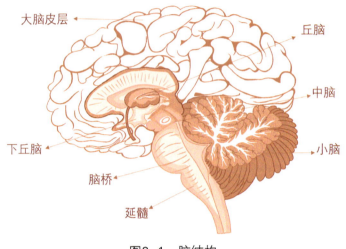

图2-1　脑结构

(二)大脑皮层机能分区

根据机能分工不同,我们把大脑皮层划分成四个部分:枕叶区、颞叶区、顶叶区、额叶区。如图2-2所示。

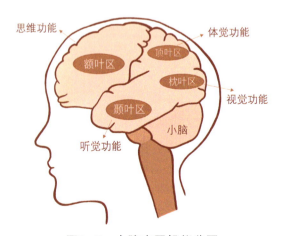

图2-2　大脑皮层机能分区

当代心理学研究发现，大脑皮层四个区域各自负责不同的功能，发育速度也各不相同。由于皮层各区域与特定认知功能之间存在对应关系，这使得新的认知功能随着对应区域发育成熟而在不同的年龄阶段产生。负责视觉的枕叶、负责听觉的颞叶和负责体觉（感知运动）的顶叶，在出生后的最初几个月里发育很快，到6个月时已经发育得比较成熟了，但负责思维、计划、有意注意等高级心理机能的额叶发育较为缓慢，到3岁时仍未发育成熟。这说明婴幼儿心理机能的发展与其脑发育，特别是大脑皮层的发育之间存在密切的相关性。

（三）左脑和右脑

脑分左、右两半球，两个半球各有分工，各有其特殊的功能，人们称之为偏侧优势。神经科学研究发现，左脑主掌理性，被称为抽象脑、学术脑，主要负责语言和逻辑，能精确操控右手动作、掌管整理归类及执行一般的日常行为；右脑主掌感性，被称为艺术脑、创造脑，主要负责形象和空间功能，如看图、绘画、组织空间事物、面孔识别等。如图2-3所示。

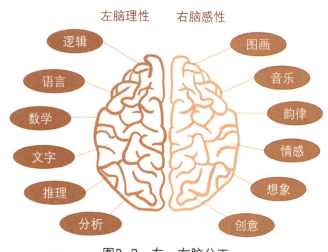

图2-3　左、右脑分工

虽然各司其职，但左脑、右脑协作工作更有效率。连接左脑和右脑的是胼胝体，其功能是让大脑两个半球共享信息、协调指令。胼胝体在人出生后发育迅速，10岁时达到成人水平。

（四）神经元结构及功能

构成脑的最小功能单位是神经元和神经胶质。神经元又称神经细胞，负责传输和接收信息，其结构如图2-4所示；神经胶质又称神经胶质细胞，负责支持、保护神经元，并为神经元提供营养。人脑内神经元的总数估计为100亿个以上，是人体寿命最长的细胞，很多神经元在人的一生中都不会发生变化。尽管其他细胞在死亡后会被更替，但许多神经元却不会。这就启示我们要保护好大脑，避免脑损伤。

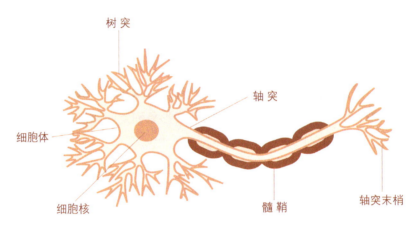

图2-4　神经元结构

二　婴幼儿的脑发育

心理是脑的机能，脑是心理的器官。心理活动的场所是脑，脑受到损伤，心理活动就会受到影响。对于刚出生不久的婴幼儿来说，脑发育对于心理发展显得尤为重要。当代神经科学研究发现，婴幼儿脑的结构生长与其功能性发育是不可分的，脑发育是心理发展的基础，要想了解婴幼儿的心理发展，首先要了解婴幼儿的脑发育。

母体怀孕后的第4周，胎儿的神经系统就已经开始形成了。脑的发育开始于母体怀孕第8周。这个时期是人一生中脑发育最重要的时期。由于脑发育与心理发展息息相关，是心理发展的基础，所以，这个时期也是婴幼儿认知和情绪发展的最重要时期。脑发育经历了两个重要阶段：一个是从受孕到出生前，在胚胎中神经系统和脑的基本结构、部分功能已经得到发育，并在出生后继续生长和成熟；另一个是从出生到青春期末，这个阶段的脑发育主要是大脑皮层神经元之间建立联系及脑功能的变化。

出生后脑的发育主要体现在大脑皮层的发育上，具体表现在下面三个方面。

（一）脑重增加

出生时，婴儿的脑重为350～400克，是成人脑重的25%～30%；出生头半年脑重迅速增长，6个月时达到700～800克，约为成人的50%；12～15个月时，脑重为900～1050克，约为成人的75%；2岁时为1000～1150克，为成人的80%～85%；3岁时已基本接近成人的脑重范围。此后，脑重发育速度减慢。

婴儿出生后脑重的增加并不是神经细胞大量增殖的结果，而是由于突触数量的增加、树突分支的增多，神经纤维也开始从不同的方向越来越多地深入大脑皮层各层。0～2岁婴幼儿大脑形态的变化如图2-5所示。不过2岁前神经纤维还较短，2岁后出现了更多的分支，神经纤维的分支不断增多、加长，使得复杂的神经联系开始形成。

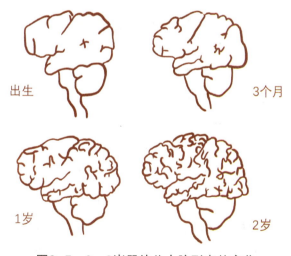

出生　　　　　　3个月

1岁　　　　　　2岁

图2-5　0～2岁婴幼儿大脑形态的变化

（二）突触生长

神经科学强调，大脑皮层的神经元之间必须联系在一起，组织成系统，彼此

沟通才有意义。神经元之间是通过突触建立联系的。突触建立神经联系通过两种基本方式：突触修剪和突触生成。突触修剪是指去除多余的、不必要的联结，同时巩固、选择合适的联结；突触生成是指新的突触形成。

近年来，神经科学对突触生长的研究为婴幼儿大脑的可塑性及经验在塑造婴幼儿神经系统中扮演的角色提供了有力的证据。脑可塑是指大脑可以为环境和经验所修饰，具有在外界环境和经验作用下塑造大脑结构和功能的能力，分为结构可塑和功能可塑两种类型。研究发现，婴幼儿大脑具有极强的可塑性，婴幼儿的脑发育不单单是生理成熟程序的展开，也是生物因素和早期经验相互作用的产物。婴幼儿大脑神经网络的发展离不开经验，神经联系由于经验的作用不断被塑造，脑的结构和功能也会受到后天经验的持续影响和制约。婴幼儿大脑若受到恰如其分的环境刺激，会有效促进其发育；反之，若在此时期遭到经验剥夺，可能会造成大脑发育的停滞，甚至造成永久性伤害。可见，婴幼儿时期的早期经验对脑发育及功能完善起着重要作用。

信息是如何在大脑中传递的

在一个神经元内部，信息是通过电信号的方式进行传递的。一个神经元主要由树突、细胞体和轴突三部分构成，分别具有接收信息、整合信息、传递信息的功能。树突从上一个神经元接收信息，细胞体负责对接收到的信息进行整合，整合后的信息由轴突传递到下一个神经元（在轴突外面包裹了一层髓鞘，以保证信息传递的效率），这样就完成了一个神经元内部的信息传递。

在两个神经元之间，信息是通过突触释放化学物质的方式进行传递的。突触是两个神经元之间的联合区域，由突触前膜、突触间隙、突触后膜组成。信息的载体被称为神经递质。神经递质携带信息从突触前膜，通过突触间隙传递到突触后膜，与突触后膜的受体结合，这样就完成了两个神经元之间的信息传递。

每个神经元并不能独立完成工作，众多神经元必须联系起来，相互沟通，才能有效实现心理功能，如计划、思考、想象、自控等。也就是说，神经元必须组织成系统，人才能进行信息获取、思考交谈、记忆想象等心理活动。神经元发育意味着神经元彼此之间建立联系，并且形成一个错综复杂的交流系统，即神经网络。这是出生头三年脑发育的重要任务，也是心理发展的生理机制。

当代神经科学研究证实，神经网络的形成与发展离不开经验。可以引发婴幼儿经验的环境才能起到相应的作用，也就是说，对于婴幼儿来讲，环境必须是有意义的。在一个有意义的环境中，婴幼儿既是感知者也是行动者，其自身经验调节着大脑结构与功能的发育。

（三）髓鞘化

髓鞘化是指髓鞘发展的过程，它通过一种脂肪物质（髓磷脂）包裹着神经元轴突，使神经冲动在沿神经纤维传导时速度加快，并保证神经冲动沿着一定线路传导而互不干扰，对外界刺激能够做出迅速而精确的反应，提高信息传递的效率。

髓鞘化是出生后脑发育过程中很重要的任务，对脑发育有重要意义。神经系统内沟通功效的提升有赖于髓鞘化，髓鞘化过程往往被看作神经系统成熟的标志，因为脑神经纤维髓鞘化是大脑皮层抑制机能发展的前提之一。

髓鞘的形成始于胎儿期的第6个月，一直延续到成年期。神经系统各部分髓鞘化的时间不同：

（1）触觉是最先发育的感觉，与触觉有关的神经通路在出生时就已经髓鞘化了。

（2）视觉通路的髓鞘化从出生时开始，一直持续到出生后第5个月。

（3）听觉通路的髓鞘化开始于胎儿期的第5个月，到4岁时才基本完成。

（4）感知运动通路的髓鞘化始于出生前，出生后集中于大脑皮层，它的髓鞘化决定了早期无条件反射的出现和消失。

（5）与高级智力活动直接相关的额叶和顶叶部分的髓鞘化过程开始得较晚，大约7岁时才接近完成。

总体而言，由于4岁以前髓鞘发育尚未最后完成，因此4岁以下的婴幼儿对外来刺激反应较慢，并易于泛化，即不仅会对特定的刺激做出反应，而且会对相似的刺激有反应。到6岁末基本完成皮层传导通路的髓鞘化，髓鞘化以后对外来刺激的反应才开始分化，即只对特定的刺激反应，对相似的刺激不反应。

婴幼儿脑的基本反射活动

反射是脑的基本活动，是大脑机能发展的重要标志。婴幼儿刚出生时，大脑皮层还未完全成熟，所进行的只是皮层下的一些先天遗传的无条件反射。其中，一类是对生命有意义的吮吸反射、吞咽反射、朝向反射等；另一类是婴幼儿特有的，包括游泳反射、抓握反射等。刚出生时，婴幼儿依靠先天具有生命意义的无条件反射维持生活，这些无条件反射对新生儿具有保护作用。出生后不久，婴幼儿在无条件反射的基础上形成了条件反射，这对其心理发展具有重要的意义。因为条件反射的形成是基于大脑皮层的成熟、健全的，它既是一种生理活动，也是一种心理活动。婴幼儿出生后的第1个月，已经能够建立条件反射，心理活动也就随之发生了。

第二节　胎儿的发育与出生

 情境导入

嘟嘟出生时胎龄37周，体重2500克，身长48厘米，头围为33厘米，鼻尖及鼻翼处可见黄白色小点，牙龈上有一个黄白斑点。嘟嘟的妈妈对嘟嘟是否健康心存疑虑。

知识导读

一　从受精卵到胎儿的发育过程

个体由受精卵发育到胎儿是一个复杂的过程。人类的受精过程是在输卵管的壶腹部完成的，当受精卵在输卵管中段时，胚胎发育就开始了。受精卵一边进行卵裂，一边沿输卵管向子宫方向下行，2~3天就可以到达子宫。此时的胚胎是由许多细胞构成的中空小球体，称为胚泡。

胚泡不断通过细胞分裂和细胞分化而长大，分成两部分：一部分是胚胎本身，将来会发育成胎儿；另一部分演变为胚外膜，最重要的是羊膜、胎盘和脐带。胎儿通过胎盘和母体进行物质交换。

为方便计算孕周，对月经规律的孕妇通常从末次月经第1天开始计算，到下次应该月经来潮的日子，孕周定为4周，实际胚胎只有2周。妊娠前8周的胚体称为胚胎，胚胎期是主要器官分化发育的时期。自妊娠第9周起至出生称为胎儿期，这一时期是各组织器官进一步发育成熟的时期。从受精卵到胎儿的发育过程如图2-6所示。

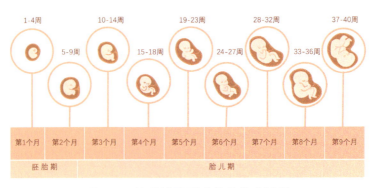

图2-6　从受精卵到胎儿的发育过程

美国心理学家罗伯特·斯滕伯格则将胎儿的发育时间划分为三个阶段：胚芽期、胚胎期和胎儿期。

第一阶段：胚芽期（0~2周）。

胚芽期又称受精卵阶段，这一时期大约持续两周，即10~14天。受精卵从受精开始，沿着输卵管向子宫移动，并附着在子宫壁上，整个过程如图2-7所示。受精卵的第一次细胞复制用时较为漫长，大概30个小时才能完成。然后，新的细胞迅速分裂和复杂化，到第4天就有70~80个细胞，形成一个胚泡，如图2-8所示。第2周，胚泡植入子宫壁，形成保护和滋养机体的组织——羊膜囊、浆膜、卵黄囊、胎盘和脐带。

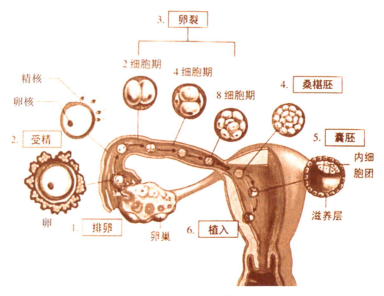

图2-7　胚芽期

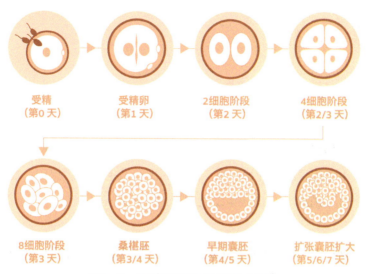

图2-8　受精卵细胞复制形成胚泡

第二阶段：胚胎期（3~8周）。

胚胎期是人体主要系统和各种器官分化、形成时期。胚胎期内增殖的细胞群分化为三层，这三层将发育成不同的身体组织，如表2-1所示。其余部分发育成羊膜囊、胎盘、脐带。

表2-1　胚胎各胚层的发育

外胚层	中胚层	内胚层
发育为表皮、毛发、指甲、牙齿、皮肤腺、感觉器官、神经系统	发育为真皮、肌肉、骨骼、排泄系统和循环系统	发育为消化系统、呼吸系统及其他内部器官和腺体

第三阶段：胎儿期（9~40周）。

胎儿期胎儿的骨细胞开始发育，毛发、指甲和外生殖器发育分化出来。最重要的发育特征在胎儿的动作上，主要表现为胎动和反射活动两种类型。妊娠28~30周是胎动最活跃的时期。

 二 胎儿的发育

（一）孕4周到孕40周发育特征

1. 孕4周

此时胚胎只有约0.2厘米。受精卵刚完成着床，羊膜腔才形成体积很小的胚泡，称胚芽。B超还看不清妊娠迹象。胚胎周围有绒毛和羊膜保护，能看到将来成为脊柱的团块组织在形成，团块组织之间形成神经束。

2. 孕5周

胎儿长到约0.4厘米，羊膜腔扩大，原始心血管出现，有搏动。心脏开始有规律地跳动及开始供血。B超可看见小胎囊，胎囊约占宫腔不到1/4，或可见胎芽。

3. 孕6周

胎儿长到约0.85厘米，胎儿头部、脑泡及呼吸、消化、神经等器官分化。B超可见胎囊清晰，并见胎芽及胎儿心跳。

4. 孕7周

胎儿长到约1.33厘米，胚胎已具有人体雏形，体节全部分化，四肢分出，各系统进一步发育。

5. 孕8周

胎儿长到约1.66厘米，胎形已定，可分出胎头、身体及四肢，胎头大于躯干。B超可见胎囊约占宫腔的1/2，胎儿形态及胎动清楚可见，并可见卵黄囊。5~8周时胎儿面部开始发育，眼、鼻均已出现，手指、脚趾已发育。

6. 孕9周

胎儿长到约2.15厘米，胎头大于胎体，各部表现清晰，头颅开始钙化。B超可见胎囊几乎占满宫腔，胎儿轮廓更清晰，胎盘开始出现。胎儿性别分化在9~12周。

7. 孕10周

胎儿长到约2.83厘米，各器官均已形成，胎儿的眼皮黏合在一起，胎盘雏形形成。胎儿开始生活在羊水中。

8. 孕11周

胎儿长到约3.62厘米，各器官进一步发育，胎盘也在发育。B超可见胎囊完全消失，胎盘清晰可见。胎儿手指、脚趾迅速发育，完全成形。头部长大，颈部长长。眼睛移到前方，但间距仍然很宽。外耳从颈部开始向上移到两侧，全身覆盖胎毛。

9. 孕12周

胎儿长到约4.58厘米，外生殖器初步发育，如有畸形可以发现。头颅钙化更趋完善，颅骨光环清楚，明显的畸形可以诊断。此后各脏器趋向完善，肠管已有蠕动，指（趾）甲开始形成。

10. 孕13~16周

13周时胎儿眼睛在头的额部更为突出，手指上出现指纹。15周时胎儿可在子宫中打嗝，是胎儿开始呼吸的前兆。16周时胎儿开始呼吸并且长出头发，皮肤很薄，呈深红色。自己会在子宫中玩耍。身长约12厘米，重约100克。

11. 孕17~20周

17周时胎儿的骨骼都是软骨，可以保护骨骼的卵磷脂开始慢慢覆盖在骨髓上。皮肤暗红，有汗毛，开始吞咽羊水，会排尿。18周时胎儿身长约14厘米，体重约200克。此时胎儿胸部一鼓一鼓地在"呼吸"，但吸入呼出的不是空气而是羊水。19周时胎儿最大的变化是感觉器官开始按照区域迅速地发展，味觉、嗅觉、触觉、视觉、听觉开始在大脑内特定的区域发育。20周时胎儿身长约16厘米，重约250克。

12. 孕21~24周

21周的胎儿身长约18厘米，体重300~350克，此时胎儿体重开始大幅度地增加。眉毛和眼睑清晰可见，手指和脚趾也开始长出指（趾）甲。24周的胎儿身长约25厘米，体重约700克，眉毛和睫毛开始长出，各个器官已初步发育。

13. 孕25~28周

25周的胎儿身长约30厘米，体重约800克。皮下脂肪已开始出现，但依然很瘦，全身覆盖细细的绒毛。26周的胎儿，眼睛呈半张开状态。27周的胎儿身长约38厘米，体重约900克。这时候眼睛可以睁开和闭合，同时有了睡眠周期。胎儿有时也会将自己的大拇指放到口中吸吮。28周时胎儿身长约40厘米，体重约1000克。皮肤粉红色，身上开始有胎脂。此时如果早产，加强护理，可能存活。

14. 孕29~32周

29周的胎儿身长约42厘米，体重约1300克。男孩的睾丸已经从腹腔降下来，女孩可以看到突起的小阴唇。30周的胎儿身长约44厘米，体重约1500克。胎儿的

头部继续增大，大脑发育非常迅速，神经系统已经发育到一定的程度。皮下脂肪继续增长。32周的胎儿身长约45厘米，体重约2000克，皮肤暗红色，面部汗毛已脱落，头上长有很多头发。

15. 孕33~36周

33周的胎儿身长约48厘米，体重约2200克。胎儿的呼吸系统和消化系统发育已经接近成熟。34周的胎儿坐高约30厘米，体重约2300克，皮下脂肪增加，将在出生后调节体温。36周的胎儿身长约50厘米，体重约2800克，皮下脂肪较多，面部皱纹消失，指甲已长到指缘。

16. 孕37~40周

胎儿身长约51厘米，体重约3000克。皮肤粉红色，皮下脂肪多，脚底有纹理。男孩睾丸已降到阴囊内，女孩外阴发育良好。所有器官发育成熟，等待出生。

（二）胎儿的发育特点

1. 已有动作反应和反射活动

胎儿在母体内自发的身体活动包括缓慢地蠕动（12~16周时最易被察觉）、剧烈地踢碰或冲撞（从24周起增加，直至分娩）、剧烈的痉挛动作。不同胎儿的这三种类型活动的比例和频率会有所不同。12周的胎儿已出现巴宾斯基反射和其他类似吮吸反射及抓握反射的活动，20周后获得防御反射、吞咽反射、眨眼反射等对生命有重要意义的本能动作。

2. 感觉已形成

视觉：第7周，胎儿眼睛形成；第10周，胎儿出现连接眼球和大脑的视神经；第12周，胎儿出现眼睑；第16周，胎儿对光线十分敏感；第28周，胎儿眼睑打开。

听觉：第16周，胎儿的听觉系统已建立；第26周，胎儿出现听觉记忆，出生后对在胎儿期听到的声音有反应；28周后，胎儿听觉系统已发育得较好，对外界的声音刺激较敏感；第32周，胎儿能听出音调的强弱与高低，能区别声音的种类且反应敏感，能辨别父母的声音，对低频的声音更敏感。

肤觉：第6周，胎儿形成皮肤；第8周，胎儿具有皮肤感觉；第10周，胎儿皮肤有压觉、触觉；第16~20周，胎儿的触觉与出生后1岁孩子的触觉水平相当。

3. 脑不断发育

胎儿在第20周左右形成大脑。第20周，胎儿脑的记忆功能开始工作，能记住母亲的声音并产生安全感。第28～32周，胎儿大脑皮层已相当发达。第32周，胎儿的大脑发育已如新生儿。

（三）胎儿发育的影响因素

在孕育胎儿的整个过程中，先天的遗传因素，孕妇的营养、疾病和用药，外部的环境等均会影响胎儿的生长发育。尤其是在妊娠早期，孕妇若受到不良因素（如感染、药物、营养缺乏等）的影响，会导致流产或胎儿先天畸形等。胎儿期连接大脑皮层和基底节的神经细胞的突触相对稀疏，很容易受到外界因素的干扰而发生改变。比如，缺氧或低血糖引起的全身性损害会导致胎儿神经传导功能损害，进而导致记忆、注意等功能障碍。

 ## 三 胎儿的出生及新生儿

经过宫内280天（40周）的孕育，一个单细胞的受精卵逐渐发育成一个健全的胎儿。到将要出生时，胎儿的脑结构已接近成人，但重量、容积，特别是脑机能的发展还远远不够。

大部分胎儿都会足月出生。分娩的全过程指从开始出现规律宫缩直至胎儿、胎盘娩出，称为总产程。总产程一般分为三个阶段。第一阶段，从子宫第一次周期性的收缩开始到子宫颈完全张开。子宫颈是子宫通往产道的开口。子宫收缩从最初的15～20分钟一次逐渐加快到1分钟一次，直到最后使子宫颈扩张，胎儿得以从子宫进入产道。对于一些初次分娩的母亲，这一过程会持续12～24小时。当胎儿的头部开始通过子宫颈和产道时，分娩就进入了第二个阶段。这个阶段也被称为胎儿娩出期。随着每一次宫缩，母亲努力地把胎儿推出体外，直到胎儿从产道中产出，离开母体。对于初次分娩的母亲，这一过程大约持续半个小时。第三阶段，也称为胎盘娩出期，胎儿出生以后胎盘排出，需要5～10分钟，通常不超过30分钟。

出生对胎儿来说需要承受巨大的压力。每一次子宫的收缩都会使胎盘和脐带受到压迫，导致对胎儿的供氧量减少。在压力环境下，胎儿会分泌大量的肾上腺

素和去甲肾上腺素。这些激素能增强心脏的收缩能力，提高心率，把血液输送到大脑，提高血糖水平，对缺氧状态下的胎儿具有保护作用。但是，如果生产过程拖得过长，可能会导致胎儿缺氧症，致使胎儿大脑损伤。

胎儿出生后脐带被剪断，他通过脐带从母体获得的氧气供应就中断了。从那一刻起，他就只能靠自己了。肺部的2500万个肺泡很快充满了空气，新生儿第一次开始自主呼吸。

（一）足月新生儿

足月新生儿指的是胎龄大于或等于37周且小于42周，出生时体重大于或等于2500克且小于或等于4000克，身长一般为47~52厘米，头围为33~35厘米的新生儿。早产儿、未成熟儿指胎龄不足37周，出生体重小于2500克，器官功能不够成熟的新生儿。

（二）新生儿的外观特征

1. 头

新生儿的头部占身长的1/4，头发分条清楚，刚出生时头部可能因分娩时受产道挤压，出现局部水肿形成产瘤。

2. 皮肤

新生儿刚出生时皮肤覆盖一层胎脂，皮肤红润、薄嫩，易受感染，皮下脂肪少，血管丰富，鼻尖及鼻翼处可见黄白色小点，称粟粒疹，2周内消失。

3. 口腔

新生儿硬腭中线有黄白色小点，称上皮珠，1个月后自行消失。牙龈上亦常有黄白斑点，俗称"马牙"，数周至数月可自行消失，禁止挑破。

4. 颈部

新生儿颈部短小，要注意颈部是否有胸锁乳突肌血肿（多在出生后2~3周才被发现）。

5. 胸部

新生儿胸部窄小，乳晕清楚，可能有乳腺结节，初生时胸围较头围小1~2厘米。

6. 腹部

新生儿腹部微隆，脐带部有残端断痕，注意观察是否渗血、渗液，以及分泌物有无臭味，脐轮是否发红。

7. 四肢

新生儿四肢呈屈曲状，指甲达指端，足纹多。

（三）新生儿的生理特点

1. 呼吸系统

新生儿安静时呼吸频率约为40次/分钟，以腹式呼吸为主，呼吸中枢未发育成熟，肋间肌弱，故呼吸浅而快，不规则。

2. 血液循环系统

新生儿的心率为120～140次/分钟，血液多集中于躯干，故四肢易冷及出现发绀。

3. 消化系统

新生儿胃容量小，贲门括约肌松弛，幽门肌紧张，胃呈水平状，食道短，常易发生溢奶。新生儿出生后24小时内排出胎便，胎便呈墨绿色、黏稠状，2～3天排完，如24小时胎便未排要去医院检查，看是否为肛门闭锁。母乳喂养者大便次数多，呈金黄色糊状；配方奶喂养者大便干且次数少。

4. 泌尿系统

新生儿尿次多，一般在出生后12小时内排尿，最初几天尿量少，每天排尿4～5次，以后随吃奶量及饮水量增加，每天排尿可达20次。

5. 体温调节

胎儿在子宫内处于恒温环境，出生后保暖能力差，散热快，出生后1小时内体温可下降2摄氏度。出生后12～24小时，体温可调节到36～37摄氏度。新生儿体温不稳定，易受外界环境影响。

6. 免疫系统

新生儿的免疫力主要是在出生前通过胎盘获得，从初乳中也可获得一些抗体。母乳喂养的新生儿由于从母体获得了抗体，对麻疹、风疹、猩红热、白喉等没有易感性，一般不会患这些传染病。

一、单项选择题

1. （   ）是中枢神经系统的高级部分，是人体的"司令部"。

    A．大脑   B．小脑   C．脑   D．脑干

2. 新生儿每分钟的呼吸次数为（   ）。

    A．40～50次   B．30～40次   C．25～30次   D．20～25次

3. 在胎儿期和出生后发育一直处于领先地位（先快后慢）的是（   ）。

    A．神经系统   B．淋巴系统

    C．生殖系统   D．运动系统

4. 婴幼儿呼吸的主要方式是（   ）。

    A．胸式呼吸   B．腹式呼吸

    C．喉式呼吸   D．咽式呼吸

5. 婴幼儿时期是人一生中生长发育最旺盛的阶段，体重从出生时约（   ）千克，到1岁时增长至9千克。

    A．2.5   B．3   C．4   D．5

6. 对婴幼儿影响最早、最直接、最深刻的是（   ）。

    A．家长和家庭   B．学校   C．老师   D．同伴

7. 关于新生儿期的特点，不正确的是（   ）。

    A．死亡率高   B．发病率高

    C．适应能力较差   D．各器官功能已发育完善

8. 下列对婴儿皮肤特性的描述不正确的是（   ）。

    A．保护功能差   B．皮肤渗透作用强

    C．新陈代谢活跃   D．体温调节能力强

9. 对婴幼儿高级神经活动描述正确的是（   ）。

    A．抑制过程强于兴奋

    B．抑制占优势

    C．婴幼儿的控制能力比较好

    D．高级神经活动的抑制过程不够完善

二、多项选择题

一名优秀的托育工作者应当具备的良好职业礼仪包括（　　）。

A．衣着整洁得体　　　　　　　B．面带微笑

C．语言得体规范　　　　　　　D．举止文明礼貌

三、判断题

1．婴幼儿是左利手还是右利手，成人都不要过多干预，更没有必要强迫婴幼儿纠正。（　　）

2．照料者的主要工作就是照顾婴幼儿，所以不用在意与家长的沟通交流。（　　）

第三章

婴幼儿的动作发展

扫码获取配套资源

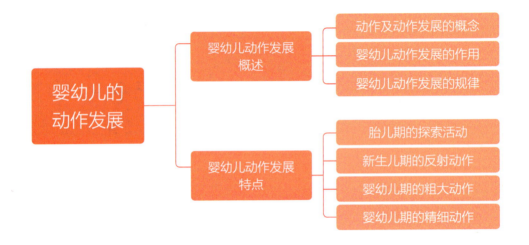

思维导图

婴幼儿的动作发展
- 婴幼儿动作发展概述
  - 动作及动作发展的概念
  - 婴幼儿动作发展的作用
  - 婴幼儿动作发展的规律
- 婴幼儿动作发展特点
  - 胎儿期的探索活动
  - 新生儿期的反射动作
  - 婴幼儿期的粗大动作
  - 婴幼儿期的精细动作

学习成果目标

（一）知识目标

（1）能够回忆动作及动作发展的含义，在无须提示的条件下，准确无误地阐述其核心概念。

（2）能够列举婴幼儿动作的主要类型，在给定情境下，按照分类标准完整列出。

（3）能够解释动作在婴幼儿身心发展中的重要性，结合实例，按照身心发展理论的标准进行阐述。

（二）技能目标

（1）能够归纳婴幼儿动作发展的规律，从不同案例中提炼出共性，形成简洁明了的总结。

（2）能够描述不同年龄阶段婴幼儿各种动作发展的水平和特点，按照发展阶段划分，详细阐述每个阶段的标准特征。

（3）能够运用不同年龄阶段婴幼儿动作发展教育的基本方法，在模拟或真实教学环境中，根据婴幼儿的动作发展水平选择合适的教育策略。

（三）思政素质目标

（1）能够表现出对婴幼儿动作发展教育的热情和兴趣，在团队讨论或实践活动中积极分享自己的观点和经验。

（2）能够培养细心观察、耐心指导婴幼儿的职业素养，在实践中展现出对婴幼儿的关爱和耐心。

（3）能够保持持续学习和关注婴幼儿动作发展领域的习惯，定期阅读相关文献或参加专业发展活动以提升自己的专业素养。

第一节　婴幼儿动作发展概述

 情境导入

　　作为一名托育机构的老师，你负责照顾一群活泼可爱的婴幼儿，其中有一个名叫君君的小宝宝格外引起你的关注。最近，你观察到君君在尝试站立时总是摇摇晃晃，似乎缺乏足够的平衡能力。这个现象让你深感关切，你决心找到合适的方法来帮助他完成这个挑战。

　　在与君君的父母进行深入沟通后，你了解到君君在家中的动作发展也相对较慢，他们同样对君君的站立和平衡能力表示担忧，并希望君君能够在托育环境中得到更多的支持和引导。

　　现在，你面临着以下任务：结合婴幼儿动作发展的理论知识，分析君君在站立时遇到困难的具体原因；基于君君的实际情况和动作发展的科学规律，为他制订一个个性化的动作发展计划，特别关注站立和平衡能力的培养；与君君的父母保持密切沟通，共同实施这个个性化动作发展计划。

知识导读

　　人生早期的发展最令人惊喜的莫过于不断出现的一些新动作，如抬头、翻身、坐、爬、站到迈出人生的第一步。每一个动作的出现，都标志着婴幼儿向前发展了一步。

一　动作及动作发展的概念

　　动作是人类最重要的一项基本能力，也是个体进行实践活动不可或缺的重要能力。动作是指躯体和四肢的动作，动作发展是指人类一生中动作行为变化的结果与这些变化演进过程的总和。动作分为两种类型：一类是粗大动作或称大肌肉动作，如爬、走、跑、跳、上下楼梯等；另一类是精细动作或称小肌肉动作，如抓握物品、使用勺子，穿脱鞋袜，握笔画画或写字等。

二　婴幼儿动作发展的作用

动作本身不是心理，但是动作和心理发展有着密切的关系，因为人的心理离不开人的活动，人的活动又是在神经系统特别是大脑的支配下，通过动作来完成的。动作的发展在一定程度上反映大脑皮层神经活动的发展，因此，人们常把动作作为测定婴幼儿心理发展水平的一项指标。比如，诸多研究表明婴幼儿动作的发展是感知觉发展的基础，对婴幼儿认知、个性、情绪情感与社会性等方面的发展具有重要影响，是婴幼儿适应社会生活的重要基础，对婴幼儿的健康成长具有重要价值。

具体而言，动作对婴幼儿发展的作用主要有四个方面：第一，动作发展是心理发展的源泉或前提，没有动作，心理就无从发展；第二，动作发展是心理发展的外部表现，动作的发展反映着心理的发展水平，通过对动作发展的研究，可以了解婴幼儿早期心理发展的内容和特点；第三，动作发展促进了空间认知的发展，运动经验在空间认知发展中具有重要作用；第四，动作发展促进了社会交往能力的发展，随着动作能力的发展，婴幼儿与周围人的交往从依赖、被动逐渐向主动转变。

 拓展阅读

幼儿动作发展与大脑发展的关系[①]

运动看似简单，对大脑来说，即使最简单的运动也需要精确地计算物体的速度和轨迹。现代脑科学研究证明，动作学习可以使脑的结构和功能发生改变，即

[①] 潘期生，贾静怡，陈玉娟，等. 近十年我国幼儿动作发展研究［J］. 石家庄学院学报，2022，24（3）：144–149，160. 内容有删改。

改变神经元、突触、脑的激活方式，提升智力、感知、协调等能力。这是因为在动作练习中孩子被迫减速、犯错、改正，在这一过程中孩子好像正走上一座覆盖着冰的山，打着滑，跌跌撞撞地前行，只要不放弃，你会发现孩子的动作最终会在不知不觉中变得敏捷、协调、优雅，这正是大脑不断发展的表现。组织练习的方法也会影响神经的可塑性，水平参差不齐的孩子集中练习，更能有效地促进大脑发展。这是因为对比会迫使水平差的孩子离开舒适区而进入学习的最有效点。运动可以有效解决焦虑、抑郁等问题，并能使学习和记忆能力大幅度提高。研究人员还发现，愉快的运动可以促使大脑释放多巴胺，多巴胺能提高脑神经的可塑性，帮助大脑巩固已经学过的知识。尝试在运动后而不是运动前学习，你就能利用这种从内在提高学习效果的方法。特别是手指的精细动作能充分刺激大脑皮层，增强大脑的灵活性，手脑并用能使婴幼儿心灵手巧。从生理学角度看，动作练习可以促进血液循环，加大携氧量，供给脑细胞更多的养料和氧气，这对婴幼儿大脑的发育有很大的益处，能够促进婴幼儿智力发展。

 ## 三　婴幼儿动作发展的规律

婴幼儿动作的发展不是一蹴而就的，而是受到身体的发育，特别是骨骼肌肉的发育顺序及神经系统的支配作用制约。因此，婴幼儿的动作发展遵循着一定的规律，在不同的年龄阶段，其动作发展表现出不同的特点。

（一）从整体到分化

婴幼儿最初的动作是全身性的、笼统的、非专门化的。比如，新生儿不论受到什么不良的刺激影响，如饿了、尿了、困了等，都是边哭喊边全身乱动。因为，他们不能准确定位刺激部位，动作反应非常不精确。随着神经系统和肌肉的成熟，以及婴幼儿自身的反复练习，泛化性的

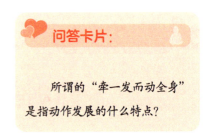

全身动作逐渐分化为局部的、准确的、专门的动作。比如，2个月的婴儿想挥动手臂，就会引起全身性的运动；6个月的婴儿可以单独用一只手去拿取东西；1岁的幼儿可以只用食指和拇指拿捏东西。

（二）由上到下

婴幼儿的动作最先发展的是头部动作，然后自上而下，逐步学会抬头、俯撑、翻身、坐、爬、站，最后学会走路等动作。这体现了身体动作发展的首尾原则，如图3-1中的a所示。

（三）由粗大动作到精细动作

婴幼儿动作发展从身体中部开始，越接近躯干的部位，动作发展得越早，而远离身体中心的四肢末端的动作发展则较迟。如在上肢动作中，先发展成熟的是肩膀、上臂的动作，其次是肘部、手部的动作，手指的动作发展最晚。下肢动作亦如此，臀部、大腿动作先发展，其次是膝盖、脚的动作发展，最后才是脚趾的动作发展。这体现了身体运动发展的从中心到边缘的原则，如图3-1中的b所示。因此，婴幼儿先学会粗大动作，即大肌肉动作、大幅度的动作，然后逐渐学会小肌肉的精细动作。比如，婴幼儿先学会挥动、拍打等上肢粗大动作，之后再学会握笔、捏物等精细动作。

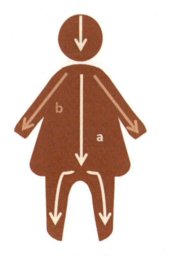

a表示首尾方向

b表示从中心到边缘方向

图3-1　身体动作发展方向

（四）由无意到有意

婴儿的动作起初是无意识的，当他做出各种动作时是无目的的，不知道自己在干什么，之后动作越来越多地受心理、意识的支配，逐渐出现有目的、有意识的动作。这呈现出动作的无意性向有意性发展的趋势。婴儿6个月以后开始意识到自己所做的动作。

第二节 婴幼儿动作发展特点

 情境导入

　　作为一名在某托育机构实习的学生，你的主要职责之一是协助专业团队评估婴幼儿的动作发展，并根据评估结果设计相应的促进活动。近期，机构收到了家长的询问，他们普遍关注自己孩子的动作发展是否正常，以及如何通过有效的活动来促进孩子的身体协调性和运动技能发展。

　　为了履行这一职责，你需要深入理解0～2岁婴幼儿在各生长阶段特有的动作发展特征与指标。此外，你须具备设计干预计划的能力，确保所策划的活动既能满足婴幼儿当前的发展需求，又能激发其潜力，促进全面的身体机能提升。

 知识导读

一　胎儿期的探索活动

　　现代的超声技术让我们发现，在胎儿期个体便出现了动作，这是个体最早的动作发展。胎儿在母体内非常"忙碌"，时常探索着自己的手指、脚趾、嘴、脐带等，如图3-2所示。这些动作主要分为两类：刺激后运动与自发运动。刺激后运动的刺激来源主要有两种：一是母体运动后引起的骨盆血管血流改变；二是外界刺激，如声

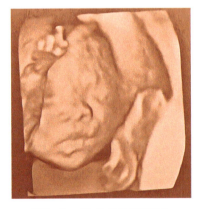

图3-2　胎儿的探索活动

音、震动、光线、抚摸等。除了这些明显的刺激后运动，胎儿在子宫内的活动都是自发的。

第7周的胎儿已经开始有自发性的活动，但还只是原始的整体蠕动；第9周的胎儿可以吸吮手指和脚趾；第11周的胎儿可以做一些与四肢相关的动作，如伸直双腿、移动手臂；第12周的胎儿可以做出张口、闭口、打哈欠的动作。虽然胎儿很早已经出现了动作，但大多数孕妇要到16～20周才察觉到胎动，这可作为观察胎儿是否健康的标志，但胎动的频率与类型存在个体差异。

 ## 二　新生儿期的反射动作

新生儿时期的动作几乎都是无条件的反射动作。无条件的反射动作主要分为两类，分别是生存反射与原始反射。

生存反射是指新生儿为了适应新环境，满足基本的生存需求而产生的本能动作。出生的第1天，新生儿就已获得吮吸反射（如图3-3所示）、觅食反射、呼吸反射等，这几种反射对新生儿维持生命、保护自己有现实意义。

原始反射是人类在进化过程中残存下来的反射，如今已经失去了存在的意义。常见的原始反射主要有以下几种。

图3-3　吮吸反射

（一）抓握反射

抓握反射是指用手指或笔杆触及新生儿手心时，新生儿马上将其握紧不放，如图3-4所示。其抓握的力量有时可以承受起新生儿自身的体重，如果顺势将新生儿提升在空中可停留几秒钟。抓握反射在3～4个月时消失，被有意的抓握动作代替。

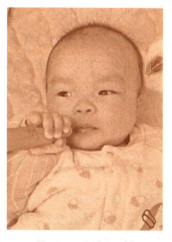

图3-4　抓握反射

（二）游泳反射

游泳反射是指把新生儿放入水中，他的两臂和腿会自主运动并能漂浮片刻，而且在水中能自主呼吸片刻。游泳反射通常在4~6个月消失。

（三）踏步反射

当新生儿被竖着抱起，把他的脚放在平面上时，他会做出迈步的动作，如图3-5所示。

在人类进化史上，以上这些反射动作可能曾经是有意义的，比如在人类祖先还需靠爬树来保护和维持生命的年代，抓握反射可能就有实际的作用，但如今普遍认为其对人体不存在帮助适应环境的价值。不过人们常常把这些反射动作是否出现及其消失的时间作为检测神经发育是否成熟或有无障碍的指标。因此，这些反射在临床上有诊断价值，可用来检查小儿智能发育情况。

无条件反射动作保证了新生儿最基本的生命活动，但因其简单与刻板，远远不足以让新生儿适应复杂

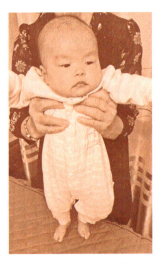

图3-5　踏步反射

多变的环境，所以新生儿会在无条件反射动作的基础上建立新的条件反射动作。此后，个体经过后天的学习，不断发展与完善自己的动作。

三　婴幼儿期的粗大动作

神经系统及运动系统的成熟，使婴幼儿开始学习并掌握一些人类的基本动作。虽然不同的个体因营养和训练条件的不同而在动作发展的快慢上存在个别差异，但这些动作的发展顺序是不变的。

（一）婴儿期

婴儿期有代表性的粗大动作主要有抬头、翻身、独坐、爬行、站立、行走等。

抬头：婴儿在2个月俯趴时能抬头45°，如图3-6所示；3个月婴儿俯趴时能抬头90°，竖

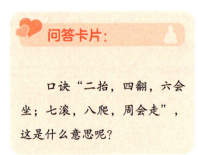

问答卡片：

口诀"二抬，四翻，六会坐；七滚，八爬，周会走"，这是什么意思呢？

抱时头部能竖直，并左右转动。

翻身：4个月婴儿可从仰卧位翻身至侧卧位；5个月婴儿可以从仰卧位翻身至俯卧位，然后逐渐在翻身的同时，自由转动头部，接着可以灵活地交替进行俯卧翻身、仰卧翻身。

独坐：4个月婴儿能扶坐；5个月婴儿能独坐，但身体稍前倾，可以用手支撑，如图3-7所示；8个月婴儿能独坐自如。

图3-6　2个月婴儿抬头　　　　图3-7　6个月婴儿用手支撑辅助坐

爬行：5～7个月婴儿能腹部贴在地面爬行；8～9个月婴儿能进行手膝爬行。

拓展阅读

爬行的意义

爬行动作由最初的爬行反射，经过抬头、翻身、打滚、匍行等中间环节，最终发展成真正的爬行，其间需要经过多次的学习、实践，每一次学习与实践都是一次对大脑积极的调动与激发。因此，学习爬行其实就是对脑神经系统功能的强化训练，它对于脑发育具有不可替代的特殊作用。

爬行使婴儿开始主动移动自己的身体，从而开阔眼界，增长见识，促进认知能力的发展。爬行会刺激左右脑均衡发展，理解与记忆并进。爬行也可刺激内耳或前庭系统，有助于维持平衡感，而手眼协调也有相同的作用。爬行需要大脑、

小脑之间的密切配合，多爬能够丰富大脑、小脑之间的神经联系，促进脑的生长，促进神经纤维相互缠绕形成网络，有利于脑神经系统结构的完善，对儿童学习语言与阅读发挥良好作用。

有些家长照顾婴儿时非常小心，即使到了婴儿会爬的月龄，也因为怕地上脏、怕婴儿在地上着凉、怕碰着等，总是抱着婴儿或让婴儿坐在婴儿车里，没给婴儿创造学习爬行的条件，从而剥夺了婴儿爬行的机会。如果婴儿没有经历爬行就学习行走，虽然不会对他的生活造成严重影响，但等他上学后可能会出现注意力不集中、协调能力差等问题。

站立：婴儿7个月时被扶住双手，能站立片刻；10个月婴儿能扶栏站起；12个月婴儿能独立站立片刻；15个月婴儿能独自站稳，如图3-8所示。

图3-8　12个月的婴儿站立稳当

行走：10个月婴儿被扶住两手能走；11个月婴儿能牵着一只手走路；小部分婴儿在12个月时能独自行走。

（二）幼儿早期

幼儿早期最典型的粗大运动发展就是走、跑、跳的动作发生及灵活运用。

1岁开始，幼儿已经不满足于只是爬或扶物走，他们需要更大的探索空间，会尝试着自己独立行走。所以13～18个月幼儿大动作的发展集中体现在行走上，他们喜欢边走路边推、拉、拿着玩具。13～15个月，幼儿逐渐行走自如。15～18个月，幼儿能向前走或向后退，并在此基础上开始学跑，但不稳，容易摔。在成人的帮助下幼儿还能上下楼梯，自己能不扶物蹲站自如。在上肢动作方面，幼儿能做出简单的手势动作，如拜拜，并能进行无方向扔球和滚球。19～24个月，幼儿身体协调性增强，能自如向前和向后走，能自己上下沙发，能双脚交替上下几级楼梯，能双脚离地跳，并逐步学会单脚跳、踢球等。25～30个月，幼儿能双脚交替走楼梯，能侧着走和奔跑，能轻松地立定蹲下，能迈过低矮的障碍物，能攀爬，能双脚离地跳，能有方向地滚球、扔球、投掷。31～36个月，幼儿的粗大动作发展得更加全面，他们基本掌握了跳、跑、攀爬等动作，能走直线、单脚站、单脚跳1～2次，能双脚连续向前跳，能交替上下楼梯等。

这些动作的发展，使幼儿得到了解放，他们可以自由地活动，大大地开阔了视野，促进了认知能力的发展。因此，成人应该提供大量游戏、练习的机会，鼓励幼儿多运动，尤其是参加户外运动，这不仅对他们粗大运动能力的发展有益，同时对其认知、社会性等方面的发展都有重要意义。如果总是将幼儿禁锢在狭小的房间中，对他们的身心发展是极其不利的，甚至可能造成感觉统合失调。

总之，婴幼儿的动作技能不是一经产生便能灵活运用的，而是要经过大量的练习，才能掌握窍门，达到熟练程度。正如宋代欧阳修在《卖油翁》中告诉我们的："我亦无他，惟手熟尔。"

拓展阅读

3岁婴幼儿全身动作发展顺序如表3-1所示。

表3-1 3岁前婴幼儿全身动作发展顺序[①]

顺序	动作项目名称	月龄
1	稍微抬头	2.1
2	头转动自如	2.6
3	抬头及肩	3.7
4	翻身一半	4.3
5	扶坐竖直	4.7
6	手肘支床胸离床面	4.8
7	仰卧翻身	5.5
8	独坐前倾	5.8
9	扶腋下站	6.1
10	独坐片刻	6.6

---

① 陈帼眉，冯晓霞，庞丽娟. 学前儿童发展心理学［M］. 3版. 北京：北京师范大学出版社，2013：36-37. 内容有删改。

（续表）

顺序	动作项目名称	月龄
11	蠕动打转	7.2
12	扶双手站	7.2
13	俯卧翻身	7.3
14	独坐自如	7.3
15	给助力能爬	8.1
16	从卧位坐起	9.3
17	独自能爬	9.4
18	扶一手站	10.0
19	扶两手走	10.1
20	扶物能蹲	11.2
21	扶一手走	11.3
22	独站片刻	12.4
23	独站自如	15.4
24	独走几步	15.6
25	自蹲自如	16.5
26	独走自如	16.9
27	扶物过障碍物	19.4
28	能跑但不稳	20.5
29	双手扶栏上楼	23.0
30	双手扶栏下楼	23.2
31	扶双手双脚稍微跳起	23.7
32	扶一手双脚稍微跳起	24.2
33	独自双脚稍微跳起	25.4
34	能跑	25.7
35	扶双手单脚站不稳	25.8
36	一手扶栏下楼	25.8
37	独自过障碍物	26.0

（续表）

顺序	动作项目名称	月龄
38	一手扶栏上楼	26.2
39	扶双手双脚跳好	26.7
40	扶一手单脚站不稳	26.9
41	扶一手双脚跳好	29.2
42	扶双手单脚站好	29.3
43	独自双脚跳好	30.5
44	扶双手单脚稍微跳起	30.6
45	手臂举起有抛掷姿势的抛掷	30.9
46	扶一手单脚站好	32.3
47	独自单脚站不稳	34.1
48	扶一手单脚跳稍微跳起	34.3

从表3-1中你发现了什么规律？

 四 婴幼儿期的精细动作

手是人认识事物的重要器官。人类在进化过程中学会直立行走后，就解放了双手，从而促进大脑的高度发达。研究已证明，训练婴幼儿手部动作，即精细动作，可以加速大脑的发育。精细动作的发展主要经历以下三个阶段。

（一）本能的抓握

3～4个月前的婴儿，抓握物体还带有无条件反射的特点。其抓握无目标、无方向、手指配合不当、手的动作不能同时协调起来，能抓握，但无法准确抓住眼前的物体。

（二）手眼协调

要想准确抓住物体，必须通过视觉、触觉、运动觉的密切配合。在4～5个月，婴儿在视觉的引导下能有目的地抓取物体，这证明手眼协调动作形成。这一动作可

以作为婴儿心理发展的重要标志。手眼协调动作的发展经历了三个进程。

第一，学会看物体，即看清物体的形象，判断物体的空间位置；

第二，学会手的配合，即当婴儿看见物体后，能快速准确地伸出手，并决定手是张开还是闭合，从而抓住物体；

第三，与物体互动，即当婴儿拿到物体后，会观察其颜色、形状，会用手不断玩弄以及用嘴去咬，从这些互动中了解物体的属性，满足求知欲。

（三）手部动作逐渐灵活

出现手眼协调后，婴儿在反复使用和练习的过程中，手部动作日渐灵活。具体表现为以下两点。

第一，重复动作。6～8个月的婴儿喜欢对物体反复乱敲、乱扔、乱撕，借以了解自己的动作能带来什么效果。比如，一个7个月的婴儿会把小盒的盖子拿下来，盖回去，又拿下来，又盖回去，如此反复。婴儿之所以出现这一动作，主要原因是他们对自己的动作引起的效果产生了极大的兴趣，同时这也是他们认识事物因果关系的开始。这些活动对婴儿的智能发育是非常重要的，因此，抚养者应该给婴儿提供安全卫生的玩具，任由他们探索、摆弄。

第二，学会用方法取物。9个月以后，婴儿手部动作进一步复杂化，他们已经学会借用工具，运用一定的方法来达到目的。比如，14个月的幼儿想自己拿玩具，但是拿不到，就会叫来大人，指着玩具的方向，提示大人帮忙。25个月的幼儿会学着成人抱娃娃哄睡，用铲子炒菜，这是其学会运用工具的迹象。

3岁前婴幼儿手部动作发展顺序如表3-2所示。

表3-2　3岁前婴幼儿手部动作发展顺序[①]

顺序	动作项目名称	月龄
1	抓住不放	4.7

---

　　① 陈帼眉，冯晓霞，庞丽娟. 学前儿童发展心理学［M］. 3版. 北京：北京师范大学出版社，2013：37. 内容有删改。

（续表）

顺序	动作项目名称	月龄
2	能抓住面前玩具	6.1
3	能用拇指食指拿	6.4
4	能松手	7.5
5	传递（倒手）	7.6
6	能拿起面前玩具	7.9
7	从瓶中倒出小球	10.1
8	堆积木2~5块	15.4
9	用匙外溢	18.6
10	用双手端碗	21.6
11	堆积木6~10块	23
12	用匙稍外溢	24.1
13	脱鞋袜	26.2
14	串珠	27.8
15	折纸形状近似长方形	29.2
16	独自用匙好	29.3
17	画近似横线	29.5
18	一手端碗	30.1
19	折纸形状近似正方形	31.5
20	画近似圆形	32.1

学习情境与实践项目

学习情境 促进2.5岁孩子的动作发展

一、情境导入

小华是一个2岁半的小男孩，他在户外尝试跑动和探索周围环境时，充满了无限的好奇和活力。但是，当游戏转到需要轻轻跳起去触及悬挂在空中的小玩具，或是尝试像小鸟一样单脚站立一小会儿时，小华会露出一点点犹豫的表情，有时候还会不小心摇摇晃晃地坐回到地上。

二、任务描述

你的任务是设计一套个性化的活动方案，旨在通过游戏和练习帮助小华改善跳跃和平衡能力，同时增强他对体育活动的兴趣和信心。

三、学习成果目标

（一）知识目标

（1）能够解释2.5岁儿童动作发展，尤其是在跳跃和平衡能力方面的一般规律和关键阶段。

（2）能够分析影响小华跳跃和平衡能力发展的内外部因素，包括但不限于肌肉力量、协调性、视觉空间感知。

（二）技能目标

（1）能够设计一套适合小华的个性化动作发展活动方案，包含游戏和练习，以促进跳跃和平衡技能发展。

（2）能够实施上述活动方案，并在必要时根据小华的即时反馈和进步情况进行调整。

（三）思政素质目标

（1）能够展现对小华个体差异的高度敏感性和同理心，并在互动中体现出来。

（2）能够建立与小华及其家长的信任关系，通过有效的沟通和合作促进小华的动作技能发展。

四、工作过程

（一）资讯

收集信息：查询2.5岁儿童跳跃和平衡能力的发展特点，了解可能影响小华动作发展的因素，如肌肉力量、协调性、视觉空间感知等。

（二）计划

（1）项目目标制订。

（2）列出该计划所需准备的物质材料。

（3）活动设计：规划一系列提高跳跃和平衡能力的游戏和练习，确保活动既具趣味性又能逐步提升难度。

（4）家庭参与：设计一些简单的家庭练习，鼓励家长在家中与小华一起进行，以巩固机构内学习成果。

（三）决策

（1）策略选择：选择最能有效激发小华好奇心的教学方法，同时有效地提升其动作技能。

_____

_____

（2）小组讨论：如何确保环境与材料的安全性与适宜性？

_____

_____

（四）执行

（1）实施活动：在室内室外场地开展计划中的活动，确保小华积极参与。

_____

_____

（2）家长培训：教导家长如何正确指导小华在家中的练习，确保方法一致性和连续性。

_____

_____

（3）进度追踪：定期观察小华在活动中的表现，记录其进步和挑战点。

_____

_____

（五）监督

（1）记录与反馈：详细记录小华参与活动的情况，定期与家长沟通，分享进展。

_____

_____

（2）效果评估：通过观察、家长反馈和小华的自我表达，评估活动方案的有效性。

_____

_____

（3）调整方案：根据小华的反应和进步情况，及时调整活动方案，以达到最佳教育效果。

（六）评估

（1）反思：在促进婴幼儿动作发展过程中，以下是对执行情况的反思，包括做得好的方面和需要改进的地方。

优势：	不足：

（2）效果评估：综合评估小华在跳跃和平衡能力上的变化，以及他参与活动的态度和兴趣。

（3）数据收集：记录小华在特定动作任务上的表现数据，如跳跃距离、平衡时间等。

（4）家长满意度调查：询问家长对活动方案的满意度，了解他们对小华进步的感受。

（5）自我反思：回顾整个干预过程，思考哪些策略最有效，哪些策略需要改进。

（6）成果分享：与幼儿园其他教师和家长分享小华的进步，促进教育实践的交流和提升。

五、学习成果评价表

知识目标如表3-3所示。

表3-3 知识目标

序号	学习成果	评价维度	评价标准	学生自评	小组互评	教师评价
1	能够解释2.5岁儿童动作发展特点	理解程度	识别并描述2.5岁儿童在跳跃和平衡能力发展中的关键阶段与特点；能够通过思维导图或时间线清晰展示儿童动作发展的各个阶段，突出跳跃和平衡能力的发展路径	□优秀 □良好 □一般 □需改进	□优秀 □良好 □一般 □需改进	□优秀 □良好 □一般 □需改进
2	能够分析影响小华跳跃和平衡能力发展的内外部因素	分析能力	能根据科学理论列举并解释至少三种影响儿童动作发展的因素，并分析它们如何具体影响小华	□优秀 □良好 □一般 □需改进	□优秀 □良好 □一般 □需改进	□优秀 □良好 □一般 □需改进

技能目标如表3-4所示。

表3-4 技能目标

序号	学习成果	评价维度	评价标准	学生自评	小组互评	教师评价
1	能够设计一套适合小华的个性化动作发展活动方案	设计能力	设计至少三项个性化活动，明确活动目的、步骤和预期结果，聚焦小华的跳跃和平衡能力；提供活动设计文档，包括理论依据、活动流程、所需材料和预期评估方法	□优秀 □良好 □一般 □需改进	□优秀 □良好 □一般 □需改进	□优秀 □良好 □一般 □需改进

（续表）

序号	学习成果	评价维度	评价标准	学生自评	小组互评	教师评价
2	能够实施上述活动方案	实施能力	执行设计活动，记录活动过程，包括婴幼儿的参与度和反应；使用图表或数据分析工具展示活动前后小华在跳跃和平衡能力上的变化，提出基于证据的改进建议	□优秀 □良好 □一般 □需改进	□优秀 □良好 □一般 □需改进	□优秀 □良好 □一般 □需改进

思政素质目标如表3-5所示。

表3-5 思政素质目标

序号	学习成果	评价维度	评价标准	学生自评	小组互评	教师评价
1	能够展现对小华个体差异的高度敏感性和同理心	理解同理	在与小华的互动中展现出敏感性和同理心，记录互动观察；展示与小华家长和教育团队的沟通记录，体现对小华独特需求的理解和支持	□优秀 □良好 □一般 □需改进	□优秀 □良好 □一般 □需改进	□优秀 □良好 □一般 □需改进
2	能够与小华及其家长建立信任关系	沟通协作	展示与小华家长建立信任的过程，包括定期沟通记录和家长满意度反馈	□优秀 □良好 □一般 □需改进	□优秀 □良好 □一般 □需改进	□优秀 □良好 □一般 □需改进

附加评价说明：

1. 评价周期：建议每个项目结束后进行一次全面评价。

2. 反馈机制：教师应提供具体、有建设性的反馈，帮助学生了解自己的优势和需要改进的地方。

实践项目 托儿所的动作发展课程

一、情境导入

托儿所的星星班主要接收7~9个月大的婴儿，近期老师观察到几个婴儿在爬行和坐立转换方面的发展遇到困难。因此，老师想设计一些相关的活动促进班上

婴儿的粗大动作发展。

二、任务描述

设计一系列活动和游戏，旨在通过趣味性和挑战性相结合的方式来提升婴儿的爬行和坐立转换技能，同时增强他们对移动的兴趣和信心。

三、学习成果目标

（一）知识目标

（1）能够阐述7～9个月婴儿动作发展的一般规律和关键阶段，特别是在爬行和坐立转换方面。

（2）能够分析影响婴儿爬行和坐立转换能力发展的内外部因素，包括但不限于肌肉力量、协调性、视觉空间感知。

（二）技能目标

（1）能够设计一套适合该年龄段婴儿的个性化动作发展活动方案，包含游戏和练习，以促进爬行和坐立转换技能提升。

（2）能够实施上述活动方案，并在必要时根据婴儿的即时反馈和进步情况进行调整。

（三）思政素质目标

（1）能够展现对个体差异的高度敏感性和同理心，并在互动中体现出来。

（2）能够与家长建立信任关系，通过有效的沟通和合作促进婴儿的动作技能发展。

四、工作过程

（一）资讯

收集信息：查询7～9个月婴儿爬行和坐立转换能力的发展特点，了解可能影响动作发展的因素，如肌肉力量、协调性、视觉空间感知。

（二）计划

（1）项目目标制订。

_____

_____

（2）列出该托儿所活动环境创设的物质准备。

_____

_____

（3）活动计划：规划一系列促进爬行和坐立转换能力发展的游戏和练习，确保活动既具趣味性又能逐步提升难度。

_____

_____

（4）家庭参与：设计一些简单的家庭练习，鼓励家长在家中与孩子一起进行，以巩固机构内学习成果。

_____

_____

（三）决策

（1）策略选择：选择最能有效激发婴儿好奇心的教学方法，同时有效地提升其爬行和坐立转换技能。

_____

_____

（2）小组讨论：如何确保环境与材料的安全性与适宜性？

_____

_____

（四）执行

（1）实施活动：在室内室外场地开展计划中的活动，确保婴儿积极参与。

_____

_____

（2）家长培训：教导家长如何正确指导婴儿在家中的练习，确保方法一致性和连续性。

_____

_____

（3）进度追踪：定期观察不同婴儿在活动中的表现，记录其进步和挑战点。

_____

_____

（五）监督

（1）记录与反馈：详细记录婴儿参与活动的情况，定期与家长沟通，分享进展。

_____

_____

（2）效果评估：通过观察、家长反馈和婴儿的自我表达，评估活动方案的有效性。

_____

_____

（3）调整方案：根据不同婴儿的反应和进步情况，及时调整活动方案，以达到最佳教育效果。

_____

_____

（六）评估

（1）反思：在促进婴幼儿动作发展过程中，以下是对执行情况的反思，包括做得好的方面和需要改进的地方。

优势：	不足：

（2）效果评估：对婴儿在爬行和坐立转换能力上的变化，以及他们参与活动的态度和兴趣进行综合评估。

_____

_____

（3）数据收集：记录婴儿在特定动作任务上的表现数据，如爬行距离、坐立转换的次数等。

_____

_____

（4）家长满意度调查：询问家长对活动方案的满意度，了解他们对婴儿进步的感受。

_____

_____

（5）自我反思：回顾整个干预过程，思考哪些策略最有效，哪些策略需要改进。

_____

_____

（6）成果分享：与托儿所其他教师和家长分享活动的进展，促进教育实践的交流和提升。

_____

_____

五、学习成果评价表

知识目标如表3-6所示。

表3-6　知识目标

序号	学习成果	评价维度	评价标准	学生自评	小组互评	教师评价
1	能够阐述7~9个月婴儿动作发展的一般规律	理解程度	识别并描述7~9个月婴儿在爬行和坐立转换能力发展中的关键阶段与特点；能够通过思维导图或时间线清晰展示婴儿动作发展的各个阶段，突出爬行和坐立转换能力的发展路径	□优秀 □良好 □一般 □需改进	□优秀 □良好 □一般 □需改进	□优秀 □良好 □一般 □需改进

（续表）

序号	学习成果	评价维度	评价标准	学生自评	小组互评	教师评价
2	能够分析影响婴儿爬行和坐立转换能力发展的内外部因素	分析能力	能根据科学理论列举并解释至少三种影响婴儿动作发展的因素，并分析它们如何具体影响婴儿；能够分析婴儿的个体差异（如肌肉力量、协调性、视觉空间感知）对其爬行和坐立转换能力的影响	□优秀 □良好 □一般 □需改进	□优秀 □良好 □一般 □需改进	□优秀 □良好 □一般 □需改进

技能目标如表3-7所示。

表3-7　技能目标

序号	学习成果	评价维度	评价标准	学生自评	小组互评	教师评价
1	能够设计一套适合7~9个月婴儿的个性化动作发展活动方案	设计能力	设计至少三项个性化活动，明确活动目的、步骤和预期结果，聚焦婴儿的爬行和坐立转换能力；提供活动设计文档，包括理论依据、活动流程、所需材料和预期评估方法	□优秀 □良好 □一般 □需改进	□优秀 □良好 □一般 □需改进	□优秀 □良好 □一般 □需改进
2	能够实施上述活动方案	实施能力	开展活动，记录活动过程，包括婴儿的参与度和反应；使用图表或数据分析工具展示活动前后婴儿在爬行和坐立转换能力上的变化，提出基于证据的改进建议	□优秀 □良好 □一般 □需改进	□优秀 □良好 □一般 □需改进	□优秀 □良好 □一般 □需改进

思政素质目标如表3-7所示。

表3-7　思政素质目标

序号	学习成果	评价维度	评价标准	学生自评	小组互评	教师评价
1	能够展现对婴儿个体差异的高度敏感性和同理心	理解同理	在与婴儿互动中展现出敏感性和同理心，记录互动观察和反馈；展示与家长和教育团队的沟通记录，体现对婴儿独特需求的理解和支持	□优秀 □良好 □一般 □需改进	□优秀 □良好 □一般 □需改进	□优秀 □良好 □一般 □需改进

（续表）

序号	学习成果	评价维度	评价标准	学生自评	小组互评	教师评价
2	能够与家长建立信任关系	沟通协作	展示与家长建立信任的过程，包括定期沟通记录和家长满意度反馈	□优秀 □良好 □一般 □需改进	□优秀 □良好 □一般 □需改进	□优秀 □良好 □一般 □需改进

附加评价说明：

1. 评价周期：建议每个项目结束后进行一次全面评价。

2. 反馈机制：教师应提供具体、有建设性的反馈，帮助学生了解自己的优势和需要改进的地方。

一、单项选择题

1. 下列哪一种活动的重点不是发展幼儿的精细动作能力？（　　　）

    A．扣纽扣　　　　　B．使用剪刀　　　　C．双手接球　　　　D．系鞋带

2. 婴幼儿手眼协调的标志性动作是（　　　）。

    A．无意触摸到东西　　　　　　　　B．握住手里的东西

    C．伸手拿到看见的东西　　　　　　D．玩弄手指

3. 下列最能体现幼儿平衡能力发展的活动是（　　　）。

    A．跳远　　　　　　B．跑步　　　　　　C．投掷　　　　　　D．踩高跷

4. 婴儿精细动作的发展不包括（　　　）。

    A．手指　　　　　　B．手掌　　　　　　C．手腕　　　　　　D．手臂

5. 关于婴幼儿粗大动作的发展特点不正确的是（　　　）。

    A．从身体内部动作到外部动作

    B．先学会抬头，再学会坐，之后是站，最后是走

    C．从身体上部动作到下部动作

    D．远离身体中心的动作发展较晚

6. 婴儿的肌肉发育是按照以下顺序进行的（　　　）。

    A．从上到下，从大到小的顺序

    B．从下到上，从小到大的顺序

    C．从四肢到躯干，从大到小的顺序

    D．从躯干到四肢，从小到大的顺序

7. 0～6个月是婴儿精细动作（　　　）发展的时期。

    A．抓握　　　　　　B．对击　　　　　　C．二指捏　　　　　D．拼拆

二、多项选择题

属于锻炼粗大动作的活动有哪些？（　　　）

A．弹钢琴　　　　　B．舀豆子　　　　　C．踢足球　　　　　D．攀爬

三、案例分析题

阅读下列材料，回答问题。

3～4岁的豆豆班张老师观察发现，小明和甘甘上楼时都没有借助扶手，而是双脚交替上楼梯；下楼时小明扶着扶手双脚交替下楼梯，甘甘则没有借助扶手，每级台阶都是一只脚先下，另一只脚跟上慢慢下。

问题：（1）请从幼儿身心发展角度，分析3～4岁幼儿上下楼梯动作的发展特点。（2）分析两名幼儿表现的差异及可能原因。

第四章

婴幼儿的认知发展

扫码获取配套资源

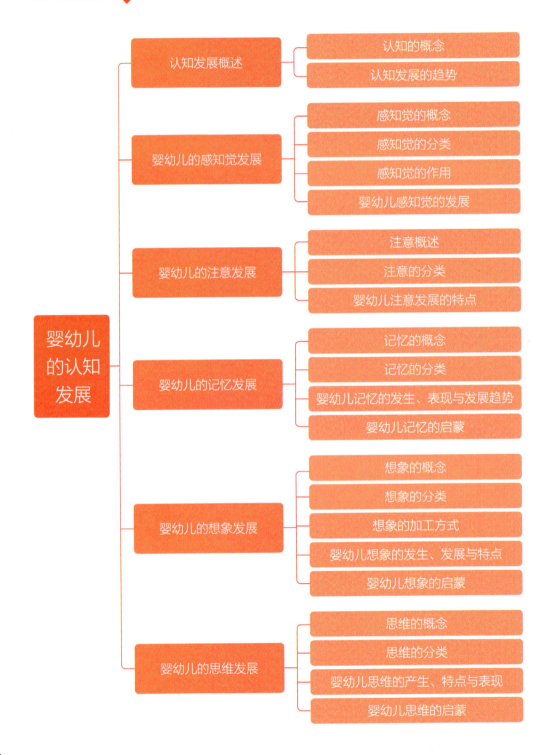

学习成果目标

（一）知识目标

（1）能清晰阐述婴幼儿感知觉、注意、记忆、想象和思维发展的基本阶段和关键特征，识别并解释不同年龄段婴幼儿感知觉、注意、记忆、想象和思维发展的具体表现。

（2）能准确阐释感知觉、注意、记忆、想象和思维在婴幼儿认知发展中的作用，辨别婴幼儿感知觉、注意、记忆、想象和思维发展的基本规律和影响因素。

（3）能举例说明感知觉、注意、记忆、想象和思维在婴幼儿日常生活中的实际应用，如感知环境、认识物体、专注游戏等。

（二）技能目标

（1）能根据婴幼儿感知觉、注意、记忆、想象和思维发展的特点，选择合适的活动或游戏，并通过观察和记录，评估婴幼儿感知觉、注意、记忆、想象和思维能力的提升情况。

（2）能创造适宜的环境，运用适当的策略，有效地引导婴幼儿感知觉、注意、记忆、想象和思维的发展。

（3）能根据婴幼儿的认知发展特点，制订个性化的教育方案，促进婴幼儿的全面发展。

（三）思政素质目标

（1）能形成科学的婴幼儿教育理念，尊重婴幼儿的感知觉、注意、记忆、想象和思维发展规律，关注婴幼儿的个体差异和全面发展。

（2）培养细心观察、耐心引导的素质，以爱心和责任心参与婴幼儿的成长过程。

（3）能在团队中与他人协作，与同伴、家长等共同完成项目任务，促进婴幼儿感知觉、注意、记忆、想象和思维的发展。

（4）能展现出对婴幼儿教育事业的热情和使命感。

第一节 认知发展概述

情境导入

广州某一托儿所里，老师带着1岁的小华在玩游戏。只见老师拿出一个小布偶，以及两个完全相同的盒子，当着小华的面将小布偶放进一个盒子中，然后将两个盒子一起遮盖，拿去遮盖物后问小华："小布偶藏在哪里？把它找出来！"看看小华能否直接找到小布偶。如果小华找到了，老师就抱抱他，说："真棒！"还当着他的面把玩具藏在枕头下，他一般都能找出来。小华还能找出已知物体，如在不给他看到的情况下，将小布偶放在枕头下，他也能找出来。有时小华甚至能帮助成人找到成人想要找的东西。孩子可以找到不在眼前的小布偶，这种能力就是认知能力，婴幼儿认知的发展在成长过程中无处不在。

知识导读

一 认知的概念

认知指人对客观世界的认识活动。感知觉、注意、记忆、想象、思维等心理活动都属于认知活动。

我国的心理学家习惯把认知活动分为三个范畴或三个过程（刘范、张增杰，1985）。首先是感知过程，这是认知的开始。感知是由客观物

> **问答卡片：**
>
> 墨家在知虑心理方面，提出了"知材、知接、虑求、恕明"等"以次发展，明白如昼"（谭戒甫语）的观点，这里包含了哪些认知？

质的刺激作用直接引起的认知活动，所以是直接的心理活动。其次是表象过程，它是头脑中呈现的对感知过的事物的映象。最后是概念过程，它是对事物的概括和抽象，在不同程度上反映事物的本质属性。表象与概念都是在感知的基础上获得的，不是客观事物直接刺激产生的，所以也叫间接认知。

人的所有认知活动都涉及这三个过程，认知能力发展主要表现为以上三个认知过程的动力变化。

 二 认知发展的趋势

认知经历了一个由简单到复杂、由局部到整体、由片面到全面逐步发展的过程，其发展趋势主要表现在以下几个方面。

（一）由近及远地发展

婴幼儿先认识在时间、空间上与自身距离较为接近的事物，然后逐步扩展到认识在时间、空间上与自身距离较远的事物。比如，婴幼儿先认识一日之内的早、午、晚的时序，再扩展到认识今天、明天、昨天的时序，进而认识一个星期以内的时序及一年内的四季时序。从理解一天的早、午、晚到一年的四季，婴幼儿经历了从近距离时空概念到远距离时空概念的认知过程。

（二）由此及彼地发展

婴幼儿认知发展由自我中心到去自我中心，这种趋势在婴幼儿的图画中表现得较为明显。当浏览不同年龄阶段的婴幼儿的绘画作品时，我们从"完全看不出画与外界的任何联系"，到"逐渐看出外物的一些片段的象征性符号""能看见外物的全貌"，再到"看见画中非常写实地反映事物"的过程中，不难发现婴幼儿呈现出"画我所想"到"画我所见"的发展轨迹。去自我中心过程使婴幼儿的认知逐渐由局部向整体、由片面向比较全面地发展。

（三）由表及里地发展

婴幼儿最初只认识事物的表面现象，后来随着年龄的增长，才认识事物的本质属性。比如，当让婴幼儿比较上下排列间隔不一样但数量一样的两组棋子数量

时，他们往往将其判断为数量不一样，这说明婴幼儿不能排除事物空间排列位置的知觉干扰。但随着认知的发展，婴幼儿能够逐渐排除这种知觉干扰，从本质上把握物体的数量关系。

（四）由浅入深地发展

婴幼儿认识事物不是一蹴而就的，而要经历多种水平或阶段。皮亚杰经过数十年的研究，认为个体的认知经历了感知运动阶段、前运算阶段、具体运算阶段、形式运算阶段四个由浅入深、交互发展的过程。每个阶段都是上一个阶段的深入、下一个阶段的基础。

问答卡片：

老子有言"千里之行，始于足下"，这里指认知发展趋势的哪个方面？

在感知运动阶段，婴幼儿的思维活动只是反映知觉所不能揭露的，而利用实际行动改变客体形态后能够揭露的东西。由于须依靠直接感知和实际行动进行，思维的内容仅限于感官所能及的具体事物，因此，所反映材料的组织程度较低，不够灵活。但随着认知的发展，思维开始在头脑内部进行，其内容逐渐间接化、深刻化，婴幼儿开始能够客观地反映事物的关系和联系，认知范围日益扩大，认知程度也逐渐加深。

案例分析

媛媛（22个月）把塑料模型拿在手里，左看右看，然后抬起头高兴地看着站在旁边的奶奶，给她看自己手里的东西。奶奶问："这是什么水果？这是什么颜色？"媛媛面无表情，低头不语。奶奶再次询问后，媛媛才吞吞吐吐地说："香蕉。""这分明是苹果。"奶奶说。接着，奶奶便一一问她水果的颜色和种类。这时媛媛转身走开了，那表情好像在说"我再也不玩这个游戏了"。

媛媛的认知发展处于哪一个阶段？请给家长一些小建议吧。

第二节 婴幼儿的感知觉发展

 情境导入

在一个阳光明媚的午后，10个月的红红正在家中的爬行垫上玩耍。她的眼睛闪烁着好奇的光芒，小手不停地探索着周围的世界。她摸摸柔软的布娃娃，又敲敲坚硬的积木，还试图品尝一下颜色鲜艳的塑料球。每个孩子都会像红红一样吗？在这个充满探索和发现的过程中，我们看到了红红在感知觉发展上的哪些特点？

知识导读

一 感知觉的概念

（一）什么是感觉

心理学中"感觉"的概念与我们日常生活中使用的"感觉"是不同的，如"我感觉现场的气氛不太正常"，这里的"感觉"不是心理学上的"感觉"。

在现实生活中存在的客观事物总是具有一定的属性，如颜色、形状、声音、气味、味道、软硬、温度等，我们用眼睛看颜色、形状，用耳朵听声音，用鼻子闻气味，用嘴巴尝味道，用手摸软硬和温度等，都是心理学所说的感觉。

感觉是人脑对直接作用于感觉器官的客观事物的个别属性的反映。感觉是最基础、最简单的心理现象，是人全部心理现象的基础。如果没有感觉，人的大脑就无法认识和反映客观事物，意识也就无法产生。

（二）什么是知觉

知觉是人脑对直接作用于感觉器官的客观事物的各个部分和属性的整体的反映。比如，耳朵感觉到了音乐的刺激，刺激信息传递到大脑皮层形成听觉，听觉信息经过加工后，我们便知觉到了发出声音的物体是乐器。

（三）感觉与知觉的关系

一方面，知觉在感觉的基础上产生。没有感觉对事物个别属性的反映，就不可能有在头脑中综合反映事物各种属性的知觉。另一方面，事物总是以整体的形式存在，人们在反映事物的时候也是以整体的形式来反映的。离开了知觉的孤立的、纯粹的感觉很少，因此我们往往把感觉和知觉统称为感知觉。

二　感知觉的分类

（一）感觉的分类

两千年前的古希腊哲学家亚里士多德早已区分出五种感官及与之相对应的感觉，后来心理学家又按不同标准对感觉进行了以下分类。

1. 根据感受器所处的位置分类

根据感受器所处的位置不同，我们可将感觉分为外感受器感觉、本体感觉、内脏感觉。位于身体表面的感觉叫外感受器感觉，包括视觉、听觉、嗅觉、味觉、触觉等；位于前庭器官、肌肉、肌腱和关节中的感觉叫本体感觉，包括平衡觉、运动觉；位于身体内脏器官和组织中的感觉叫内脏感觉，包括饥饿感、渴感、痛感等。外感受器感觉主要反映外界环境的刺激，本体感觉

> **问答卡片：**
>
> 《吕氏春秋》有言："耳之欲五声，目之欲五色，口之欲五味。"这里的"五声、五色、五味"指的是什么感觉？

和内脏感觉主要反映身体内的刺激，如身体的位置、运动状态以及内脏器官的痛痒等。

2. 根据引起感觉的刺激物同感受器是否接触分类

根据引起感觉的刺激物同感受器是否接触，我们可将感觉分为距离感觉与接

触感觉。距离感觉反映远离身体的刺激，如视觉、听觉、嗅觉等；接触感觉反映直接作用于身体的刺激，如味觉、触觉等。

感觉的种类如表4-1所示。

表4-1 感觉的种类[①]

感觉种类		适宜刺激	感觉器官	感受器	心理上的反映
外部感觉	视觉	光波	眼	视网膜的视锥细胞和视杆细胞	颜色、黑白、明暗
	听觉	声波	耳	基底膜上的毛细胞	声音
	味觉	可溶解物质	舌	舌头上的味蕾	酸、甜、苦、咸
	嗅觉	可挥发物质	鼻	鼻腔黏膜的毛细胞	气味
	肤觉	机械性、温度性刺激	皮肤	皮肤神经末梢	触、痛、温、冷
内部感觉	前庭觉	机械和重力	内耳	半规管的毛细胞和前庭	身体运动状态、重力牵引、身体平衡
	运动觉	身体运动	肌肉、肌腱和关节	肌肉、肌腱和关节的神经纤维	身体各部分的运动和位置
	机体觉	内脏器官活动变化时的物理化学刺激	内脏器官	内脏器官壁上的神经末梢	身体疲劳、饥渴和内脏器官活动

（二）知觉的分类

根据不同的分类标准，知觉被分成以下几类。

1. 根据知觉中起优势作用的分析器分类

根据知觉中起优势作用的分析器不同，我们可将知觉分为视知觉、听知觉、嗅知觉、触知觉、运动知觉、内脏知觉等。如在听收音机时，视觉器官和内脏器官作用不大，主要是听觉器官起作用，此时的知觉主要是听知觉。

2. 根据知觉对象分类

根据知觉对象不同，我们可将知觉分为空间知觉、时间知觉、运动知觉。

[①] 沈雪梅. 0～3岁婴幼儿心理发展［M］. 北京：北京师范大学出版社，2019：99. 内容有删改。

空间知觉是对占有一定空间位置的物体的形状、大小、体积的知觉。时间知觉是对物体在空间中存在的延续性和出现顺序性的知觉，包括对事物出现时间间断的判断（什么时候开始与停止）、持续时间长短的判断（秒、分、时、天、月、年等）及事物先后出现顺序的判断。运动知觉是对物体空间位移和运动速度的知觉。位移是物体在空间中位置的移动，而运动速度则是物体在时间中的运动，所以运动知觉是与空间知觉和时间知觉密切联系在一起的知觉。

除此之外，根据知觉内容是否符合客观现实，我们还可以将知觉分为正确的知觉与错觉。

三 感知觉的作用

（一）感知觉是认知的开端

人对客观世界的认识是从感觉和知觉开始的。人类的认识无论是来自亲身经历的直接经验，还是通过阅读书本得到的间接经验，都是先通过感觉和知觉获得的。人类的知识无论多么复杂，也都是建立在通过感觉和知觉获得的感性知识基础上的。

（二）感觉是一切心理现象的基础

人的认识活动是从感觉开始的。通过感觉，人不仅能够了解客观事物的各种属性，知道身体内部的状况与变化，还能够进行复杂的记忆和思维等活动，从而更好地反映客观事物。感觉是维持人正常心理活动的重要保障，如果把人的感觉剥夺了，人的思维过程就会发生混乱，注意力就不能集中，甚至会产生严重的心理障碍。

感觉剥夺实验研究[1]

感觉剥夺实验就是夺去有机体的感觉能力而进行研究的方法。对人来说，感

---

① 葛明贵. 感觉剥夺实验研究述评［J］. 安徽师大学报（自然科学版），1994，22（3）：269-271. 内容有删改。

觉剥夺是暂时让被试的某些（或全部）感觉能力处于无能为力的状态，把人放在一个没有任何外部刺激的环境中进行研究，从而探索其生理心理变化的方法。

首例感觉剥夺实验是在加拿大的麦克吉尔大学实验室进行的。

1954年，心理学家贝克斯顿（W. H. Bexton）、赫伦（W. Heron）和斯科特（T. H. Scott）等，在付给大学生每天20美元的报酬后，让他们在缺乏刺激的环境中逗留。

具体地说，就是在没有图形视觉（被试者须戴上特制的半透明的塑料眼镜），限制触觉（手和臂上都套有纸板做的手套和袖套）和听觉（实验在一个隔音室里进行，用空气调节器的单调嗡嗡声限制其听觉）的环境中静静地躺在舒适的帆布床上。开始阶段，许多被试者都是大睡特睡，或者考虑其学期论文。然而，两三天后，他们便决意要逃离这单调乏味的环境。

实验的结果显示，感到无聊和焦躁不安是最起码的反应。在实验过后的几天里，被试者注意力涣散，思维受到干扰，不能进行明晰的思考，智力测验的成绩不理想。另外，生理上也发生明显的变化。通过对脑电波的分析，证明被试者的全部活动严重失调，有的被试者甚至出现了幻觉（白日做梦）。

感觉剥夺实验研究使我们对有关的原理和规律有了更深刻的认识。其一，感觉剥夺实验说明，感觉虽然是一种低级的简单的心理活动，但它对人来说意义重大。其二，感觉剥夺实验表明，认识环境是一种比物质享受更迫切更强烈的需要。其三，感觉剥夺实验还从一个侧面说明，如果离开人类赖以生存的社会环境，那么，作为人类的正常的心理状态是不可能存在的。

感知觉是比较简单的心理过程，但它给高级、复杂的心理过程提供了必要的基础。没有感知觉，外部刺激就不可能进入人脑中，人就不可能产生记忆、想象、思维等高级的心理过程。感知觉不仅为记忆、想象、思维等提供材料，也是动机、情绪、个性特征等一切心理活动的基础。没有感知觉，也就没有人的心理。

四　婴幼儿感知觉的发展

（一）感觉的发展

视觉、听觉、嗅觉、味觉、肤觉是五种重要的感觉能力，是婴幼儿感知世界

的窗口。研究者对婴幼儿感觉能力的发展进行的大量研究，为了解和促进婴幼儿感觉能力的发展提供了科学支持。

1. 视觉的发展

（1）视觉的发生。

视觉是婴幼儿重要的感知渠道之一。4～5个月的胎儿会在强光照射孕妇腹部时闭上眼睛，这表明他们的视觉感受器（眼睛）已经能够感受到光的存在。从出生开始，婴儿就通过视觉认识外界环境，探索环境的变化。在出生后的第一分钟，婴儿就能发现光亮的变化，且能把眼睛转向慢慢移动的物体。

> **问答卡片：**
>
> "乱花渐欲迷人眼，浅草才能没马蹄。"这里是通过哪种感觉传达信息？

（2）视觉集中。

视觉集中指通过两眼肌肉的协调，能够把视线集中在适当的位置观察物体。视觉集中发生在婴儿出生后的第一年。

新生儿的视觉难以集中，视觉定位能力比较差，往往不知道应该往哪里看。新生儿的最佳视距在20厘米左右，相当于母亲抱着孩子喂奶时，两人脸与脸之间的距离。另外，由于新生儿的眼肌不能很好地运动，出生后2～3周内，常常表现为一只眼睛偏右，一只眼睛偏左，或者两眼对合在一起。到了6个月时，他们可以看街对面的风景。8～9个月时，他们的视觉距离变得更长。

（3）视敏度。

视敏度是指精确地辨别细致物体或具有一定距离的物体的能力，也就是发觉一定对象在体积和形状上最小差异的能力，即通常所说的视力。

出生时，新生儿的神经、肌肉和眼睛的晶状体仍在发育中，他们无法看到远处的物体，看到的母亲的面孔是模糊的，即使贴近了看也一样。在出生后最初的几个月里，婴儿的视敏度显著提高，如图4-1所示。到6个月时，他们的视力明显更好。1周岁时，他们的视力接近成人。直到6岁，幼儿的视敏度才和正常视力的成人一样好。

图4-1 婴儿的视敏度

（4）颜色视觉。

颜色视觉是指区别颜色细致差异的能力，亦称辨色力。

婴儿颜色视觉的发展和成熟相对较早。冯晓梅等人（1988）采用习惯化方法对新生儿的视觉辨别能力进行了研究，实验结果表明，80%出生8分钟到13天的新生儿能分辨红和灰，说明出生两周内的新生儿已具有颜色辨别能力。黑斯（Haith，1990）总结了大部分研究资料后认为，具有三色视觉（红、黄、绿）是成人具有完全颜色视觉的标志。4个月的婴儿已经能在可见光谱上辨认各种颜色，说明这时婴儿的颜色视觉已接近成人水平。4~8个月的婴儿喜欢波长较长的暖色，如红、黄等颜色，尤其对红色表现出明显的偏爱，不喜欢波长较短的冷色，如蓝、紫等颜色。

3岁以后，幼儿颜色视觉的发展主要表现为区分颜色细微差别能力的继续发展，以及掌握颜色名称能力的发展等方面。3岁的幼儿一般能够初步辨认基本色，但不能很好地区分各种颜色的色调。4岁的幼儿区分各种颜色的色调的细微差别的能力开始逐渐发展起来，而且开始认识一些混合色。3岁以后幼儿辨色能力的发展关键在于掌握颜色名称。如果掌握了颜色名称，即便是混合色，如古铜色、柠檬黄等，他们同样可以辨别。

采用配对法、指认法、命名法可了解婴幼儿识别颜色的能力。

2. 听觉的发展

听觉是婴幼儿获得信息的主要渠道之一。听觉在婴幼儿心理发生发展过程中具有重要意义，是他们探索世界、认识世界、从外界获取信息不可缺少的重要手段。如婴幼儿依靠听觉辨认周围事物的发声特点；当婴幼儿听见妈妈的说话声

时，就知道她在附近，顿时产生了安全感。

（1）胎儿的听觉反应。

听觉在胎儿时期已经开始发育，较大的声响会引起胎动。因此，孕妇适宜聆听宁静悦耳的音乐，应避免过多的噪声刺激。

（2）新生儿听觉的发生。

在刚出生的几小时里，新生儿已具有感觉外界声波的能力。他们对声音很感兴趣，喜欢人的声音，尤其偏爱音调较高但不尖锐的女性声音。新生儿能从不同的女性声音中辨认出妈妈的声音，这可能是由于妊娠期的胎儿能够透过子宫壁听到妈妈的声音。哭闹的新生儿一旦听到自己妈妈的声音就会变得安静起来，即刻转过头去看妈妈的脸。

新生儿的听觉发展较快，很早就能将声音与特定的意义建立联系，具备一定的声音定向能力。比如，新生儿听见人声时，眼睛会朝着声音发出的方向看去。

婴儿对语言的识别非常敏感。刚出生12个小时的新生儿，即使听不懂语言的具体意思，也能对成人的语言做出明显的同步动作反应。2个月的婴儿可以辨别同一个人带有不同情感的语调，还能快速地学习辨认经常听到的词语。这样的听觉能力为其语言发展奠定了基础。

（3）婴幼儿听觉的发展。

1~2个月的婴儿似乎表现出对有规律且和谐的乐音的偏好，不喜欢杂乱无章的噪声；喜欢听人说话的声音，尤其是妈妈说话的声音。4~5个月的婴儿已经能够从相似的词语中识别出自己的名字。7~8个月的婴儿乐于和着音乐的节拍舞动双臂和身躯，此时的婴儿对大人说话的语气、语调也越来越敏感，会以欢愉的表情回报成人愉快、柔和的语调，以不安甚至大哭来应对生硬、严厉的声音。9~12个月的婴儿对有些来自视野以外的声音也会努力去寻找，并判断声音的来源。

随着年龄的增长，特别是在掌握语言、接触音乐的过程中，婴幼儿的听觉不断发展。1岁幼儿能听懂自己的名字，2岁幼儿能听懂简单的吩咐，3岁幼儿可精细区分不同的声音。

值得注意的是，婴幼儿需要体验不同的声音，也需要在安静的环境中感受各种声音的差异。多种声音同时存在，会对婴幼儿造成过度刺激，让他们无法集中注意力。另外，婴幼儿对噪声的敏感度比成人高，成人应注意保护其听力。

3. 嗅觉和味觉的发展

嗅觉发展方面，新生儿能够察觉出各种气味。对于不喜欢的气味（如醋味、臭鸡蛋味等），他们会把头扭开并露出厌恶的表情。在出生后4天左右，婴儿表现出对奶味的偏爱，吃母乳的婴儿能够通过乳房和腋下的气味认出自己的妈妈，婴儿正是通过妈妈独特的"气味标识"来确认自己最亲密的看护者的。婴儿通过嗅觉信息不仅可以识别母亲，还可以识别周围环境中的危险信息，及时发现和逃避危险。所以，保护婴幼儿的嗅觉敏锐性有助于增强他们对周围环境的识别能力。

无论是足月儿还是早产儿，婴儿一出生就表现出明确的味觉偏好，与苦、酸、咸或者中性的液体（水）相比，他们更喜欢甜的味道。不同的味道会引发婴儿不同的面部表情。如甜味能减少婴儿哭泣，使他们发笑和咂嘴；酸味会让婴儿皱鼻子；苦味则会让婴儿表现出厌恶的表情，嘴角向下撇，伸舌头，吐口水。婴幼儿味觉偏好的发展会一直持续到童年早期。人类味觉在婴儿期最发达，以后逐渐衰退。

4. 肤觉的发展

婴幼儿的肤觉是一组复合的感觉，主要包括触觉、温觉和痛觉。

（1）触觉。

触觉是皮肤受到机械刺激引起的，是人体发展最早、最基本的感觉，也是人体分布最广、最复杂的感觉系统。触觉是肤觉和运动觉的联合，是婴幼儿认识世界的重要手段，特别是在2岁以前，婴幼儿依靠触觉或触觉与其他感觉的协同活动来认识世界，多元的触觉探索可促进其动作及认知的发展。不仅如此，触觉在婴幼儿依恋关系的形成过程中也占据着非常重要的地位，通过照料者的拥抱与爱抚及双方身体的接触，婴幼儿获得满足感和舒适感，产生被爱和安全的感觉，从而建立良好的依恋关系。

①触觉的发生。

研究表明，约3个月的胎儿就已经产生了触觉，而且较为灵敏。新生儿的口周、眼、前额、手掌和脚底等部位的触觉非常灵敏。0～2个月的婴儿，其触觉表现以反射动作为主。许多天生的无条件反射，如吮吸反射、防御反射、抓握反射等都有触觉参与，这些反应都与觅食或自我保护有关。

②口腔触觉的发展。

婴儿对物体的触觉探索最早是通过口腔的活动进行的。出生后的婴儿不但有口腔触觉，而且通过口腔触觉认识物体。3个月的婴儿在吸吮时，对熟悉的物体的

吸吮速度逐渐降低，出现了习惯化现象。一旦换了新的物体，婴儿就又会用力吸吮，即出现去习惯化现象。这表明婴儿早期就有了口腔触觉的探索活动，且有了口腔触觉辨别力。

3~5个月的婴儿可以将反射动作加以整合，利用嘴巴与手去探索，并感受到各种触觉的不同，开始对物体进行简单的辨别。6个月以后，婴儿的触觉发展已经遍及全身，他们会用身体的各个部位去感受刺激、探索环境，触觉定位越来越清晰，开始能分辨出所接触的不同材质。

当婴儿手的触觉探索活动发展起来以后，口腔的触觉探索逐渐退居次要地位。但是在满周岁之前，口腔触觉仍然是婴儿认识物体的重要手段。可以说，在相当长的时间内，婴儿仍然把口腔的触觉探索作为手的触觉探索的补充。比如，6个月以后的婴儿，看见了东西往往抓起来就往嘴里放；1~2岁的幼儿，在地上捡起东西后也同样可能往嘴里送。

③手触觉的发展。

手的触觉是认识外界的主要渠道。换句话说，触觉探索主要通过手来进行。新生儿出生后就有本能的手的触觉反应，如抓握反射。手眼协调（手的触觉和视觉的协调）动作的出现，是半岁前（大约4个月）的婴儿认知发展的重要里程碑，也是手的真正触觉探索的开始。手眼协调出现的主要标志是伸手能够抓住东西。

积极主动的触觉探索是在7个月左右发生的。手眼协调动作出现后，婴儿就逐渐用手去摆弄物体，表现为把东西握在手里挤捏、敲击或把它转来转去等。

年龄越小的婴幼儿，越需要接受多样的触觉刺激。成人平时可以多给他们拥抱和触摸；带他们外出，让他们充分接触大自然，如草地、沙地、植物等。这对婴幼儿触觉的发展都大有帮助。

（2）温觉。

温觉是皮肤对外界温度的感觉。新生儿对冷热的感觉非常灵敏。比如，当奶瓶里的奶太热时，他们会拒绝吸奶嘴；当房间内温度骤降时，他们会加强活动来保持身体热量。

（3）痛觉。

痛觉是皮肤对外界伤害性刺激的感觉。婴儿一出生就能感受疼痛，会因血液检查时被针刺破手指而拼命大哭。由于不会说话，婴儿只能通过啼哭、面部表情、身体移动和体态改变来表达疼痛，照料者需要进行仔细观察。

（二）知觉的发展

知觉主要包括空间知觉、时间知觉和跨通道知觉等。

1. 空间知觉的发展

空间知觉是指对物体的空间关系的位置以及机体自身在空间所处位置的知觉，包括形状知觉、大小知觉、方位知觉和深度知觉。形状知觉和大小知觉是对物体属性的知觉，而方位知觉和深度知觉是对物体之间关系的知觉。婴幼儿对物体及空间关系的认识，都离不开这些知觉。

（1）形状知觉的发展。

形状知觉是对物体的轮廓及各部分的组合关系的知觉。

形状知觉体现在能够辨别不同的形状，并产生对一些形状的偏爱上。实验证明，3个月的婴儿已经具有分辨简单形状的能力，在8或9个月以前就获得了形状知觉的恒常性。另外，对婴儿进行视觉偏好的研究发现，婴儿不仅已经能够识别不同图形，而且对一些特殊的图形表现出了偏爱：①喜欢轮廓清楚的图形；②喜欢带有环形和条形的图形；③喜欢同心圆的图形多于非同心圆的图形；④喜欢较复杂的图形多于较简单的图形；⑤喜欢人脸多于其他图形；⑥喜欢正常的人脸，而不爱看眼、鼻、嘴等歪曲的人脸。

拓展阅读

婴儿形状知觉和视觉偏好研究

范兹（Fantz）在婴儿形状知觉和视觉偏好研究方面作出过不少贡献。他专门设计了"注视箱"，让婴儿躺在箱内的小床上，眼睛可以看到挂在头顶上方的物体。观察者通过箱顶部的窥测孔，记录婴儿注视不同物体所花的时间。该实验假定：看相同的两个物体花同样长的时间，看不同的物体花不一样长的时间。这样就可以从婴儿注视两样不同的物体所花费的时间是否相同来判断婴儿能否辨别形状、颜色等，也就是视觉偏好。

范兹用"注视箱"进行了一系列有趣的实验，并于1961年发表文章。他对30名1~15周的婴儿进行测试，记录他们注视一系列复杂程度不同的成对刺激图案的

时间长短，这些刺激物体图案包括：2个相同的三角形，1个"十"字和1个圆，1个方格棋盘图和1个空白正方形，1个有靶状图的正方形和1个有横纹的正方形。实验结果显示：婴儿对复杂程度越高的刺激图案注视时间越长；在同一对刺激图案中，刺激图案越模式化，婴儿注视它的时间越长。

对幼儿形状知觉发展的研究，往往是通过让幼儿用眼或用手辨别不同的几何图形进行的。对幼儿而言，辨别不同几何图形的先后顺序是圆形—正方形—半圆形—长方形—三角形—五边形—梯形—菱形。

成人可以通过各种游戏提高婴幼儿形状知觉的水平。比如，利用镶嵌板玩具让婴幼儿认识不同形状。

（2）大小知觉的发展。

大小知觉体现在视知觉的恒常性方面。视知觉的大小恒常性是指，不论物体离眼睛的距离是远还是近，人都能够认识到物体的实际大小不会因物体离自己距离的变化而变化。婴儿的视知觉大小恒常性在出生第一年稳步发展：4个月以前的婴儿已经能表现出较好的视知觉大小恒常性；6个月以前的婴儿已经能辨别大小；2～3岁的幼儿能够按照语言提示拿出大皮球、小皮球；3岁以后的幼儿辨别平面图形大小的能力迅速发展。

幼儿大小知觉的正确率与图形形状有关。一般来说，辨别圆形、正方形、等边三角形的大小较易；辨别菱形、椭圆形、长方形、五角形的大小较难。

（3）方位知觉的发展。

方位知觉是对物体在空间所处的位置和方向的知觉，即对自身或物体所处方向的知觉，如对上、下、左、右、前、后、东、西、南、北的辨别。

空间定位能力的发生可反映婴儿方位知觉的发展状况。新生儿就已经能够对来自左边的声音做出向左侧转头的反应，对来自右边的声音做出向右侧转头的反应，表现出听觉定位能力。正常婴儿主要依靠视觉定位。1岁多的幼儿已经能辨别室内的方位，知道某些物品所在的位置。3岁

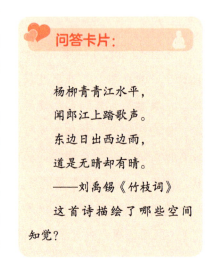

问答卡片：

杨柳青青江水平，
闻郎江上踏歌声。
东边日出西边雨，
道是无晴却有晴。
　　——刘禹锡《竹枝词》
这首诗描绘了哪些空间知觉？

以后的幼儿则更多依靠视觉、运动觉及平衡觉的联合活动进行方向定位。婴幼儿方位知觉发展的顺序是上—下—前—后—左—右。许多研究认为，儿童要到七八岁之后方能掌握左右方位的相对性。

（4）深度知觉的发展。

深度知觉又称立体知觉，是对同一物体的凹凸程度或两个物体上下近远程度的知觉。测量婴幼儿深度知觉的常用工具是吉布森和沃克（Gibson & Walk，1961）创设的视觉悬崖（简称"视崖"）装置，如图4-2所示。这是一种特殊的装置，它把婴幼儿放在厚玻璃板的平台中央，平台一侧下面紧贴着玻璃并放有方格图案，另一侧则在一定距离的下方布置了同样的方格图案，这样就造成了一种视觉印象：前一侧是浅滩，后一侧是深渊。

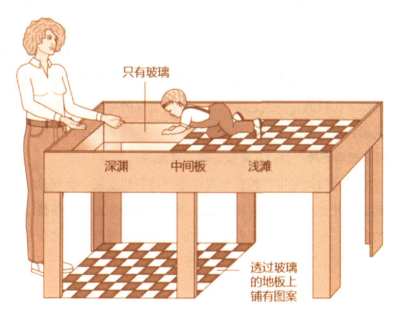

图4-2 视崖装置

为了了解婴幼儿深度知觉的发展状况，吉布森和沃克用视崖装置对36名6～14个月的婴幼儿进行"视崖"实验。结果发现，只有3名男孩子穿越了"悬崖"，大多数婴幼儿爬到"悬崖"边都拒绝穿越，即使母亲在深侧呼唤，婴幼儿也不会过去，有的哭泣，有的后退躲开"悬崖"，有的一边透过玻璃看着"悬崖"一边拍打着玻璃；而母亲在浅侧呼唤时，几乎所有的婴幼儿都迅速地爬到母亲身边。这个研究表明，大多数婴幼儿对浅侧和深侧的区分是非常明显的，说明6个月的婴儿

已有深度知觉。

深度知觉受经验的影响比较大，特别是爬行经验。研究发现，会爬的婴幼儿的深度知觉能力明显高于不会爬的，说明早期运动经验对婴幼儿深度知觉的发展具有促进作用。婴幼儿的深度知觉随着年龄的递增、经验的丰富而不断发展。

在户外活动时，婴幼儿可能由于深度知觉的发展不足而出现安全问题，教师应予以重视，做好园区大型器械区的保护措施。同时，教师也要通过各种游戏和体育活动促进婴幼儿深度知觉的发展。

2. 时间知觉的发展

时间知觉是对客观现象的延续性、顺序性和发生速度的反映。

婴儿主要依靠生理上的变化产生对时间的条件反射。婴儿对时间的感受是因生物节奏周期，或人们常说的"生物钟"所提供的时间信息而出现的。比如，婴儿有相对固定的吃奶时间，到了时间就会醒来或哭闹，这就是婴儿对吃奶时间的条件反射。

婴幼儿进入早教托育园这一活动本身，能促进其时间知觉的发展，如婴幼儿知道要快些起床，好早些去早教托育园；周末不上早教托育园等。但婴幼儿时间知觉的发展水平比较低，原因是时间知觉没有直观的物体供儿童去直接感知，不像空间知觉那样有具体的依据。另外，表示时间的词又往往具有相对性，这对于思维能力尚未发展完善的婴幼儿来说是较难掌握的。

婴幼儿的时间知觉可以在教育过程中得到培养和发展。有规律的早教托育园生活能帮助婴幼儿建立一定的时间观念，利用音乐和体育教学使婴幼儿掌握节奏和有节律的动作，带领婴幼儿观察动植物的生长以及有意识地教会婴幼儿有关时间的词汇，都有利于婴幼儿时间知觉的发展。

 **拓展阅读**

关于"时间"的诗词

流光容易把人抛，红了樱桃，绿了芭蕉。

——蒋捷《一剪梅》

三更灯火五更鸡，正是男儿读书时。黑发不知勤学早，白首方悔读书迟。

——颜真卿《劝学》

莫等闲，白了少年头，空悲切！

——岳飞《满江红》

盛年不重来，一日难再晨。

——陶渊明《杂诗》

3. 跨通道知觉的发展

感知觉并不是相互孤立的活动，而是相互影响、相互作用的过程。跨通道知觉将不同的感觉通道联系起来，让人们能够从通过一种感觉通道获得的信息推论出另一种感觉通道已经熟悉的刺激物，比如，我们看到一个苹果（视觉）就能猜出它甜甜的味道（味觉）。那么，婴幼儿是从何时开始具备这种能力的呢？早期经验对婴幼儿的知觉能力又有怎样的影响呢？

将看到、摸到、闻到或者通过其他方式获得的信息合在一起的跨通道知觉，能帮助婴幼儿将所有感觉信息整合在一起形成知觉，从而更好地认识这个世界。各种感觉通道在生命早期就相互关联，研究表明，婴儿对相互矛盾的感觉会表现出消极情绪反应。比如，当利用投影技术给婴儿观看幻象时，婴儿会伸手去抓这些虚幻的物体，当婴儿发现抓不到物体时会沮丧地哭泣，这说明婴儿希望去感受那些他们既能看到也能摸到的物体，而视觉和触觉的不一致导致他们不高兴。

但是，早期感觉通道间的联系并不意味着婴儿能够通过一种感觉通道认出在另一种感觉通道中熟悉的物体。新生儿只能在既看到妈妈（视觉），也听到妈妈的声音（听觉）的时候才能认出自己的妈妈。直到出生后3个半月，婴儿才能够将面孔和声音联系起来，仅通过妈妈的声音认出妈妈（即视觉和听觉的整合）。

案例分析

在日常生活中，成人往往会约束孩子的各项活动时间，以此让孩子养成良好的习惯，如看半个小时动画片，玩10分钟游戏等。但事实上，很多婴幼儿并不懂得"时间"是什么概念，更不明白成人口中的"半个小时""10分钟"又是多久，所以成人的要求往往很难得到孩子的配合。时间到了，玩得正起劲的孩子自然不肯轻易结束活动。

想一想，你有什么好方法可以让婴幼儿更直观地明白具体的"时间"？

第三节　婴幼儿的注意发展

 情境导入

　　2岁半的皮皮是个活泼好动的孩子。某天，皮皮的妈妈接到早教老师的电话，老师反映皮皮在早教机构上课时注意力非常不集中，有时盯着窗外或门口，有时大声说话，有时拉扯其他小朋友的头发或衣服，而且就像凳子上有钉子一样，他经常在座位上不停地乱动。老师对此很无奈，建议皮皮妈妈带皮皮去检查，看他是不是有多动症。与老师进行了半个小时的通话以后，皮皮妈妈发现皮皮在这段时间里一直在房间里安静地搭着新买的积木，而且积木搭得有模有样。皮皮妈妈很困惑：皮皮到底有没有多动症呢？

　　皮皮为什么会这样？从心理学的角度讲，注意是什么呢？

 知识导读

一　注意概述

（一）注意的概念

　　注意是指人的心理活动对一定对象的指向和集中。我们通常所说的"专心致志""聚精会神"主要就是指"注意"。

（二）注意的基本特点

　　指向性和集中性是注意的两个基本特点。

1. 指向性

注意的指向性是指心理活动在某一时刻总是有选择地朝向一定的对象，是人的心理活动反映的对象和范围。

2. 集中性

注意的集中性是指人的心理活动在特定的对象上保持并深入下去。集中性使特定对象得到鲜明和清晰的反映，而其他事物则处于注意的边缘，人对其反应比较模糊，或根本不加以反应，产生视而不见、听而不闻的效果。

拓展阅读

"读书不觉已春深，一寸光阴一寸金。"意思就是集中注意力专注读书，不知不觉春天过完了，每一寸时间就像一寸黄金一样珍贵。

二　注意的分类

根据产生和保持注意时有无目的性和意志努力的程度，注意可以分为无意注意和有意注意。

（一）无意注意

无意注意也叫不随意注意，是指事先没有预定目的，也不需要意志努力的注意。如游戏时一个孩子忽然大哭，大家会不由自主地转头朝向他。

引起无意注意的因素主要有以下两个方面。

1. 刺激物本身的特点

（1）刺激物的强度。

强烈的刺激，如强烈的光线、巨大的声响、浓郁的气味，较易引起人的无意注意。刺激物的强度有相对强度和绝对强度。刺激物的相对强度在引起无意注意时具有更重要的意义。

（2）刺激物的新异性。

新异刺激易引起人的无意注意。新异刺激不仅指从未见过的事物和信息，还指熟悉对象间的奇特组合，如教师的新帽子。

（3）刺激物的运动变化。

运动的刺激物易引起人的无意注意，如教师上课时突然放慢声音或突然停顿，会引起学生的注意。

（4）刺激物的对比性。

刺激物在形状、大小、颜色或持续时间等方面的差异特别显著或对比特别鲜明，容易引起人的无意注意，如鹤立鸡群、万绿丛中一点红等情况。

2. 人本身的状态

人本身的状态及主观条件主要包括需要和兴趣、情绪和情感等。

（1）需要和兴趣。

婴幼儿处于某种需要状态下或者对某种事物感兴趣就会产生无意注意。如婴幼儿在自选游戏中，首先引起他注意的是他最感兴趣的玩具。性别不同，对玩具的兴趣也有所差异。比如，男孩倾向于注意汽车，女孩更容易注意芭比娃娃。

（2）情绪和情感。

人在心情好的时候，更容易注意周围事物的发展与变化；人在情绪不佳的情况下，则无心注意周围的一切。

（二）有意注意

有意注意也称为随意注意，是指有预设的目的，并需要一定意志努力的注意，是注意的一种积极、主动的表现形式。比如，游戏互动中幼儿要回答教师提出的问题，那他在教师提问的时候就需要集中注意，只有这样，他才能记住问题，进而回答教师的提问。

引起和保持有意注意有以下三个主要条件。

1. 有明确的活动目的和任务

由于有意注意是有预设目的的注意，因此，活动的目的和任务对个体有意注意的保持有着重要作用。一般而言，解释得越清楚、越明白的活动目的和任务，个体就会理解得更深入、更透彻。只有对完成任务产生强烈的愿望，在进行活动的时候才会更有意地注意到与任务有关的

> **问答卡片：**
>
> "使弈秋诲二人弈，其一人专心致志，惟弈秋之为听；一人虽听之，一心以为有鸿鹄将至，思援弓缴而射之，虽与之俱学，弗若之矣。"这段出自《孟子·告子》的话，说明了谁更有明确的学习目的呢？他的学习效果如何？

活动。

　　因此，为了激发婴幼儿的有意注意，教师在开展活动之前应讲清活动的目的和任务，引起婴幼儿的重视。比如，在进行看图说话活动时，教师一开始就跟幼儿说："你们看一看图上都有什么？发生了一件什么事情？你能把看到的内容告诉大家吗？"这一系列问话使得幼儿明白了活动的目的和任务，从而促使他们集中注意去观察图画。

2. 具有间接兴趣

　　子曰："知之者不如好之者，好之者不如乐之者。"兴趣是学习最好的老师。个体对事物或活动的兴趣可以分为两种：一种是对活动本身产生的兴趣，属于直接兴趣；另一种是对活动的目的或者结果产生的兴趣，属于间接兴趣。直接兴趣是引起个体无意注意的主要原因，而对于个体的有意注意来说，主要是间接兴趣在起作用。比如，儿童在学习外语的时候，往往不喜欢背诵单词，但是当他想到学好外语可以做翻译家时，就对外语学习有了兴趣。间接兴趣越稳定，有意注意保持的时间就越长。

3. 有坚强的意志排除干扰

　　个体在进行有意注意时，可能会受到各种无关因素的干扰，这些干扰可能是来自外界的无关刺激，也可能是个体本身的某些状态，如饥饿、疲劳等。个体要想克服干扰，除了事先采取一些措施去除可能妨碍活动的因素之外，更应该有坚强的意志品质与一切干扰做斗争，一如《周易》所言"天行健，君子以自强不息"。

 ## 三　婴幼儿注意发展的特点

（一）新生儿注意的发生

1. 定向性注意的出现

　　定向性注意主要是由外界物体的特点引起的，它是无意注意的最初形式，也是婴幼儿注意的最初形态。新生儿在觉醒状态时就已经能够因周围环境中的巨大响声、强光、人脸等外界刺激表现出一定的注意能力。比如，1个月的新生儿能够对妈妈的笑脸产生注意，当妈妈离开时，新生儿的视线也可能追随妈妈移动。

最初的定向性注意是由与生俱来的定向反射发展而来的。定向反射指的是，外界的强烈刺激引起新生儿暂停哭闹或者把视线转向刺激物，以便更好地感受这一刺激，从而做出适当的反应以适应环境的新变化。定向性注意可能会引起新生儿的全身反应，具体表现为活动受到抑制、四肢血管收缩、头部血管舒张、心率变缓、缓慢地深呼吸、瞳孔扩散、脑电出现失同步现象等，是一种复合型的反应。由于这些指标的变化是儿童心理活动的外在表现，而婴儿的可测行为很少，又不能用语言表达其心理活动，因此，这些指标便成了研究婴儿注意的主要依据。

2. 选择性注意的萌芽

新生儿已经能够对刺激物做出一定的选择性反应，这主要表现在他们对某一类刺激注意得多，而在同样情况下对另一类刺激注意得少。有研究表明，新生儿喜欢看轮廓鲜明或深浅颜色对比强烈的图形（如图4-3所示），因此，黑白相间的棋盘比一块白布更能吸引新生儿的注意力。另外，听觉刺激也会引起新生儿的注意。听觉的空间定位会影响新生儿的视觉定位，也就是说，他们往往倾向于注视声音的方向，而不是视觉方位。比如，当新生儿正在注视一个色彩鲜艳的玩具时，若某处产生声响，他们更倾向于去注视声源的方位。

可以看到，新生儿已经开始对不同的对象表达出不同的偏爱。也就是说，选择性注意在新生儿期已开始萌芽。

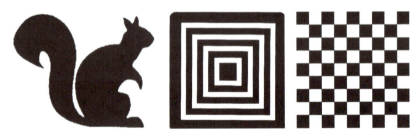

图4-3　适合新生儿看的黑白图片

拓展阅读

1980年，黑斯等人对婴儿视觉活动进行了一系列研究。他们认为新生儿已经具备一种对外部世界进行扫视的能力，当面对不成形的刺激时，无论是在黑暗中还是在有光的情况下，新生儿都会以有组织的程序进行扫视。他们总结出新生儿的五大视觉规律。

1．新生儿在清醒时，只要光不太强，都会睁开眼睛。

2．在黑暗中，新生儿也会保持对环境有控制的、仔细的搜索。

3．在光适度的环境中，面对无形状的情景时，新生儿会对相当广泛的范围进行扫视，搜索物体的边缘。

4．新生儿一旦发现物体的边缘，就会停止扫视活动，视觉停留在物体边缘附近，并试图用视觉跨越边缘。如果边缘离中心太远，视觉无法达到时，新生儿就会继续搜索其他边缘。

5．当新生儿的视线落在物体边缘附近时，他便会去注意物体的整体轮廓。如新生儿在观看白色背景上的黑色长方形时，其视线会跳到黑色轮廓上，在它附近徘徊，而不是在整个视野游荡。这表明新生儿偏爱注意对比鲜明的图案，而且偏爱注意轮廓或形状的边缘，而不是图案的内容。

（二）1岁前婴儿注意发展的特点

出生后第一年，婴儿清醒的时间不断延长，觉醒状态也较有规律，这时期的注意迅速发展。1岁前婴儿注意的发展主要表现在注意选择性的发展上。

1. 注意的选择性带有规律性

新生儿的注意具有一定的选择性，随着年龄的增长，婴儿注意的选择性会进一步发展变化。这一时期，婴儿注意的选择性仍主要表现为视觉偏好，并表现出一定的规律性。

2. 注意的选择性是变化发展的

注意选择性的变化发展包括以下两个过程。

（1）从注意局部轮廓到注意较全面的轮廓。

新生儿在注意简单的形体时，常常会把注意集中在形体外周单一、突出的特征上，如正方形的边、三角形的角。他们偶尔会出现对轮廓较全面的扫视，但是其组织程度较差。3个月的婴儿的注意已经发展得比较全面，开始有组织地注意全面轮廓。

（2）从注意形体外周到注意形体的内部成分。

新生儿在注视某个形体时，如果该形体既有外部成分，又有内部成分，他们的注意倾向于形体的外部轮廓，很少去关注形体的内部成分。到2个月时，婴儿的

注意就发生了变化，他们开始有规律地注视形体的内部成分。

3. 注意受到知识经验影响

出生3个月以后，生理因素对婴儿注意的制约逐渐减少，经验开始在注意中发挥作用。6个月以后，婴儿的睡眠时间减少，白天经常处于警觉和兴奋状态，他们可以在日常感知活动中获得更多的知识经验，这时的选择性注意也越来越受知识经验的影响，主要表现为婴儿对熟悉事物的注意多于陌生事物。比如，婴儿对熟悉的面孔微笑、更喜欢注意母亲的举动等。

1岁前婴儿的注意都是无意注意，而且很不稳定。

（三）1～3岁幼儿注意发展的特点

1～3岁幼儿注意的发展与认知的发展联系密切，并开始受表象和语言的影响。此时幼儿的注意主要表现出以下五个特征。

1. 注意的发展和"客体永久性"的认知密不可分

幼儿注意的发展和皮亚杰提出的"客体永久性"的认知紧密联系。9～12个月以后，他们懂得当一个物体从眼前消失，被移动到其他地方时，这个物体仍然是存在的，这就是客体永久性。当他们获得了客体永久性的认知后，其注意活动就有了持久性和目的性，而不再受物体出现与否的影响，这也使其注意活动更具有积极主动性和探索性。

拓展阅读

皮亚杰的客体永久性[①]

客体永久性（object permanence）是皮亚杰发生认识论中的一个重要概念。皮亚杰认为，感觉运动阶段的儿童获得的一个主要认知成就就是客体永久性。客体永久性是最初的守恒形式，又是以后具体运算阶段儿童认识物质、重量、容积等守恒的基础。正如胡士襄先生所指出："它在感知运动期的作用是帮助儿童解

---

① 张承芬，林泳海. 对皮亚杰客体永久性的探讨［J］. 心理学探新，1988（4）：11-15. 内容有删改。

除自我中心倾向，使主客体分化，使儿童认识到自己是客观存在世界中的一员。世界并不依存于他，不是以他为中心，反而是他必须遵循客观规律。"皮亚杰认为这是儿童认识发展上的一次哥白尼式的革命，对儿童智力发展具有重大意义。

2. 注意受表象的影响

表象是指过去感知过的事物形象在头脑中再现的过程。

1.5～2岁的幼儿，表象开始发生，他们头脑中储存的表象会直接影响其对注意对象的选择。研究表明，如果当前刺激与幼儿已有表象之间出现矛盾或差异，幼儿会产生最大的注意。如凯根（Kagan，1971）在对2岁的幼儿进行实验研究后

发现，一半以上的幼儿在看见幻灯片上一个动物把自己的头拿在手里时，表现出明显的心率减慢，产生了最大的注意。

3. 注意的发展受言语的支配

1岁以后，幼儿的言语初步形成，此后一直到3岁左右，幼儿的言语能力飞速发展，这为注意的发展奠定了基础。言语能够支配幼儿注意的选择性，当成人说出某个名词时，无论这一物体是不是新异刺激、是不是幼儿感兴趣的，幼儿都会将注意集中于相应的物体。

言语的发展扩展了注意的范围，幼儿能够通过集中注意进行听故事、看电视、念儿歌、看图书等活动，获得更丰富、更广阔、更新鲜的信息和经验，从而促进记忆力的增强和学习活动的进行。

4. 注意的时间逐渐延长，注意的范围不断扩大

出生3个月后，婴儿已经能够注意到某一物体，但是注意力极不稳定，对某一物体集中注意只能保持几秒钟。随着年龄的增长，婴儿在活动中注意的时间有所延长，比如，他们对自己喜欢的一些动画片已经能坚持看完一集。1岁以后，幼儿逐渐能够独立爬行、站立甚至行走，这使他们活动的范围和视野明显扩大，注意的对象也变得更加广泛。随着幼儿接触的事物不断增加，周围生活中出现的各种事物都有可能引起他们的注意。

多动症[①]

多动症的全称是注意力缺陷多动性障碍（ADHD），一般被认为是以多动性、注意力涣散、冲动性为主要症状的中枢神经系统的发展障碍。ADHD儿童常见的症状之一是对外部刺激无法做出缓冲，从而产生瞬间反应行为。这一现象被认为是因为脑部信息传导与处理过程存在问题。

虽然在报告来源以及儿童年龄上可能会存在一定误差，但一般认为，在学龄期儿童中，3%~5%的孩子会出现类似症状（各国情况存在一定差异，美国约为5%，而英国约为1%）。男女比一般为4~5比1，男生明显多于女生。但也有意见指出，这是因为女生的症状表现往往不易被察觉。虽然在临床观察上较少出现患多动症的女生，但实际上注意力明显涣散或者不能有计划地进行整理的女生并不在少数。

ADHD的症状会随着年龄发生变化。一般情况下，在学龄期比较明显的症状是多动、注意力不集中，而进入青春期后，这些症状就会逐渐变得不那么明显。但是，因为具有ADHD症状的孩子比较容易受到周围人群的非难，或者从小就频繁地受到责骂，这种负面评价的效果不断累积，非常容易形成各种次生性情绪障碍，其中典型的有抑郁、孤立感、自卑感等。这些因素也可能进一步导致孩子拒绝上学、被同学欺负等情况的发生。

5. 以无意注意为主，有意注意开始萌芽

尽管3岁前幼儿的注意持续时间有所延长，但是这一阶段幼儿的注意仍以无意注意为主。他们对一项活动保持注意的时间还是很短，很容易就会不自觉地将注意力从一项事物转移到另一项事物。随着年龄的增长，幼儿可以在成人的要求下将注意力集中到某件事上，有意注意开始萌芽。

---

① 田中康雄. 儿童问题行为实例解析与对策集［M］. 陈涵石，译. 北京：中国青年出版社，2010：22-23. 内容有删改。

案例分析

小贝2岁半了，妈妈给小贝讲故事的时候，小贝一会儿说外面有小鸟在叫，一会儿说要玩玩具，总是不能专注地坐着听。

请结合婴幼儿注意发展的特点分析小贝的这种行为。

第四节 婴幼儿的记忆发展

 情境导入

　　3岁的贝贝准备上幼儿园了，妈妈决定教她一些新本领，于是每天耐心地教她背唐诗，但贝贝记忆的效果并不好，第二天就忘记了。可是妈妈发现贝贝对电视里的广告词不仅记得快而且记得牢，每天还会不自觉地重复说。妈妈很疑惑：这是为什么？

　　为什么贝贝记不同东西会有不同的效果？记忆有哪些不同的分类？什么因素影响了记忆的效果呢？

知识导读

一 记忆的概念

　　记忆是人脑对过去的知识经验的反映。过去的知识经验主要包括个体过去所感知过的事物、思考过的问题、体验过的情感和操作过的动作等。记忆是一个复杂的认知过程，包括识记、保持、再认或回忆等。

　　人类记忆三级加工模型如图4-4所示。外部刺激经由感受器进入瞬时记忆，瞬时记忆的保持时间极短，只有1秒左右。经由注意加工的那些信息进入短时记忆，短时记忆的保持时间、容量都十分有限，它是信息进入长时记忆的加工器。在瞬时记忆、短时记忆阶段都可能发生遗忘。而复述是完成信息转移的关键，通过精确的整合性复述，信息才能从短时记忆转入长时记忆。长时记忆是一个巨大的信息库，它对信息的储存是永久的，但这些信息可能因为消退、干扰或强度降低而不能提取出来。

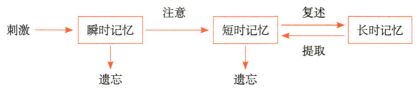

图4-4 人类记忆三级加工模型

用信息加工的术语来说，记忆就是人脑对外界输入的信息进行编码、存储和提取的过程。

编码是人获得个体经验的过程，相当于记忆中"记"的阶段。主要依靠视觉、听觉、语义等进行编码，不同的编码方式对记忆有不同影响。

存储是把感知过的事物、做过的动作、思考过的问题等，以一定的形式保持在人脑中，可以是图像、概念或命题等。

提取是指从记忆中查找已有信息的过程，相当于记忆中"忆"的阶段。再认和再现是提取的基本形式。再认是指当记忆过的事物再次出现时，头脑中呈现曾经记忆过的事物。再现也称回忆，是指识记过的事物没有出现在眼前而在大脑中呈现的过程。再认和再现最大的区别就在于记忆过的事物有没有再次出现在眼前。如果记忆提取失败，那就出现了另一种常见的心理现象——遗忘。

 拓展阅读

遗忘的规律[①]

德国心理学家艾宾浩斯通过研究发现，人类的遗忘遵循"先快后慢"的原则。实验数据如表4-2所示，初次学习以后，过了20分钟，记忆的内容遗忘很快，保持下来的仅剩58.2%，1小时后剩下44.2%；接下来遗忘的步伐越来越慢，过了31天，还能记得21.1%。这说明遗忘的进程是不均衡的，不是随时间的增加而呈

---

① 边玉芳，等. 遗忘的秘密：艾宾浩斯的记忆遗忘曲线实验［J］. 中小学心理健康教育，2013（3）：31-32. 内容有删改。

线性下降，而是在记忆最初阶段遗忘的速度很快，后来逐渐减慢，到了相当长的时间后几乎就不再遗忘了，这就是遗忘的规律。根据实验结果所描绘的曲线被称为"艾宾浩斯遗忘曲线"，如图4-5所示。艾宾浩斯也因此成为发现记忆遗忘规律、初步揭开遗忘秘密的第一人。

表4-2 不同时间间隔后的记忆成绩

时间间隔	保持量
20分钟	58.2%
1小时	44.2%
8.8小时	35.8%
1天	33.7%
2天	27.8%
6天	25.4%
31天	21.1%

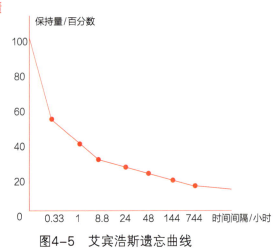

图4-5 艾宾浩斯遗忘曲线

 二 记忆的分类

根据不同的标准，我们可以将记忆进行不同的分类。下面对几种常见的记忆类型进行介绍。

（一）根据有无意识参与分类

根据有无意识参与，我们可以将记忆分为无意记忆、有意记忆。

1. 无意记忆

无意记忆是指没有预设目的和任务，不需要特别记忆策略，也不需要意志努力就能完成的记忆。

2. 有意记忆

有意记忆是指事先有预设的目的和任务，需要使用特定的记忆策略，也需要依靠一定的意志力才能够完成的记忆。

（二）根据记忆时长分类

根据记忆的时长不同，我们可以将记忆分为瞬时记忆、短时记忆、长时记忆。

1. 瞬时记忆

瞬时记忆是个体通过视觉、听觉、嗅觉、触觉等感觉器官感受到刺激时所引起的短暂记忆。这种记忆按照刺激物的物理特征进行编码，会在脑海中保持0.25～2秒。如果没有对其进行进一步加工，该记忆就会消失。

2. 短时记忆

短时记忆是指外界刺激停止作用后，所获得的信息在头脑中保持的时间为5秒至1分钟的记忆。它的容量有限，通常为7±2个组块。瞬时记忆得到注意就能够进入短时记忆中，短时记忆也可通过复述向长时记忆转移。

3. 长时记忆

长时记忆是指信息经过充分加工后，可以在头脑中长时间保留下来，信息储存的时间在1分钟以上甚至终生的记忆。长时记忆的容量没有限度，只要对信息进行有效加工就能把信息保持在长时记忆中。

瞬时记忆、短时记忆和长时记忆的具体关系参见图4-4。

> **问答卡片：**
>
> 《静夜思》是我们耳熟能详的古诗，最后一句"低头思故乡"中的"思"属于记忆的哪一种类型？为什么？

 **拓展阅读**

儿童能记住多少——儿童短时记忆容量发展实验[1]

列昂（Pascual-Leone）认为，随着年龄的增长，儿童的工作记忆（工作记忆是指在记忆过程中，把新输入的信息和记忆中原有的知识经验联系起来的记忆）中持有信息的能力也在增长，这种能力被他称为记忆空间。

---

[1] 边玉芳，等. 儿童能记住多少：儿童短时记忆容量发展实验［J］. 中小学心理健康教育，2013（14）：36-37. 内容有删改。

他用实验检验了记忆空间随年龄而发展的假设。在实验中，他要求不同年龄的儿童学习对不同的视觉刺激做出不同的动作反应。比如，看到红色就拍手，看到大杯子就张嘴。一旦儿童学会了这些简单联想，就向他们同时呈现两种或更多的刺激，让他们做出适当的反应。实验发现，一个儿童的正确反应数与他在记忆空间中能综合的图式的最大数是一致的，而能正确完成的动作数，在幼儿和学龄儿童中是随年龄的增长而增加的。

从实验中可以看出，随着年龄的增长，儿童工作记忆中处理信息的能力越来越好，这种工作记忆的不断发展使得儿童短时记忆容量逐渐增加。

（三）根据记忆内容分类

根据记忆内容不同，记忆可以分为形象记忆、情绪记忆、动作记忆、语词记忆。

1. 形象记忆

形象记忆是以感知过的事物形象为识记内容的记忆，如我们闻过的气味、触摸过的事物等。

2. 情绪记忆

情绪记忆是以体验过的情绪情感为识记内容的记忆，如收到录取通知书时的激动心情，多年后依然记忆犹新。

3. 动作记忆

动作记忆是以过去做过的动作为识记内容的记忆，如学习过的游泳、篮球、舞蹈等。动作记忆识记时间相对较长，记住后容易保持、恢复，不易遗忘。

4. 语词记忆

语词记忆是以语词、概念、原理等抽象思维为识记内容的记忆，如背概念、记公式和定理等。语词记忆需要借助语词符号表达，因此这种记忆是儿童在掌握语言过程中发展得最晚的记忆。

> **问答卡片：**
>
> "老来多健忘，唯不忘相思"出自白居易的《偶作寄朗之》，请问这句诗描述的是记忆中的哪一种？

拓展阅读

学习后间隔4小时锻炼有助于记忆

记忆需要一个巩固的过程。一项2016年发表在国际著名学术期刊《当代生物学》（*Current Biology*）上的研究显示，学习后进行体育锻炼有助于记忆，但不是学习后立即进行锻炼，而是间隔一段时间。

在这项研究中，研究者首先让被试利用40分钟左右的时间记忆一定的实验材料，然后马上进行回忆测验（test 1）。测验完成后，把被试分成三组。第一组被试在学习后马上运动，第二组在学习后4小时再运动，第三组不运动。第一组和第二组被试的运动形式都为35分钟的自行车间歇式训练，要求被试的心率达到最大心率的80%，两组只是开始运动的时间不同。48小时后，所有被试再次返回实验室进行回忆测验（test 2）。实验结果显示，在第一次测验（test 1）时，三组被试的记忆成绩没有差异。但在第二次测验（test 2）时，与学习后马上运动或根本不运动的被试相比，学习后间隔4小时再进行锻炼的被试的记忆成绩最好。研究者认为，学习后间隔一段时间锻炼可提高长时记忆，运动作为一种教育干预和临床治疗的手段具有很大的潜力。

三 婴幼儿记忆的发生、表现与发展趋势

（一）记忆的发生

研究表明，新生儿在出生后就能识别母亲的声音，听到母亲的声音就会出现停止哭闹或加快吃奶等行为，这表明他们记住了在母亲肚子里经常听到的声音。让新生儿听在母亲肚子里时经常听的音乐，也比较容易让他们从哭闹状态中平静下来。这些迹象都告诉我们一个肯定的答案：胎儿在母亲肚子里时就有了记忆。现下流行的胎教也是利用胎儿末期已具备听觉记忆而设计形成的。

（二）记忆的表现

0~3岁婴幼儿的记忆有以下几种表现。

1. 建立条件反射

条件反射的建立可以作为记忆的一个指标。对条件刺激物做出条件性反应，表明再认的存在。研究者们普遍把新生儿对于喂奶姿势的再认作为第一个条件反射出现的标志。在新生儿出生10~15天，当母亲或其他人以其惯常的吃奶姿势把他抱在怀里时，新生儿就会做出吃奶的反应。

2. 习惯化

婴幼儿的习惯化可以作为他们对事物是否熟悉的指标之一。一个新异的刺激出现时，人都会形成定向反射并注意它一段时间；如果同样的刺激反复出现，人对它注意的时间就会逐渐减少甚至完全消失。心理学家想考察5~6个月的婴儿分辨两张照片的能力，其中一张是婴儿的照片，另一张是光头男人的照片。在实验的第一段时间（习惯化阶段）给婴儿看婴儿照片，在第二段时间（去习惯化阶段）给婴儿看婴儿、光头男人两张照片，结果发现婴儿花更多时间注视光头男人的照片，这表明婴儿已经记住那张婴儿照片了，光头男人照片对他们来说是新的刺激。

3. 延迟模仿

延迟模仿指的是对于先前的经验在延迟一定时间后出现对该经验的模仿能力。当新生儿呱呱落地时他们就能模仿成人的行为了。有研究证明，刚出生2天的新生儿能模仿妈妈的表情，2~3周的新生儿能模仿成人吐舌头、张嘴等动作。这些都说明新生儿具有一定的回忆能力。

4. 客体永久性

客体永久性是心理学家皮亚杰在研究儿童发展心理时提出的概念，指的是儿童脱离对物体的感知而仍然相信该物体持续存在的意识。婴儿在9~12个月获得客体永久性。

（三）记忆的发展趋势

0~3岁婴幼儿记忆的发展趋势，具体见表4-3。

表4-3　0~3岁婴幼儿记忆发展趋势

年龄阶段	记忆发展趋势
0~3个月	新生儿的记忆主要是短时记忆，表现为对刺激的习惯化和最初的条件反射。3个月的婴儿能分辨出两张陌生人照片之间的不同，哪怕他们长得很相似

（续表）

年龄阶段	记忆发展趋势
3~6个月	长时记忆得到很大发展，5个月的婴儿的长时记忆可以保持24小时，5~6个月的婴儿有48小时的记忆
6~12个月	长时记忆保持时间继续延长，8个月左右的婴儿开始出现工作记忆
12~36个月	幼儿的再现能力在这一时期得到发展，随着语言的发生，再认的内容和性质也迅速发生变化。1~2岁的幼儿在日常生活中用行动表现出初步的回忆能力，1.5~3岁的幼儿常常出现延迟模仿，2~3岁的幼儿则以感觉为主导进行深刻记忆，心理学也称之为图像记忆

四　婴幼儿记忆的启蒙

（一）丰富儿童生活环境

有生活经历才有记忆，父母应有意识地给儿童提供丰富多彩的生活环境，给儿童玩有声音的、能活动的、各种颜色的玩具，与儿童一起听、说、闻、品等，都会使其在耳濡目染中留下深刻印象，能较长时间地保持记忆，在遇到新事物后更容易引起联想，也更容易记住新东西。

问答卡片：

"博古通今""见多识广"，这些词语都与哪些心理学知识有关？又反映了怎样的记忆知识呢？

（二）给予儿童识记任务

儿童在3个月时大脑皮层变得更加成熟，他能够有意识地存储并回忆一些信息。因此在这个年龄段，可以通过一些游戏促进儿童记忆的发展。

例如我们常玩的左手藏右手的游戏。选择一个儿童喜欢的玩具，将其拿在左手，然后把双手藏到背后，再将双手伸到前面亮出左手的玩具，反复几次后再将双手伸到儿童面前时，如果他会主动伸向你一直拿玩具的那只手，说明此时他记住了你刚才的行为。若间隔几天再重复这个游戏，可通过儿童是否能第一时间在你左手中找到玩具检验记忆保持的时间。

（三）多种感官加深记忆

感知觉的发展与逐渐强大可以很大程度上影响记忆的产生和发展。多感官能产生更多刺激，也就能帮助儿童产生更多瞬时记忆。除此以外，从营养学的角度来看，部分食物也可促进儿童记忆力发展。如鸡蛋、鱼、豆类、肝脏、菠菜、花椰菜等这类富含胆碱的食物；海鱼（如三文鱼）、亚麻仁、菜籽油、大豆和南瓜籽等富含Ω–3脂肪酸的食物；碳水化合物是大脑能量的源泉，最佳食物有全麦面包、通心粉、糙米、水果和蔬菜等。

第五节　婴幼儿的想象发展

 情境导入

　　1968年，美国内华达州有一位叫伊迪丝的3岁小女孩告诉妈妈，她认识礼品盒上"OPEN"的第一个字母"O"，这位妈妈非常吃惊，问她是怎么认识的，伊迪丝说："薇拉小姐教的。"这位妈妈在表扬了自己女儿后一纸诉状将薇拉小姐所在的劳拉三世幼儿园告上法庭，理由是该幼儿园剥夺了伊迪丝的想象力，因为伊迪丝在认识"O"以前，能把"O"说成苹果、太阳、足球、鸟蛋之类的圆形东西，然而自从劳拉三世幼儿园教她认读了26个字母后，伊迪丝便失去了这种能力。伊迪丝的妈妈要求该幼儿园对这种后果负责，并赔偿伊迪丝精神伤残费。这位妈妈最终获得了胜利。

　　那么，人类个体是什么时候开始具有想象能力的？它的发展趋势如何？我们又该如何培养呢？

知识导读

一　想象的概念

　　想象是人脑对已有表象进行重新组合，形成未感知过的新形象的过程。想象以表象为基础，表象是主体通过感知觉获得并保存在大脑中的事物形象。所谓新形象是主体从未接触过的形象，这种新形象可能是现实中存在但个人未接触过的事物形象，也可能是在现实中从未有的或根本不可能有的、纯属创造的事物形

象。想象的新形象是主体通过对已有表象进行分析、综合加工而形成的事物形象，与客观现实密切相关，并来源于客观现实。

想象力比知识更重要，因为知识是有限的，而想象力概括着世界上的一切，推动着社会进步，并且是知识进化的源泉。

——爱因斯坦

二 想象的分类

我们可以根据不同方式来对想象进行分类，下面就对几种常见的想象类型进行介绍。

（一）根据想象是否有目的分类

根据想象是否有目的，我们可以将想象分为无意想象、有意想象。

1. 无意想象

无意想象是一种不自觉的、没有预设目的的想象。它是人们在某种刺激下，不自主地想象某些事物的过程。其实质是一种自由联想，不需要意志的努力，意识水平也较低，梦就是比较极端的无意想象的例子。

在玩角色扮演游戏时，露露和泽泽来到理发屋，一个当顾客，一个当理发师。露露轻轻仰起头让泽泽给自己洗头，泽泽则有模有样地洗头、吹风。洗头环节结束后，他们同时来到梳妆台前，露露发现一个有彩虹色按键的小钢琴，就随意地弹了起来，一边弹一边对泽泽说："我弹蓝色的琴键，头发就变成蓝色；弹红色的琴键，头发就变成红色。"此过程中，露露和泽泽的行为所反映的就是无意想象。

2．有意想象

与无意想象相反，有意想象是一种自觉的、有预设目的的想象。在实践活动中为实现某个目标、完成某项任务所进行的想象都属于有意想象。

一个5岁的孩子在练习钢琴曲《蜜蜂》，他理解了这支曲子的ABA曲式结构，于是为了更好地记住和练习，他主动想象第一句表示蜜蜂在采蜜，第二句表示两群蜜蜂在打架，第三句表示所有蜜蜂都生气地飞走了。他还在演奏中给这三句设计了不同的强弱，使得整个乐曲听起来非常生动。此过程中，这个孩子想象的蜜蜂故事就属于有意想象。

（二）根据想象的独立性、新颖性和创造性分类

根据想象的独立性、新颖性和创造性的程度，我们可以将想象分为再造想象、创造想象。

1．再造想象

再造想象指的是根据图形、图解或符号等非语言文字的描绘或语言文字的描述在头脑中形成新形象的过程。再造想象是依据个体以往经验再造出来的。由于每个人的知识经验、兴趣爱好存在差异，再造出来的形象是有所不同的。一百个人读《卖火柴的小女孩》，他们的脑海中就有一百个不同的小女孩形象。

2．创造想象

创造想象是根据自身的想法，独立在头脑中构造新形象的过程。不同于再造想象，创造想象形成的形象是之前并不存在的，它比再造想象更有难度，也更复杂。如设计师设计作品，艺术家创作形象等。在良好的早期教育和训练下，儿童的创造想象能力可以达到很高水平。

问答卡片：

唐寅是明代著名画家、书法家、诗人。他的作品《墨梅图》以枯笔焦墨画梅花枝干，皴擦纹理，表现梅枝苍劲虬曲的姿态；以浓淡相间的水墨点画花朵，以谨细之笔画出花蕊，笔法刚健清逸，表现出梅花清丽脱俗的风貌。请问，《墨梅图》属于再造想象还是创造想象，为什么？你能否再举出其他再造想象和创造想象的例子？

三 想象的加工方式

想象过程是对形象进行分析、综合的加工过程，其加工有以下几种独特形式。

（一）黏合

黏合也可以理解为拼接，是把客观事物中从未结合过的属性、特征、部分在头脑中结合在一起形成新形象的方式。这种方式在创新中常被用到，可按照人们的要求将这些特点重新组合，形成新形象以满足人们的某种需要。典型代表就是中国传统文化中的图腾——龙。

（二）夸张

夸张是通过改变客观事物的正常特点，或突出某些特点，或省略某些特点而形成新形象的方式。夸张手法在幼儿美术作品中是最常见的表现手法之一。同样，在很多古诗词中我们都可以感受到作者是通过夸张手法来体现景致壮美或独特的，如李白的"飞流直下三千尺，疑是银河落九天"，就是运用夸张手法进行的描述。

（三）典型化

典型化是根据一类事物的共同特征创造新形象的过程，它是文学、艺术创造的重要方式。如小说家根据现实生活中诸多人物的特点创造出小说中的人物形象，就属于典型化。

（四）联想

联想是由一个事物想到另一个事物，从而创造新形象的方式。如牛顿从一个苹果落地想到了万有引力。

以上四种方式是想象的加工方式，同样也是创新的常用手段，在当前创新能力的培养中，教育者常从这几方面入手进行训练和指导。

四 婴幼儿想象的发生、发展与特点

儿童想象的发生时间和大脑皮层的成熟有关，也和表象的发生、数量的积累

及言语能力有关，因此，儿童刚出生时还不具备想象力，它发生的时间较晚。

（一）婴幼儿想象的发生

1.5～2岁时，幼儿的大脑神经系统发展趋于成熟，幼儿已能在头脑中存储较多的信息材料，排列组合的可能性更多，同时也形成了具有一定稳定性的记忆表象，这时幼儿的想象开始萌芽。

婴幼儿最初出现的想象，是记忆材料的简单迁移，加工改造的成分极少，且主要是通过动作和语言表现出来的。其中有一种想象被称为记忆表象在新情境下的复活。比如，一个1岁8个月的幼儿左手抱着布娃娃，右手拿着自己吃奶的空奶瓶，把奶嘴塞进布娃娃的小嘴巴，嘴里发出吃奶的吮吸声，还说："宝宝，喝！"我们可以把它称为初期的游戏，也是最原始的想象。孩子把妈妈喂自己喝奶的记忆迁移到游戏当中，想象着自己成了妈妈，布娃娃则成了自己。

（二）婴幼儿想象的发展

婴幼儿最初的想象以简单的自由联想为主，向创造性想象发展。具体表现为：第一，从想象的无意性向开始出现有意性发展；第二，从想象的单纯再造性向出现创造性想象萌芽发展。

例如，给儿童一个盒子，1岁左右的儿童刚开始会通过利用口腔、牙咬这种方法探索盒子的秘密；1.5岁时，儿童了解了盒子的用处，也许会将一些小玩意儿塞到盒子里，把盒子用作他收藏形形色色宝贝的仓库；2岁时，儿童的想象力已经长出了翅膀，他会通过想象去发现盒子的更多新用途，例如把盒子作为帽子戴到头上；3岁以后，儿童的想象力张开了翅膀，这时这个简单的盒子就可能在儿童想象的帮助下变成小动物的家、魔术盒、汽车等等任何东西，甚至会变成成人压根想象不到的物品。

综上所述，1～2岁是幼儿想象力的萌芽阶段，他们会把板凳当汽车来开，把扫帚当马来骑等。3岁的幼儿已经可以想象出自己不熟悉或未曾经历过，但现实生活中有的事物和形象。这些想象更多的是通过游戏表现出来的，角色扮演是常见的游戏形式。这一阶段的幼儿想象力还处于初始阶段，还无法想象出现实生活中没有的事物和形象。

（三）婴幼儿想象的特点

1. 以无意想象为主

婴幼儿的想象以无意想象为主，具体表现在以下两个方面。

（1）想象的主题不稳定，易受外界影响。

婴幼儿的想象往往在外界事物的直接影响下产生，没有预定目的。在活动之前，他们不能设想出自己将要创造什么形象，只是在行动中无意识地摆弄着物体，自发地改变着物体的形状。当物体的特性发生实际变化时，婴幼儿感知到这种变化了的实际形状，才引起头脑中有关表象的活跃。这种想象，严格说起来，只是一种联想，是由感知到的新形状联想起有关事物的形象，这一点常常在建构游戏中发现。

（2）常常以想象的过程为满足。

年龄较小的婴幼儿在画画的过程中并没有固定想画的内容，而是拿起各种颜色的画笔，直到把整个画面填满为止，也没有主题，画出的形象非常零散、杂乱，说不上有什么内在联系，在成人看来毫无意义，孩子却画得津津有味。婴幼儿在听故事的时候也一样，他们对"小兔乖乖""拔萝卜"等故事百听不厌，因为他们对这些故事中的形象比较熟悉，可以一边听，一边进行想象。生动的形象在头脑中像图画似的不断呈现，这让婴幼儿感到极大的满足。婴幼儿有意想象的发展也在游戏中集中体现。比如在玩"过家家"的游戏当中，婴幼儿如果当妈妈，就会想穿妈妈的衣服、高跟鞋，然后怀里抱着一个布娃娃，模仿妈妈在日常生活中的行为，如给布娃娃喂东西吃、哄布娃娃睡觉等。

2. 以再造想象为主

再造想象是根据一定的图形、图表、符号，尤其是语言文字的描述说明，形成关于某种事物的形象的过程。再造想象对吸取知识具有极重要的作用。婴幼儿的有意想象以再造想象为主，具体表现为以下两个方面。

（1）婴幼儿的想象常常依赖于成人的语言描述，或根据外界情境而变化。

这反映了婴幼儿想象具有很大的无意性，同时也说明婴幼儿想象以再造想象为主，缺乏独立性。如果没有成人的提示或帮助，婴幼儿常常不能独立地展开想象进行游戏。同时，在游戏中玩具的具体形象可以引发婴幼儿的想象，这符合婴幼儿想象以再造想象为主的特点。

（2）婴幼儿想象中的形象多是记忆表象的极简单加工，缺乏新异性。

婴幼儿的想象常常是在外界刺激的直接影响下产生的。他们常常无目的地摆弄物体，改变着它的形状，当改变了的形状恰巧比较符合婴幼儿头脑中的某种表象时，婴幼儿才能把它想象成某种物体。由于这种想象的形象与头脑中保存的有关事物的"原型"形象相差不多，所以很难具有新异性、独特性。

3. 想象常脱离现实或与现实混淆

想象常常脱离现实或者与现实混淆，这是婴幼儿想象的一个突出特点。

（1）想象脱离现实。

婴幼儿想象脱离现实的情况，主要表现为想象的夸张性。婴幼儿大多喜欢听童话故事，因为童话故事中有许多夸张的成分，如力大无穷的巨人、七个小矮人、拇指姑娘等。除了喜欢听夸张的故事，婴幼儿自己讲述事情也喜欢用夸张的说法，比如生活中我们常常发现小朋友们喜欢争高低，一个有什么，另一个也要有什么，比爸爸，比妈妈，比谁家的房子大，这时，小朋友比画大小的手势就会不断扩大，直到两只手臂张开到不能再张开为止。至于这些说法是否符合实际，他们是不太关心的。这不免让人想起孩子们喜欢阅读的绘本《猜猜我有多爱你》，小兔子和大兔子的对话不正符合孩子们的这一心理吗？

婴幼儿想象的夸张性是其心理发展特点的一种反映。首先，由于认知水平尚处在感性认识占优势的阶段，所以他们往往抓不住事物的本质。其次，情绪对想象过程有较大的影响。3岁左右的婴幼儿有一个显著的心理特点，即情绪性强，他感兴趣的东西、他希望得到的东西往往在其意识中占据主要地位。比如，他希望自己的爸爸比别人的爸爸强，就拼命地夸大爸爸的形象和能力，甚至有时自己也对想象的内容信以为真。

（2）想象与现实混淆。

婴幼儿常常把想象的事情当作事实。会出现这种情况是由于婴幼儿认识水平不高，有时把想象表象和记忆表象混淆了；有些是婴幼儿渴望的事情，经反复想象在头脑中留下了深刻的印象，以至于变成似乎是记忆中的真事；有时则是由于婴幼儿的知识经验不足，对假想的事情信以为真。

案例分析

琳达是幼儿园里专业能力强且深受家长认可、小朋友喜欢的一位老师。有一天，琳达老师一肚子委屈地跑到园长办公室寻求帮助。原来是早上一位家长给琳

达老师发信息询问昨天自己孩子在幼儿园被打的事情，琳达老师一脸茫然，孩子昨天在幼儿园一直都很好，没有和谁发生过冲突，更没有人打过他。可当孩子回到家被妈妈问起在幼儿园怎么样的时候，孩子讲着讲着，突然流着眼泪告诉妈妈自己在幼儿园被打了，并煞有介事地说自己还被关进了小黑屋。琳达老师不明白孩子为什么要撒谎，造成家长和老师之间的误会，也不知该怎样向家长解释这没有发生过的事情。

经过和琳达老师沟通，园长发现原来是琳达老师昨天在班级里讲了一个故事，故事里面的小男孩被别人欺负，被别人打，还被关进了小黑屋。听到这里，园长哈哈大笑起来，一边夸孩子是一个上课认真的好孩子，一边开解琳达老师并教她如何跟家长解释、沟通。

你知道这个孩子为什么说谎吗？如果你是琳达老师，你会怎样去处理此事呢？

（四）想象对婴幼儿的作用

0～3岁是想象的萌芽期，想象力能否得到有效发展，对婴幼儿认知、情绪、学习等活动都起着十分重要的作用。

1. 想象与婴幼儿的认知活动

想象与感知觉、记忆、思维等认知活动密切相关。

（1）想象与感知觉。

婴幼儿的想象并不是凭空产生的，而是需要依赖头脑中已有的表象作为原材料才可能进行。而婴幼儿头脑中的已有表象又从何而来呢？它是感知过的事物在头脑中留下的具体形象。比如，婴幼儿之所以把"O"想象成太阳、苹果、饼干，是因为他曾经看到过太阳、苹果和饼干的形状。所以婴幼儿大脑中储存的表象越多，他的想象力也越丰富。

（2）想象与记忆。

一方面，想象依靠记忆。婴幼儿想象时所依靠的原有表象，是过去感知的事物依靠记忆在头脑中保持下来的形象。另一方面，想象的发展有利于记忆活动的顺利进行。婴幼儿的识记、保持、回忆等记忆活动都离不开想象。婴幼儿的想象越丰富、水平越高，越有利于婴幼儿对识记材料的理解、加工，也就越有利于婴幼儿对识记材料的保持和回忆。

（3）想象与思维。

想象过程的加工、改造，可能符合客观规律，反映事物的本质，也可能是脱离实际的。那些符合客观规律的想象，是思维的一种表现，称为创造性思维。而那些脱离实际的想象，有些是纯粹的空想，有些虽然暂时不能实现，以后却可能变为现实。嫦娥奔月的故事表明人类早就有登上月球的幻想，如今已变成现实。许多创造发明，最早多起源于幻想。可见，不论是创造性思维的想象，还是幻想形式的想象，都和创造活动有关，与思维的关系十分密切。

2. 想象与婴幼儿的情绪活动

婴幼儿的情绪情感常常和想象的内容密切相关，这种想象又称情感性想象。比如，打针时孩子一边哭着卷起衣袖，一边大声对医生说："我是奥特曼，我不怕打针！"

3. 想象与婴幼儿的学习活动

想象是婴幼儿学习新知识所必需的认知基础。没有想象，就没有理解，而没有理解，就无法学习、掌握新知识。比如，幼儿在听《卖火柴的小女孩》的故事时，可以借助过去的经验如冬天特别冷、冻得让人很难受等想象出小女孩在圣诞之夜的悲惨情景，理解她并同情她，从而记住这个故事。正是想象活动，使幼儿的生活更加丰富。

五 婴幼儿想象的启蒙

（一）丰富儿童的生活经验

想象是在儿童大量的生活经验基础上发展起来的。别人说"手机"，你的头脑中会浮现出一个"手机"的具体形象，这个形象就是表象。正是依靠表象的积累，儿童的想象才逐渐发展起来。我们帮助儿童积累生活经验，正是帮助儿童在头脑中建立表象，儿童表象的积累越多，就越容易将相关的表象联系起来，这也就是想象发展的过程。在日常生活中，父母要常带儿童走向大自然，与社会接触，让儿童有机会丰富生活经验并在头脑中留下更多表象，为想象的发展打下基础。

（二）提供合适的居住环境

在家中给儿童创设一个良好的环境，也能促进儿童想象力的发展。给儿童

合适的图书，和儿童一起分享故事中描述的情景，和儿童一起想象情节的变化，鼓励儿童想一想结局怎样，都是帮助儿童想象发展的好办法。读故事书时，改变一下读的方法，读一读，停一停，想一想，给儿童一个吸收和连接已有经验的时间。此外，游戏也是鼓励儿童想象的大好时机，如"扮家家"、搭积木，都是促进儿童想象力发展的机会。同时鼓励父母和孩子一起玩，在游戏的过程中和孩子一起想象，如"你今天给娃娃做什么饭呀？""我们上次去动物园，你还记得吗？我们给大象搭一个家吧？"，等等。

（三）营造宽松的心理氛围

儿童将心里想的说出来也是一个过程，不但是他将生活经验进行梳理的过程，也是他将经验在头脑中组织、整理后表达的过程。我们要鼓励儿童大胆地想，还要鼓励儿童大胆地说。当儿童把想的当成真的说出来时，我们不能简单地以一句"瞎说"就将儿童打发掉，而应该仔细地问问到底是怎么回事，是想的，还是真的，帮助儿童分清哪些是想象，哪些是真实的，对儿童提出的问题尽量鼓励他们多思考，如"你想想为什么""你想会是什么样呢"等。

（四）借助多样的想象手段

音乐与美术活动是促进儿童想象力发展的重要手段。音乐可以激发儿童的想象力，促使儿童随着节拍做出相应的律动。父母应鼓励儿童随心所欲地画画，并且及时给予指导，支持儿童放飞想象的翅膀，勇于尝试。这样不但能激发儿童的兴趣，充分调动儿童画画的积极性，而且能丰富他们的想象力。也可以根据音乐编动作，或通过语言表达对音乐的理解，使儿童产生相应的想象。

第六节　婴幼儿的思维发展

随着年龄的增长，婴幼儿对周围世界越来越感兴趣。2岁以后孩子常常会提出许多"为什么"："为什么大象的鼻子是长的？""为什么辣椒是红的？""为什么路上要有红绿灯？""为什么小朋友必须吃饭？"，等等。很多时候孩子的问题在大人看来是那么幼稚可笑、稀奇古怪，但正是这些"为什么"，让我们感知到婴幼儿思维的发展。

那么，到底什么是思维？婴幼儿又是什么时候开始具有思维的？

知识导读

一　思维的概念

思维是人脑对客观现实间接的、概括的反映，它反映的是客观事物的本质及其规律性的联系。儿童最初对世界的认识是通过感知觉获得的，感知觉是在客观事物直接作用于感觉器官时产生的，是对具体事物个别属性以及事物之间外部联系的反映，属于认识的低级阶段。而思维是在感知觉的基础上对客观事物的一般属性、内部联系及规律性的间接和概括的反映，属于认识的高级阶段。3岁之前婴幼儿的思维形式以直觉行动思维为主，而典型的人类思维是以语言为工具的抽象逻辑思维。

思维有两个突出的特点：间接性和概括性。

思维的间接性是指人们借助于一定的媒介和知识经验，对那些没有直接感知过的或根本不可能感知的事物进行间接性的认识，如警察根据案发现场推理犯罪过程等。

思维的概括性是指在大量感性材料的基础上，把一类事物共同的特征和规律抽取出来，并加以概括。思维的概括性所反映的是一类事物的共性和事物之间的普遍联系，如将轮船、汽车、火车、飞机、自行车等概括为交通工具。

 ## 二 思维的分类

（一）根据思维任务的内容分类

根据思维任务的内容，我们可将思维分为直觉行动思维、具体形象思维和抽象逻辑思维。

直觉行动思维是指通过实际操作解决直观具体问题的思维活动，也称为实践思维。它面临的思维任务具有直观的形式，解决问题的方式依赖实际动作。3岁前婴幼儿只能在动作中思考，他们的思维基本上属于直觉行动思维。比如，皮球滚到床底下，手拿不到，他们会爬进去将球拿出来，而不会事先想一想然后借助工具将球拨出来。

具体形象思维是指人们利用头脑中的具体形象来解决问题的思维活动。比如，三四岁的儿童是根据头脑中两个苹果和三个苹果的具体形象计算出2+3=5的，如图4-6所示。

图4-6 具体形象思维解决问题展示

抽象逻辑思维是指当人们面临理论性质的任务时，要运用概念、理论知识来解决问题的思维活动，它是人类思维的典型形式。比如，已知A>B且B>C，由此推出A>C。

（二）根据思维的主动性和创造性分类

根据思维的主动性和创造性程度，我们可将思维分为常规思维和创造性思维。

常规思维是指人们运用已获得的知识经验，按照现成的方案和程序直接解决问题的思维活动。

创造性思维是指人们重组已有的知识经验，提出新的方案或程序，并创造出新的思维成果的思维活动。

（三）根据探索问题的方向分类

根据探索问题的方向，我们可将思维分为聚合思维和发散思维。

聚合思维是指人们根据已有的信息，利用熟悉的规则解决问题的思维活动。

发散思维是指人们沿着不同的方向思考，重新组织当前的信息和记忆系统中储存的信息，产生大量独特的新思想的思维活动。

拓展阅读

因纽特人装电话①

在加拿大的北部，生活着因纽特人。这个民族以海豹、海象、鲸鱼为食，以冰为屋，以海豹油为灯，长期过着原始的生活。他们的形象思维能力强，而抽象思维能力弱，没有数学概念，不会读数，也不会计数。家里有几条狗，他们是数不出来的。但如果少了一条狗，他们却能知道，因为他们会发现这条狗的形象消失了。

加拿大政府为了推动因纽特人经济和文化的发展，决定在其聚居区安装电话。但是，在安装电话时遇到了一个难题：当地人不认识数字，也没有数字概念，他们怎么也记不住某个亲友家的电话号码，即使安装了电话，电话也不能发挥应有的作用。如果训练他们建立数字概念，这可不是一件容易的事。

思维科学家根据因纽特人形象思维能力很强的特点，巧妙地解决了这个问题。解决这个问题的办法就是转换。

---

① 朱长超. 创新思维［M］. 哈尔滨：黑龙江人民出版社，2000：181-182. 内容有删改。

原来，因纽特人形象思维能力很强，他们能很容易地记住海豹、海象之类的动物。利用他们的这种优势，人们把电话号码形象化，比如说，用海豹代表数字1，在这个号码键上画上一只海豹。同样的道理，海象代表2，鲸鱼代表3，北极熊代表4，北极狐代表5，北极狼代表6……打电话时，只要按顺序拨动物代码就行了。比如说，某个人的电话号码是235，只要在电话机上依次拨动海象、鲸鱼、北极狐就行了。这样一来，因纽特人很快学会了打电话。

三　婴幼儿思维的产生、特点与表现

直觉行动思维，也称直观行动思维，指依靠对事物的感知，依靠人的动作来进行的思维。直觉行动思维是最低水平的思维，这种思维方式在2～3岁幼儿身上表现得最为突出。

（一）婴幼儿思维的产生

直觉行动思维是贯穿人一生的思维方式。直觉行动思维是在幼儿感知觉和有意动作的基础上产生的。儿童摆弄一种东西的同一动作会产生同一结果，这样在头脑中形成了固定的联系，以后遇到类似的情境就会自然而然地使用这种动作，而这种动作可以说是具有概括化的有意动作。比如，幼儿经过多次尝试，通过拉桌布取得放在桌布中央的玩具，下次看到在床单上的皮球就会通过拉床单去拿皮球。也就是说，这种概括性的动作就成为幼儿解决同类问题的手段，即直觉行动思维的手段。幼儿有了这种能力，我们就称其有了直觉行动水平的思维。

在皮亚杰看来，这一阶段幼儿思维发展的最大成就之一就是获得了"客体永久性"的概念，即幼儿明白了消失在眼前的物体仍将继续存在。皮亚杰认为，幼儿在没有直接感知物体时却相信物体仍然存在是一个逐步学习的过程，贯穿整个感知运动阶段，其典型的表现就是幼儿出现"躲猫猫"的游戏行为。

（二）婴幼儿思维的特点

1. 婴幼儿思维的总体特点

（1）直观性与行动性。

直觉行动思维实际是"手和眼的思维"。一方面，思维离不开对具体事物的

直接感知；另一方面，思维离不开自身的实际动作。离开感知的客体，脱离实际的行动，思维就会随之中止或者转移。年幼的儿童离开玩具就不会游戏，或玩具一变，游戏马上中止等现象，都是这种思维特点的表现。

（2）初步的概括性。

直觉行动思维的概括性既表现在动作之中，又表现为感知的概括性。幼儿常以事物的外部相似点为依据进行知觉判断，比如，有了推动小汽车向前跑的经验之后，凡是看到带轮子的东西（如算盘）都称其为"车车"，都要推着玩。尽管这种概括性反映的只是事物之间简单的、表面的相似之处，但也是对事物特性进行初步比较的结果。

（3）缺乏计划性和预见性。

直觉行动思维是和感知、行动同步进行的，在思维过程中，幼儿只能思考动作所触及的事物，只能在动作之中而不能在动作之外思考。因此，思维不能调节和支配行动。缺乏对行动的计划性和对行动结果的预见性是直觉行动思维的显著特点。

（4）狭隘性。

直觉行动思维是以幼儿的知觉为基础，以具体动作为工具进行的，思维的对象仅仅局限于当前直接感知和相互作用的事物，十分狭窄。突破这种局限的唯一途径是改变思维的方式。

2. 婴幼儿思维的阶段特点

（1）0~2岁婴幼儿的思维特点。

皮亚杰认为，0~2岁婴幼儿的思维处在感知运动阶段，他们只能通过自身的动作及与动作有联系的感知觉来认识外部世界，尚未形成对事物的表征，没有表象和语言。2岁是由感知运动阶段向前运算阶段过渡的时期，这一时期的幼儿在思维加工能力上以认知、记忆为主，思维材料以图形为主。这里所说的图形指幼儿通过感官能感知到的一切具体事物，如物体的大小、颜色、重量以及听到自己说出的单词、句子等。这一时期的幼儿喜欢用自言自语的方式发展词汇。有研究指出，2岁左右的幼儿出现词汇快速增长现象，经常能在接触单词一次后就大致掌握该词的准确意思。在认知物体时，0~2岁婴幼儿大多以兴趣为主，容易注意到新鲜、有趣且运动的物体；在记忆物体时，以无意记忆为主，记忆带有片面性和偶然性。

这一阶段婴幼儿思维的另一显著特点是"自我中心认知解除"，幼儿不再以为自己是整个客观世界的中心与主体，知道其他物体也不是因为自己的存在而存

在的。

（2）2~3岁幼儿的思维特点。

2~3岁幼儿处于前运算阶段的初级阶段。这一时期幼儿的思维加工材料以图形为主，并初步涉及符号，思维加工能力还是以认知、记忆为主。他们在认识图形时，不再仅仅把其看作好玩的图片，而是能试着了解图片或数字所代表的物体，如能根据给出的数字"3"列出相应个数的物体。认知、记忆的特点与前一时期无明显区别，但值得注意的是，幼儿在成人引导下会产生有意记忆，记忆策略主要为复述，或谐音记忆、编儿歌记忆等。

（三）婴幼儿思维发展的表现

婴幼儿的思维发展主要通过表征能力、分类能力、概念掌握能力、问题解决能力和推理能力等几方面具体表现出来，这也是我们评估婴幼儿思维发展的方向和指标。

1. 婴幼儿的表征能力

表征或心理表征是信息或知识在心理活动中的表现和记载方式，通常应用语词、艺术形式或其他物体作为某一物体的代替物，如"汽车"这个词语代表现实世界中所有的汽车。表征一方面反映事物，代表事物，另一方面又是心理活动进一步加工的对象，能够在心理上表征客体和事件是儿童思维发展的最大成就之一。皮亚杰认为幼儿在18~24个月开始利用自己创造的符号代表真实世界的客体和事件，儿童进行延迟模仿使其表征能力得到很大发展。

2. 婴幼儿的分类能力

分类是指在一定程度上根据某一特征将物体组织起来，使人们在整体上对组织起来的物体做出共同的反应而不是对个体做出反应。幼儿的分类能力主要是随机分类，这是大部分2~3岁幼儿的典型表现。这时幼儿通常成对组织物体，他们既不能提供分类的理由，也不能说出物体的某一具体特征。而三四岁及年龄更大的幼儿就可以基于知觉进行分类，如将大象和卡车分为一类，因为它们非常大。

3. 婴幼儿的概念掌握能力

概念对于思维来说极其重要，它是确定物体之间的关系，帮助我们认识世界的理论。概念能帮助幼儿超越事物之间表面的相似性而理解事物之间更深层的相似性。幼儿最初掌握的大多是一些具体的实物概念，究竟先掌握哪些实物概念与幼儿是否经常接触这些实物有关。从总体上看，幼儿对概念的认识是匮乏的，多是物体非本质的、外部的属性，掌握的概念以实物概念为主，抽象概念较少，对概念内涵也掌握得不精确，概念所包含的范围有时过大，有时又过小。

4. 婴幼儿的问题解决能力

问题解决能力在0～3岁经历了重要的变化。布洛克（Bullock）等人在1988年做过一个实验，要求15～35个月的幼儿通过搭积木的方式模仿成人建房子。平均年龄17个月的幼儿没有明显的指向目标行为，他们仅在那儿玩积木；大部分2岁的幼儿能够确认目标并在那儿建造房子，也能根据自己建造的结果评价房子的好坏；85%的2岁幼儿至少需要重试一次才能完成任务。显然，幼儿问题解决能力的发展依赖于幼儿短时记忆的容量，解决问题需要儿童记住目标，也需要记住达成目标的方法并选择一个或几个达成目标的方法，以监控问题解决的过程。

5. 婴幼儿的推理能力

推理是一种特殊类型的问题解决方式。人们在日常生活中经常使用各种类型的推理来解决问题，而幼儿最初能够掌握的是类比推理。类比推理是从特殊到特殊的推理，其通常的形式是"A：B∷C：？"。比如，"狗：小狗∷猫：？"，答案是小猫。

类比推理通常包含关系的映射，即应用前提之间的关系完成推理项目，如小狗是狗的宝宝，所以猫的后面应该就是猫的宝宝，即小猫。虽然在皮亚杰看来，类比推理的能力直到青春期才能发展起来，但有研究表明，1岁左右的幼儿也能进行类比推理。

四 婴幼儿思维的启蒙

（一）保护婴幼儿的好奇心，激发求知欲

婴幼儿天性好奇好问、求知欲望强，这是宝贵的学习动机，也是积极思考的产物。他们常问"是什么""为什么""怎么样"，企图了解事物的名称、特征、类别和变化的可能性，探索事物之间的异同，了解人与自然、社会的联系等。成人要保护他们的好奇心，激发他们的求知欲，注意倾听并鼓励儿童敢提

问、多提问，在启发提问中引导儿童积极思考。

需要指出的是，在提问、讨论、回答问题的过程中，成人应注意几点内容：第一倾听并鼓励儿童的提问，不要嫌他们的问题过于简单、幼稚。要引导他们继续深思而不要急于给出答案，以免错过儿童之间或者儿童与成人之间展开讨论的好机会。第二，要善于向儿童提出思维的任务和要求，给予他们充分动手操作、思考和讨论的时间和机会。第三，引导儿童在观察和实践中自己求得答案。第四，当儿童回答问题有错误时，不必立即纠正，可以让他们有时间验证自己的观点。第五，对于有创见、有意义的问题，可以设计一些实验、操作、调查、观察活动引导儿童展开和深入探索，逐步求答。第六，成人对自己不懂的问题，可以回答"我不知道，我们一起来想一想"，以便使儿童在求知欲和好奇心的驱动下更积极地探索与思考，从而促进思维能力的提升。

（二）不断丰富婴幼儿的感性知识

思维是在感知觉的基础上产生和发展起来的，是通过感知觉获得大量具体、生动的材料后，经过大脑的分析、综合、比较、抽象、概括等过程才实现的。因此，充分调动儿童的各种感官，引导他们主动、积极地观察和认识周围的世界，是养成积极思维习惯的有效手段。一个人的感性知识经验是否丰富，直接影响着其思维的发展。幼儿教师和家长应有意识地引导儿童重点观察周围事物的变化，充分调动儿童各种感官的积极性，让儿童广泛接触和感知外界事物，不断丰富儿童对大自然和社会的感性经验，引导孩子提出问题、加以思考，并通过多种途径加以探索，寻找答案。儿童的思维离不开动作，除了直接经验的积累，幼儿教师和家长也可以通过提供多种多样的图片、视频资源等方式来丰富儿童的感性知识。

（三）发展婴幼儿的言语能力

语言是思维的工具，又是思维的物质外壳。在儿童思维发展的过程中，言语对思维的作用是从无到有、由小变大的。儿童思维能力的发展和言语能力的发展是同步进行的。言语的发展推动着思维能力不断提高，而思维的发展又促进了言语的构思、逻辑和表达能力发展。一般来说，儿童的词汇不丰富，特别是对抽象性、概括性较高的词汇掌握得较少，这使儿童的思维能力受到了一定的限制，从而直接影响其思维的发展。作为言语发展的飞跃期，在幼儿期加强儿童的语言训练，是促进其思维发展的一个重要方法。

第一，重视发展婴幼儿的口头言语，在游戏、参观、日常生活等活动中创造与儿童对话的机会，帮助他们正确认识事物，掌握相应的词汇，并能正确运用口头言语，规范地、连贯性地表达自己的认识。同时，要适时、适量地教给儿童一些概念性的词语，如交通工具、动物、植物、水果、文具等，以增强他们对事物的概括能力。这样，才能促使儿童的思维从具体情景中解放出来，在言语发展的基础上向抽象逻辑思维转化。

第二，通过言语帮助儿童理清思路，增强思维的逻辑性。在儿童观察一件事物、完成某件事情时，都可以请他们用言语有条理、清晰、准确、前后连贯地将过程表达出来，从而提高其思维能力。

（四）教给婴幼儿正确的思维方法

随着年龄的增长，婴幼儿积累了一定的感性认识和生活经验，语言能力也达到较高水平，为思维发展提供了必要的条件和工具。要利用好这些条件和工具，进行更高水平的思维，儿童还需掌握正确的思维方法。思维的基本方法包括分析法、综合法、比较法、归类法、抽象法、概括法、系统化法和具体化法以及归纳法和演绎法等。儿童一旦掌握了正确的思维方法，就如插上了思维发展的翅膀，抽象思维能力就能得到迅速的发展和提高。但思维方法的掌握并不是儿童自发实现的，它需要成人引导儿童在逻辑思维的过程中来学习，幼儿教师和家长要让儿童在辨析中思考，使儿童逐步掌握正确的思维方法，提高儿童的分析、综合、比较、分类、抽象和概括的能力。例如，在认识小动物时，不是罗列一大堆动物的名字，让儿童知道其名称就可以了，而是引导儿童通过辨析了解动物的主要特征，并根据它们的特点进行分类、抽象和概括。在这个过程中，儿童能逐步认识动物的一些本质特征，头脑中就不是杂乱、无序的动物名称，儿童的思维能力也得到锻炼和提高。

（五）通过活动训练儿童的思维能力

婴幼儿的思维表现在各种活动中，同时也能在各种活动中得到发展。成人可以创造让儿童参与活动与操作的条件和机会，尽量让他们多看、多听、多闻、多尝、多动手，充分发挥各种感官的作用，并鼓励儿童边操作边进行思考。

1. 在游戏活动中培养勤思考的习惯

在游戏活动中儿童按照游戏中不断提出的问题和任务，通过操作材料，不断探索和尝试解决问题，从而积极动脑进行分析、比较、判断、推理等一系列思维活动，从中充分感受思维的乐趣，获得积极的情感体验，进而渐渐爱上思维游戏，享受解决问题的过程，养成爱动脑勤思考的良好习惯。

2. 在艺术活动中锻炼儿童的思维能力

儿童是天生的艺术家。通过艺术活动可以激发婴幼儿的想象力、创造力，促进婴幼儿思维能力的发展。手工活动的内容丰富多彩，有泥工、纸工、布贴、编织、自然物剪贴、自制玩具等，深受儿童的喜爱，给儿童提供充分的创作空间，让他们动手操作，参与其中，在手工创造中锻炼思维能力。绘画活动因其集审美、观察、动手、创造等多种能力培养于一体，对于开发儿童智力、培养儿童能力都会产生至关重要的影响。音乐活动丰富的素材和多样化的教学方式也能发展儿童对音乐的理解能力，更能促进儿童的思维能力提升，这些都要求幼儿教师和家长在活动中善于设置问题、善于引发儿童积极思考。

3. 比较概括能力的训练

比较是在头脑里确定事物间的异同点，概括是把不同事物的同一属性抽象出来加以综合形成概括表象或科学概念，我们注意有目的、有计划地引导与启发儿童在多次观察、感知的基础上进行讨论思考，概括出事物的本质特征，形成初步的类概念。例如：可以让儿童观察苹果、桃子、黄瓜、西红柿等图片，使儿童懂得，虽然其形状、颜色、味道不同，但它们内部都有种子，这样便可以在头脑中把这种共同属性抽取出来。

4. 分类能力训练

分类就是按一定的标准把事物分成不同种类，根据共同点将事物归为较大的类，根据不同点将事物划分为较小的类，从而把事物区分为只有一定从属关系的不同等级的系统。根据种属关系对儿童进行多层次分类训练，例如把生物分成植物和动物，再把植物分成花卉、蔬菜、水果、粮食作物，再把蔬菜分成吃根的、吃茎的、吃花的、吃叶的、吃果实的五类，依次类推达到层次分类的训练目标。

5. 类比推理能力训练

推理是思维的核心，它是从一个或几个已知判断推导出新的判断，推理能力是保证思维活动的效率以及顺利完成思维活动的个性心理特征。儿童的推理能力以类比推理为主。类比推理是从特殊到特殊的推理，可以利用事物之间的种属关系、整体局部关系、相反关系、演化关系、场所关系、因果关系、组合关系等对儿童进行训练。

学习情境与实践项目

学习情境　创设促进婴幼儿认知发展的环境

一、情境导入

在一个充满活力的托儿所里，一群年龄在1～3岁的婴幼儿正在探索他们周围的世界。他们通过触摸、观察和模仿来学习新事物。教师们注意到不同年龄段的婴幼儿在认知能力上存在差异，他们希望通过一系列活动来促进婴幼儿的认知发展。

二、任务描述

请你扮演该托儿所的老师，创设合适的环境，使婴幼儿能通过视、听、触摸等多种感觉活动与环境充分互动，丰富他们的认识和记忆经验。

三、学习成果目标

（一）知识目标

（1）能清晰阐述婴幼儿认知发展的基本概念和理论，包括感知觉、注意、记忆、想象和思维等认知过程。

（2）能准确说出婴幼儿在不同发展阶段的认知特点，以及这些特点如何影响他们的学习和行为。

（二）技能目标

（1）能观察和评估婴幼儿的认知发展情况，能根据观察结果调整教育策略。

（2）创设针对不同年龄段婴幼儿的认知发展的环境，以丰富他们的认知经验。

（三）思政素质目标

（1）能养成对婴幼儿发展的敏感性和同理心，尊重孩子，理解每个孩子都是独特的个体，需要个性化的教育方法。

（2）形成社会责任感，以及细心观察、耐心引导的教育品质，认同教育者在婴幼儿成长过程中的重要作用，能用爱心和责任心对待婴幼儿的成长过程。

四、工作过程

（一）资讯

（1）收集信息：了解婴幼儿在不同阶段认知发展的特点有哪些？

_____

_____

（2）列举：影响婴幼儿认知发展的教养环境有哪些？

_____

_____

（二）计划

（1）项目目标制订。

_____

_____

_____

（2）列出该托儿所活动环境创设的物质准备。

_____

_____

_____

（3）制订计划：根据托儿所中1～3岁的婴幼儿认知发展特点，按照不同年龄段分别设计适合他们认知经验发展的环境创设计划，请结合物质环境和心理环境两个角度进行设计。

_____

_____

（三）决策

（1）设计多元化的环境

语言环境： _____

视觉环境： _____

社交环境： _____

探索环境： _____

多通道感知环境： _____

（2）小组讨论：如何确保环境与材料的安全性与适宜性？

_____

_____

（3）如何营造积极的求知探索氛围？

_____

_____

（四）执行

（1）环境布置实施。

_____

_____

（2）活动材料采购与准备。

_____

_____

（3）教师培训。

_____

_____

（4）活动安排。

_____

_____

（5）家长沟通。

_____

_____

（6）活动启动。

_____

_____

（五）监督

记录与反馈：记录婴幼儿的参与情况和进步，定期向家长和团队成员提供反馈。检验创设的环境是否满足预期的活动目标的需要，如果没有，差距在哪里？

_____

_____

（六）评估

（1）反思：在进行婴幼儿认知环境创设过程中，以下是对执行情况的反思，包括做得好的方面和需要改进的地方。

优势：	不足：

（2）效果评估：通过观察、家长反馈和婴幼儿的进步来评估活动的效果。

_____

_____

（3）数据收集：收集有关婴幼儿认知发展的数据，如语言能力、社交技能、解决问题的能力等。

_____

_____

（4）教师反馈：收集教师对活动执行的看法和建议，了解哪些方面需要改进。

_____

_____

_____

（5）家长满意度调查：通过问卷或访谈的方式，了解家长对托儿所环境和活动的满意度。

_____

_____

（6）自我反思：进行自我反思，思考哪些活动最有效，哪些需要改进。

_____

_____

（7）改进计划制订：根据评估结果，制订改进计划，以提高未来活动的质量和效果。

_____

_____

（8）持续改进：将评估和反馈纳入持续改进的循环中，不断提升托儿所的教育环境和活动质量。

_____

_____

_____

（9）成果分享：与家长和教育界同行分享成果，推广有效的教育实践。

_____

_____

_____

五、学习成果评价表

知识目标如表4-4所示。

表4-4　知识目标

序号	学习成果	评价维度	评价标准	教师评价	小组互评	教师评价
1	阐述婴幼儿认知发展的基本概念和理论	理解程度	能清晰阐述婴幼儿认知发展的基本概念和理论，包括感知觉、注意、记忆、想象和思维等认知过程的概念	□优秀 □良好 □一般 □需改进	□优秀 □良好 □一般 □需改进	□优秀 □良好 □一般 □需改进

（续表）

序号	学习成果	评价维度	评价标准	教师评价	小组互评	教师评价
2	阐释婴幼儿在不同发展阶段的认知特点。	知识掌握	能准确说出婴幼儿在不同发展阶段的感知觉、注意、记忆、想象和思维的特点，以及这些特点对婴幼儿学习和行为的影响	□优秀 □良好 □一般 □需改进	□优秀 □良好 □一般 □需改进	□优秀 □良好 □一般 □需改进

技能目标如表4-5所示。

表4-5 技能目标

序号	学习成果	评价维度	评价标准	学生自评	小组互评	教师评价
1	观察和评估婴幼儿的认知发展	理实运用	能结合婴幼儿认知发展的理论知识，观察与评估婴幼儿的感知觉、注意、记忆、想象和思维的发展情况；能根据观察结果调整教育策略	□优秀 □良好 □一般 □需改进	□优秀 □良好 □一般 □需改进	□优秀 □良好 □一般 □需改进
2	创设针对不同年龄段婴幼儿的认知发展的环境，以丰富他们的认知经验	组织能力	能分析婴幼儿认知发展的水平；能根据婴幼儿特点制订个性化的游戏活动	□优秀 □良好 □一般 □需改进	□优秀 □良好 □一般 □需改进	□优秀 □良好 □一般 □需改进

思政素质目标如表4-6所示。

表4-6 思政素质目标

序号	学习成果	评价维度	评价标准	学生自评	小组互评	教师评价
1	养成对婴幼儿发展的敏感性和同理心	科学儿童观	能尊重孩子理解每个孩子都是独特的个体，需要个性化的教育方法	□优秀 □良好 □一般 □需改进	□优秀 □良好 □一般 □需改进	□优秀 □良好 □一般 □需改进

（续表）

序号	学习成果	评价维度	评价标准	学生自评	小组互评	教师评价
2	形成社会责任感以及细心观察、耐心引导的教育品质	社会责任	能对家庭和社会贡献自己的力量；认同教育者在婴幼儿成长过程中的重要作用；能用爱心和责任心对待婴幼儿的成长过程	□优秀 □良好 □一般 □需改进	□优秀 □良好 □一般 □需改进	□优秀 □良好 □一般 □需改进

附加评价说明：

1. 评价周期：建议每个项目结束后进行一次全面评价。
2. 反馈机制：教师应提供具体、有建设性的反馈，帮助学生了解自己的优势和需要改进的地方。

实践项目　设计促进婴幼儿认知发展的教育方案

一、情境导入

早教中心里，佳佳老师和翰翰玩游戏，她准备了一个小布偶熊和两个完全相同的盒子，先当着翰翰的面将小熊放进一个盒子中，然后将两个盒子一起遮盖一会儿，拿去遮盖物后问翰翰："小熊藏在哪里？把它找出来！"翰翰一般都能找出来。1岁左右的翰翰甚至能找出不在眼前的已知物体，佳佳老师在不让翰翰看到的情况下，将小熊放在枕头下，他也能找出来。翰翰在家有时还能帮助妈妈找到她想要找的东西。

二、任务描述

与本章开头的小华一样，早教中心里1岁的翰翰可以找到不在眼前的小熊，假设你是佳佳老师，请你结合本章学到的内容，设计一个促进翰翰认知发展的教育方案。

三、学习成果目标

（一）知识目标

（1）能解释婴幼儿认知发展的关键阶段：识别并描述婴幼儿认知发展中的各

个关键阶段，包括但不限于感知觉、注意、记忆、想象和思维的发展；能通过思维导图或时间线展示婴幼儿认知发展的各个阶段。

（2）制订促进婴幼儿认知发展的教育策略：能列举并解释至少两种经科学验证的教育策略，用于促进婴幼儿在不同认知领域的发展；创建策略应用的案例。

（二）技能目标

（1）设计和实施教育活动的能力：能根据婴幼儿的认知发展水平，设计并执行至少一项有针对性的教育活动，并对其进行效果评估；收集活动设计文档资料和实施过程的照片或视频。

（2）数据分析与反思能力：能收集和分析婴幼儿在教育活动中的表现描述与数据，并基于这些描述与数据进行反思和提出改进建议；使用图表或表格展示数据收集和分析结果。

（三）思政素质目标

（1）沟通与协作能力：能在团队中有效沟通，与婴幼儿家长和教育团队成员协作，共同促进婴幼儿的认知发展；展示团队会议记录、家长反馈和协作成果。

（2）专业责任感和自我驱动能力：能展现出对婴幼儿教育的专业责任感，主动学习新知识，不断自我提升，并在实践中应用所学；记录自我学习计划、学习笔记和实践应用案例。

四、工作过程

（一）资讯

（1）问答：请简述1岁婴幼儿的认知发展特点，并阐述0～3岁婴幼儿认知发展的趋势。

_____

_____

（2）分析：翰翰为什么可以找到不在眼前的小熊？他的这种能力是什么能力？

_____

_____

（3）背景了解：了解翰翰的年龄特点、兴趣、发展水平及其家长的期望。

（4）资源评估：评估可用的资源，包括教师、设施、玩具和材料。

（5）政策和标准确认：确保方案符合教育政策和婴幼儿发展的标准。

（二）计划

（1）目标设定：根据婴幼儿的发展阶段，设定具体、可衡量的认知发展目标。

（2）活动设计：设计一系列活动，如感官探索、语言发展、社交技能等。

（3）物质准备：列出所需的玩具、教具、环境布置等物质资源。

（三）决策

（1）环境设计：决定如何布置环境以促进婴幼儿的认知发展。

（2）材料选择：选择适合婴幼儿发展阶段的材料和玩具。

（3）方法确定：确定教学方法，如游戏、探索、模仿等。

（四）执行

（1）活动实施：按照计划开展各项活动。

（2）教师培训：确保教师了解活动的目的和执行方法。

（3）家长参与：鼓励家长参与婴幼儿的学习过程，提供支持。

（五）监督

（1）日常监督：监控活动的执行情况和婴幼儿的参与度。

（2）安全检查：确保活动环境和材料的安全性。

（3）进度跟踪：跟踪婴幼儿的发展进度，确保目标的实现。

（六）评估

（1）效果评估。

（2）数据收集。

_____

_____

（3）反馈循环。

_____

_____

五、学习成果评价表

知识目标如表4-7所示。

表4-7　知识目标

序号	学习成果	评价维度	评价标准	学生自评	小组互评	教师评价
1	能解释婴幼儿认知发展的关键阶段	理解程度	识别并描述婴幼儿认知发展中的各个关键阶段，包括但不限于感知觉、注意、记忆、想象和思维的发展；能通过思维导图或时间线展示婴幼儿认知发展的各个阶段	□优秀 □良好 □一般 □需改进	□优秀 □良好 □一般 □需改进	□优秀 □良好 □一般 □需改进
2	制订促进婴幼儿认知发展的教育策略	应用能力	能列举并解释至少两种经科学验证的教育策略，用于促进婴幼儿在不同认知领域的发展；创建策略应用的案例	□优秀 □良好 □一般 □需改进	□优秀 □良好 □一般 □需改进	□优秀 □良好 □一般 □需改进

技能目标如表4-8所示。

表4-8　技能目标

序号	学习成果	评价维度	评价标准	学生自评	小组互评	教师评价
1	设计和实施教育活动的能力	执行能力	能根据婴幼儿的认知发展水平，设计并执行至少一项有针对性的教育活动，并对其进行效果评估；收集活动设计文档资料和实施过程的照片或视频	□优秀 □良好 □一般 □需改进	□优秀 □良好 □一般 □需改进	□优秀 □良好 □一般 □需改进

（续表）

序号	学习成果	评价维度	评价标准	学生自评	小组互评	教师评价
2	数据分析与反思能力	分析能力	能收集和分析婴幼儿在教育活动中的表现描述与数据，并基于这些描述与数据进行反思和提出改进建议；使用图表或表格展示数据收集和分析结果	□优秀 □良好 □一般 □需改进	□优秀 □良好 □一般 □需改进	□优秀 □良好 □一般 □需改进

思政素质目标如表4-9所示。

表4-9 思政素质目标

序号	学习成果	评价维度	评价标准	学生自评	小组互评	教师评价
1	沟通与协作能力	沟通协调	能在团队中有效沟通，与婴幼儿家长和教育团队成员协作，共同促进婴幼儿的认知发展；展示团队会议记录、家长反馈和协作成果	□优秀 □良好 □一般 □需改进	□优秀 □良好 □一般 □需改进	□优秀 □良好 □一般 □需改进
2	专业责任感和自我驱动能力	专业素养	能展现出对婴幼儿教育的专业责任感，主动学习新知识，不断自我提升，并在实践中应用所学；记录自我学习计划、学习笔记和实践应用案例	□优秀 □良好 □一般 □需改进	□优秀 □良好 □一般 □需改进	□优秀 □良好 □一般 □需改进

附加评价说明：

1. 评价周期：建议每个项目结束后进行一次全面评价。

2. 反馈机制：教师应提供具体、有建设性的反馈，帮助学生了解自己的优势和需要改进的地方。

单项选择题

1．幼儿期注意发展的特点是（　　　）。

    A．无意注意占优势，有意注意逐渐发展

    B．有意注意占优势，无意注意逐渐发展

    C．无意注意逐渐发展，有意注意未出现

    D．有意注意逐渐发展，无意注意未出现

2．幼儿认真、完整地听完教师讲的故事。这一现象反映了幼儿注意的什么特征？（　　　）

    A．注意的选择性   B．注意的广度

    C．注意的稳定性   D．注意的分配

3．下列几种新生儿的感觉中，发展相对最不成熟的是（　　　）。

    A．视觉   B．听觉   C．嗅觉   D．味觉

4．在幼儿记忆活动中占主要地位的是（　　　）。

    A．有意记忆   B．语词记忆   C．形象记忆   D．意义记忆

5．小红知道9颗花生吃掉5颗还剩4颗，却算不出"9-5"。这说明小红的思维具有（　　　）。

    A．具体形象性   B．抽象逻辑性   C．直观动作性   D．不可逆性

6．照料者选择36个月大的宝宝进行认知发展阶段评估实验，照料者将同样大小的A、B杯子装满水后，当着宝宝的面将A杯的水倒入粗矮的C杯中，将B杯的水倒入细高的D杯中，问宝宝C杯的水和D杯的水是否一样多，宝宝回答：不一样多。这说明宝宝的思维发展正处于（　　　）。

    A．感知运动阶段   B．前运算阶段

    C．具体运算阶段   D．形式运算阶段

第五章

婴幼儿的言语发展

5

扫码获取配套资源

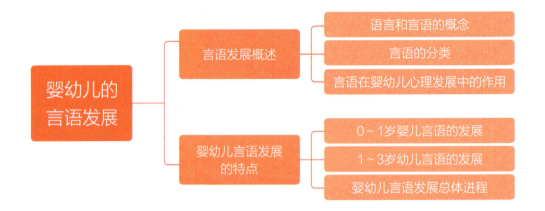

思维导图

婴幼儿的言语发展
- 言语发展概述
  - 语言和言语的概念
  - 言语的分类
  - 言语在婴幼儿心理发展中的作用
- 婴幼儿言语发展的特点
  - 0~1岁婴儿言语的发展
  - 1~3岁幼儿言语的发展
  - 婴幼儿言语发展总体进程

学习成果目标

（一）知识目标

（1）能清晰阐述言语的概念、分类和作用。

（2）能准确阐述不同年龄阶段的婴幼儿言语发展特点。

（二）技能目标

（1）能分析婴幼儿言语发展特点，设计相应的言语游戏，促进婴幼儿的言语发展。

（2）能结合婴幼儿言语发展的内在规律，综合评价婴幼儿的言语发展水平。

（三）思政素质目标

（1）能关心、爱护、尊重婴幼儿，具备良好的职业素养。

（2）具有良好的沟通能力和沟通技巧，能和婴幼儿、家长等进行有效沟通。

第一节　言语发展概述

情境导入

潼心托育机构最近迎来了一位新伙伴圆圆。圆圆19个月了，但是萌萌老师发现她不开口说话，每次有需求都是用肢体、哭声、眼神来表达。通过了解，原来因为圆圆父母外出工作，所以她一直由奶奶照料。奶奶既要忙家务又要照顾孩子，精力和耐心都比较有限。为了避免圆圆哭闹，只要圆圆用眼神、动作表达了想法，奶奶便第一时间满足她的需求，结果导致圆圆一直不开口说话，言语发展能力明显落后于同龄的孩子。

知识导读

一　语言和言语的概念

语言是交流和思维的工具，是人类区别于其他动物的重要标志之一，是人们进行沟通交流的表达符号。从心理学上说，语言指的是以语音为载体、以词为基本单位、以语法为构建规则的符号系统。人们借助语言保存和传递人类文明的成果，同时，语言也是各民族的重要特征之一，每个民族都有自己的语言。因此，语言是一种社会现象，是一种特殊的社会规范。

言语指的是人们运用语言的过程，包括理解别人的语言和自己运用语言的过程。我们平常生活中的听、说、读、写都属于言语活动。

语言和言语是两个不同的概念，但是二者又有着密切联系。一方面，语言是

在人们的言语交流活动中形成和发展的。如果某种语言不再被人们的言语活动所使用，它就会消失在历史的长河中。另一方面，言语活动必须借助于语言这个工具来进行。如果不掌握语言，我们就无法与其他人进行沟通交流。一个人掌握语言的水平，常常影响着他的言语交际水平。

二 言语的分类

（一）外部言语

外部言语是指用来与别人进行交际的言语，可分为口头言语和书面言语。

口头言语又可分为对话言语和独白言语。对话言语是一种最基本的言语形式，指的是两个或两个以上的人直接进行交流时的言语活动，包括聊天、辩论等。其他形式的口头言语和书面言语都是在对话言语的基础上发展起来的。独白言语则指一个人独自进行的，与叙述思想、情感相联系的，较长而连贯的言语，如演讲、做报告等。

书面言语是指借助文字来表达思想和情感的言语，如小说、信件等。书面言语的出现比口头言语晚，是在文字出现后才为人们所掌握和利用的。

（二）内部言语

内部言语是非交际性言语，是一种不出声的、对自己讲的言语，与抽象思维和有计划的行为有密切联系。内部言语是在儿童的外部言语发展到一定阶段的基础上逐步产生的，是外部言语的内化。

 问答卡片：

成语"沉默寡言"出自《旧唐书·郭子仪传》。请你想一想，"沉默"是否等于"寡言"甚至"无言"？

三 言语在婴幼儿心理发展中的作用

（一）言语的交流作用

人的思想、愿望、需要、情感、体验等内部心理活动，必须凭借言语才能表达出来，使他人感知和理解。言语是人与人之间进行交际、沟通思想情感的桥梁，也是传递世代经验的途径。

婴幼儿掌握言语的过程，也是一种社会化的过程。婴幼儿的言语因为交际而产生，也是在交际过程中发展的。随着言语的发展，婴幼儿能够表达自己的想法，表示不满、请求或命令，保持自己和别人之间的关系，获得知识，这些都是社会化的过程。

（二）言语的概括作用

言语中的词是客观事物的符号，它代表着一定的对象或现象。言语不仅标志着个别对象或现象，还标志着某一类的数量众多的对象或现象。言语的概括作用使婴幼儿加快了对事物的认识。婴幼儿不需要逐个地、具体地认识某一类事物，而可以根据一类事物的共同特征概括地认识同类事物。言语的概括作用，促进了人的认识能力特别是抽象思维能力的发展。

（三）言语的调节作用

言语对婴幼儿心理活动和行为的调节功能，使婴幼儿有了心理的自我调节能力。年龄较小的婴幼儿最初是按照成人的言语指示做出各种被鼓励的行动或避免做出各种不适宜的行动。随着年龄的增长，婴幼儿会逐渐按照要求，自觉地调节自己的心理和活动。

第二节 婴幼儿言语发展的特点

 **情境导入**

在一个充满童趣与探索氛围的托育机构活动室内，老师们精心布置了一个以"奇妙森林"为主题的互动空间。墙壁上挂满了色彩斑斓的树木、动物图案，地面铺着柔软的绿色草坪地毯，中央摆放着几个形状各异、大小适中的"小树屋"和"动物洞穴"，周围散落着一些安全的软质玩具，如毛绒动物、彩色球等。老师们即将带领婴幼儿开始"小小探险家的奇妙森林之旅"，促进婴幼儿听、说、模仿能力的发展，增强婴幼儿的社交互动与情感交流。

 知识导读

一 0～1岁婴儿言语的发展

0～1岁是婴儿言语活动的开端，也是婴儿言语发生的准备阶段，被称为"前言语时期"。在这个时期，婴儿虽然不会说话，却逐渐表现出与言语相关的一系列活动：他们能觉察到周围的人在说话；他们有时自己也叽里咕噜地"说话"；他们有时似乎能听懂某句话的意思。婴儿的这些非言语性声音、表情与姿态，正是言语活动的开端。

（一）发音的准备

婴儿发音的准备大致经历以下三个阶段。

1. 简单发音阶段（0~4个月）

哭是婴儿最初的发音，婴儿不同的状态可以从哭声中加以区分。因此，哭声是婴儿生理和心理状态的有效信号。出生后1个月左右，婴儿的哭叫声开始分化，出现uh、eh等声音，这些声音既可以在哭时发出，也可以在不哭时发出。2个月以后，婴儿在成人引逗之下能笑出声，发音现象更明显。3个月的婴儿喜欢和大人"对话"，爱笑出声，已经能够发出ai、a、e、ei、ou、nei、i等音。这些发音的共同点是不需较多的唇舌运动，只要一张口，气流自口腔中冲出，音就发出来了。可以说，这个阶段的发音出于一种本能行为，即使是天生聋哑的婴儿也能发出这些声音。

2. 连续音节阶段（4~9个月）

这一阶段，婴儿对发音有了更高的热情。当他吃饱、睡足、感到舒适时，常常会主动发音。如果有成人的引逗，或是看到色彩鲜艳的东西感到高兴时，发音会更频繁。在婴儿发出的声音中，不仅韵母增多、声母开始出现，而且会连续重复同一音节，4个月的婴儿能发出b、p、m的辅音，在心情愉快时能发出"啊啊""咯咯"的笑声。5个月的婴儿能牙牙学语。6个月的婴儿能发出ba-ba、ma-ma、da-da、na-na、pa-pa等音。7个月的婴儿能用动作表达欢迎、再见等，还能听口令进行拍手等动作。8个月的婴儿能发出连续音节"爸爸""妈妈"，能认物和指物，能表示"要"，会用动作表示听从大人的要求。父母听到婴儿这样的发音可能以为孩子是在呼喊他们，其实这些音尚不具备符号意义。但如果成人能将这些音节与一些具体事物联系在一起，就可以让婴儿形成条件反射，也就让音节有了意义。比如，每当婴儿无意识地发出ma-ma这个音时，妈妈就面带笑容地出现在他面前，愉快地做出回应，几次下来，婴儿就能学会把ma-ma这个音节当作对妈妈的称呼。

3. 模仿发音阶段（9~12个月）

在这个阶段，婴儿的发音呈现出连续性和多样化的特点。他们增加了不同音节的连续发音，音调中的四声全部出现，如ā-á-ǎ-à，听起来很像是在说话。

同时，婴儿开始模仿成人的语音，这标志着婴儿学话的萌芽。在成人的教育下，婴儿渐渐能够把一定的语音和某个具体事物联系起来，用一定的声音表达一定的意思。虽然此时他们能够发出的词音只有很少几个，但毕竟能开口"说话"了。9个月的婴儿能模仿称呼词和一些简单动词，能理解更多的语言，能执行简单

的指令，能认图、认物和正确命名。10个月的婴儿能模仿发出"爸爸""妈妈"的音，能模仿动物的叫声。11个月的婴儿能模仿大人说话，会用表情、语言、动作与成人进行交流。12个月的婴儿能有意识地叫"爸爸""妈妈"，能指图回答问题，有一定的词汇量，能用词表达自己的需要。

（二）语音理解的准备

1. 语音知觉能力的准备

婴儿对言语刺激是非常敏感的，出生不到10天就能区分语音和其他声音，并对语音表现出明显的偏爱。研究表明，几个月的婴儿就具有语音范畴知觉能力，能分辨两个语音范畴之间的差别，如b和p的差别，而对同一范畴内的变异则予以忽略。

2. 语词理解的准备

婴儿语音知觉的发展为语词理解提供了必要的前提。8~9个月的婴儿已经能够"听懂"成人的一些语言，表现为能对成人的语言做出相应的动作反应。但这时，婴儿反应的主要对象是语调与说话时的整个情境，包括说话人的动作、表情等，而不是词的意义。如果成人发同样的词音，但改变语调和言语情境，婴儿就不再反应。相反，语调不变而改变词汇，反应还可能发生。

一般到了11个月左右，婴儿才能把语词逐渐从复合情境中分离出来，语词真正作为独立信号而引起相应的反应，直到此时，婴儿才算是真正理解了这个词的意义。

（三）言语交际能力的准备

1. 产生交际倾向（0~4个月）

周兢（1994）在对"汉语儿童"的研究中发现，婴儿在出生后不久就已经表现出一些言语交际行为。比如，1周至1个月的婴儿，已经能用不同的哭声表达他们的需要，吸引成人的注意。这个阶段的婴儿的交际倾向主要产生于生理需求，大约2个月的婴儿会在自己的生理需要得到满足后对成人的逗弄报以微笑，用喔喔作声的发音来引起成人的注意，会用表情、动作和不同的声音表达不同的倾向，表现出明显的交际兴趣和交际倾向。

2. 学习交际规则（4~10个月）

这个时期的婴儿对成人的话语引逗会给予语音应答，还出现与成人轮流

"说"的倾向，即成人说一句，婴儿发几个音，成人再说一句，婴儿再发几个音，这便是言语交往对话规则的雏形。4～10个月的婴儿逐渐学会使用不同的语调来表达自己的态度，并且这种表达常伴有动作和表情。比如，用尖叫或急促上扬的语调，伴以蹬腿、伸手的动作表示自己不愿躺着。

3. 扩展交际功能（10～18个月）

10个月之后，婴儿的前言语交际已经具有了语言交际的主要功能。婴儿能够通过一定语音和动作表情的组合使语音产生具体的言语意义。此时的婴儿有坚持表达个人意愿的情况，开始创造相对固定的交际信号。不同的婴儿会用各种经常重复的语音表达某种意思，比如，有的婴儿用yi-yi的发音来表示自己发现了好玩的东西，用nen-nen的发音来表示自己的不满意。此阶段的婴儿能较好地理解言语的交际功能，能借助前言语发音和体态行为与人交流并发展起真正的言语交际能力。

拓展阅读

"妈妈语"

"妈妈语"是心理学术语，是简化的成人语言，通常指照料者（主要是母亲）与婴幼儿交流时所用的一种特殊言语形式。其特点是语速慢、声调高、音调夸张。当妈妈轻拍孩子并对他说话的时候，孩子就会随着妈妈嗓音的节奏挥舞着手臂，踢着小腿。当妈妈朝着孩子发出各种声音对他说话时，他就会发出相似的声音回应妈妈。

"妈妈语"往往和孩子最初的歌唱、说话很相似，我们称作说唱。说唱和歌谣、歌曲一样，也有节拍、重音和节奏，有声调的轻重、快慢、高低的变化。

研究人员发现，4个月的婴儿能够识别走调的音符以及旋律的变化，6个月左右的婴儿能跟唱一定音高的音符以及一些简单的旋律。所有这些都是孩子接受言语启蒙的一种自然的方式。

这些语言在父母和婴儿之间被高频率地使用，节奏感很强，它不但能激发孩子的情感，而且有利于言语的启蒙。掌握婴幼儿最早接触到的"妈妈语"对其习得母语有促进作用，对提高儿童言语教学质量也有重要的借鉴作用。婴幼儿的主要照料者应该根据孩子本身的言语学习能力及认知水平，对其输出适合其认知水

平的语言，同时应适时动态调整，以增强语言的可理解性。为此，包括教师在内的婴幼儿主要照料者应发音清晰、语调丰富、语速缓慢，尽量运用符合或略高于婴幼儿认知水平的语言；把握婴幼儿言语发展的时机，增加与孩子的交流机会，悉心观察和耐心指导孩子，促进孩子的言语能力发展，帮助孩子建立言语自信心；针对婴幼儿天生善于模仿的特点，创造婴幼儿在不同环境中与同伴交流的机会，使他们获得更加丰富的言语输入形式。

二 1～3岁幼儿言语的发展

1岁左右的幼儿已能模仿发音，并能听懂成人简单的语言，开始正式进入言语学习的阶段。经过两三年时间，3岁左右的幼儿初步掌握本民族的基本语言。所以，1～3岁是幼儿言语真正形成的时期，也是幼儿言语发展最迅速的时期。

（一）语音

研究发现，婴幼儿各类语音发生发展的顺序是由发音器官的生理成熟程度和发音的难度决定的。1岁前婴儿语音的发展比较缓慢，1～1.5岁时语音发展较快，1岁9个月的幼儿语音发展基本成熟，但发音不流利，也不够准确。2.5～4岁是幼儿语音发展的飞跃期，4岁以后幼儿发音的准确性有了显著提高。

（二）词汇

从婴儿9～10个月说出第一个词开始，在10～15个月，婴幼儿以平均每月掌握1～3个新词的速度发展。到15个月时，幼儿一般能说出10个以上的词语。随后，幼儿掌握新词的速度加快，到19个月时已能说出约50个词了。19个月后，幼儿掌握新词的速度再次加快，平均每个月能学会25个新词。这种幼儿的词汇量迅速增加的现象，被称为"词语爆炸"现象。幼儿在24个月时已能掌握了300多个词。3岁时，幼儿的词汇量可达到1000个，此时期幼儿爱听故事、儿歌、诗歌，能说出日常物品的名称和用途，能正确使用"你""我""他"等人称代词，能说出自己和熟悉的人的名字。

1～3岁幼儿受其认知水平的限制，只能理解词的具体含义或个别含义，同时，词义泛化、词义窄化也是该时期幼儿词义理解中的常见现象。词义泛化是指幼儿对词义的理解是笼统的，其使用范围超出了成人语言的范围，常用一个词代表多种事物，将词的外延扩大化。比如，幼儿口中的"猫"不仅表示猫，还指代牛、狗、羊等会行走的四条腿动物。词义窄化是指幼儿对词义的理解非常具体，具有专指性，必须与具体情境或具体事物联系起来，将词的外延缩小。比如，幼儿说到"狗狗"时指的只是自己家里的白狗。

（三）句法

经历了咿呀发声和词汇学习阶段，婴幼儿开始进入言语发展的一个关键阶段——词语组合。词语组合意味着句法的开始，婴幼儿句法的发展具有以下几个特点。

1. 从不完整句到完整句

婴幼儿最开始说出的句子，其结构是不完整的，他们会用一个词或两个词表达一句话的意思。到了25～30个月，幼儿能说出具有主谓结构或主谓宾结构的完整句，如"妈妈上班去了"。31～36个月的幼儿仍处于口语发育关键期，听、说的积极性很高，掌握了基本语法结构和句型，积累了一定的词汇量。

2. 从简单句到复合句

简单句和复合句都是句法结构完整的句子。简单句在复合句之前出现，在幼儿口语中所占比例较大。复合句如"下雨了，不能出去玩了"，一般在2岁后开始出现，但所占比例不大。4～5岁时，幼儿能说出多种不同类型的复句，如"如果明天妈妈有时间，就会带我去公园""虽然我很小，但是我很厉害"等。

3. 从无修饰句到修饰句

幼儿最初使用的句子（单词句、双词句）是没有修饰语的。2.5岁的幼儿开始说出有简单修饰语的句子，如"小白兔"，但实际上幼儿是把修饰语作为一个词组来使用的，即认为"小白兔"是"兔子"的意思。3岁以后幼儿开始使用复杂的修饰语，如名词性结构的"的"字句，如"我玩的积木"；介词结构的"把"字句，如"小朋友把帽子给妈妈"。

4. 从陈述句到非陈述句

幼儿常用的句型有陈述句、疑问句、祈使句、感叹句等。最先为幼儿所掌握的句型是陈述句，然后在2岁左右疑问句开始出现，幼儿会较多地使用疑问句，如"这是什么呀""那儿有什么呢"。

 **案例分析**

金金（男，2岁6个月）喜欢和老师一起玩游戏。今天老师找来金金和家人一起外出游玩的照片，把这些照片藏在一个盒子里面，开始了他们的游戏。

老师："金金，今天老师要跟你一起玩一个抽照片聊天的游戏，你想不想知道这个盒子里面都有什么呀？"

金金："老师，我要看看，都有什么呀？"

老师："你来摸摸看。"

金金将手伸进盒子里面，摸出来一张照片，看了之后表情兴奋起来。

金金："这是爸爸、妈妈还有金金。"

老师："是哦，你们在干什么呀？"

金金："在喷水玩，爸爸妈妈还有我，我们一起喷水。"

老师："这个喷水的玩具是谁买的呀？"

金金："舅妈买的，姐姐也有一个。"

老师："哦哦，那舅妈对金金真好呀！那你告诉老师，你姐姐叫什么名字？"

金金："安安，安安姐姐，我们一起喷水了。"

老师："喷水好不好玩呀？金金喜不喜欢喷水？"

金金："好玩，我喜欢喷水的。"

【分析】从金金和老师的对话中发现，金金使用短句的频率比较高。金金可以说出自己熟悉的人的名字，可以连续回答老师提出的问题，会使用代词"我"，会用"喜欢"等词语表达自己的喜好。这说明金金的言语发展水平比较符合这个年龄阶段的特点。不过金金的言语还需要在成人的引导下继续发展，比如，教师可以逐渐引导金金说一些稍微长一点的句子，然后多提一些问题，引导金金多开口说话，多表达自己。

（四）口语

婴幼儿言语发展的基本规律是先听懂，后会说。这个阶段幼儿的言语理解能力发展迅速，并开始主动说出有一定意义的词。幼儿口头言语的发展经历了以下两个阶段。

1. 不完整句阶段（1~2岁）

不完整句是指表面结构不完整，但能表示一个句子意思的语句，包括单词句和双词句。

（1）单词句阶段（1~1.5岁）。

单词句是指幼儿用一个词表达一个句子的意思。单词句具有以下特点：①和动作密切关联。当幼儿用单词句表达时通常伴随着一定的动作和表情。比如，幼儿说"妈妈"，并向妈妈伸出双手，身体前倾，这表示要妈妈抱他。②意义不明确。成人通常需要将幼儿的单词句与特定的情境相联系，根据语调线索准确推断出幼儿要表达的意思。比如，幼儿说"花花"时，可能表示"这是花花""我要花花"或"花花漂亮"等。③词性不确定。尽管幼儿最先掌握的词是名词，但使用时不一定只当名词用。比如，"嘟嘟"在幼儿的语言中既可以用来称呼汽车，又可做动词来表示开车。④多用叠音词。幼儿较多地使用一些叠音词，如"妈妈""抱抱""饭饭""书书"等。

（2）双词句阶段（1.5~2岁）。

双词句是由两个单词句组成的不完整句子，如"妈妈抱""饼饼没"等。双词句表达的意思比单词句要明确些，已经具备句子的主要成分，开始有了主语、谓语或宾语，其表现形式是断续的、结构不完整的，因而又被称为"电报句"。这一时期婴儿主要使用名词、动词、形容词等实词，而很少使用具有语法功能的虚词（如连词、介词等）。

2. 完整句阶段（2岁以后）

完整句是指句法结构完整的句子，包括简单句和复合句。2岁以后，幼儿开始学习运用合乎语法规则的完整句更为准确地表达自己的想法和意愿。许多研究表明，2~3岁是幼儿口语发展的关键时期。如果成人能为幼儿创造良好的言语环境，那么这一时期将成为幼儿口语发展最迅速的时期。

（1）简单句阶段。

简单句是指句法结构完整的单句，包括主谓句、简单宾谓句、简单主谓宾句。2岁左右时，幼儿在说出电报句的同时就能开始说出一些结构完整的简单句，如主谓句"宝宝吃了"，主谓宾句"奶奶洗手"，主谓双宾句"爸爸给我果果"，等等。

（2）复合句阶段。

复合句是指由两个或两个以上意思关联密切的单句组成的句子。复合句一般在2岁以后开始出现，但数量少，所占比例不大，4～5岁时发展较快。幼儿使用复合句的显著特点是结构松散、缺乏连词，多由几个单句并列组成，如"阿姨不要唱歌，宝宝睡觉"。儿童掌握的复合句以联合复句为主，尤其是并列复句较多，常用"还、也、又"等连词。

 案例分析

康康（男，5岁），从胎儿期起妈妈便以蒙学经典作为胎教读本，直至出生后一直坚持播放、诵读蒙学经典。婴儿期时，每当康康哭闹不安，妈妈便播放或者亲自吟诵蒙学经典："人之初，性本善。性相近，习相远……""天对地，雨对风，大陆对长空……"当听到悠扬的古典音乐配合着朗朗上口、音韵和谐的对偶句时，康康便能马上安静下来。随着语言表达能力的提高，跟读、诵读经典成了康康最爱的学话游戏，并且在讲故事、读古诗时，康康在节奏感和情感上都比同龄孩子把握得更准确。三四岁左右，当长辈给康康讲故事或讲道理时，他有时会引用或联想到蒙学经典的词句。比如，有一次妈妈教育康康："说话不要太急、太多，这样可能让别人听起来不舒服。"康康马上说："就是《弟子规》里的'话说多，不如少'吗？"再如，妈妈讲庄周梦蝶的故事时，康康突然问："妈妈，是不是我们读的'庄周梦化蝶，吕望兆飞熊'？"诸如此类的例子很多。

【分析】《三字经》《弟子规》《声律启蒙》《笠翁对韵》等蒙学经典是中华传统智慧的结晶，涉及天文地理、历史典故、宗教哲学、礼仪道德、风土人情、花草树木、虫鱼鸟兽、服饰器物等方面。书中韵文节奏明快、音韵和谐悠婉，对仗句式丰富且呈现出变化，意境优美，若婴幼儿经常听、诵，便可受到音韵、对仗、词汇等方面的训练。除此之外，蒙学经典内容里蕴含着丰富的道德教育内容、名人故事等，可以培养孩子的优秀品质。

三　婴幼儿言语发展总体进程

0～3岁婴幼儿言语发展的总体进程如表5-1所示。

表5-1　0~3岁婴幼儿言语发展进程表

年龄	发展特点		
	言语知觉	言语发音	交际倾向
0~3个月	①当有声音出现时，会有所反应；②人声和其他声音出现的时候更关注人声，特别喜欢听妈妈的声音；③能够寻找声源，听到突然的大声会有惊吓的反应	①在心情愉悦的时候能发出自言自语的喁喁声；②在与父母的游戏中能根据父母的行为发出应答性的声音；③在平时能发出类似元音的声音，如o、a等，在哭声中会发出ei、ou、ma的声音	生理需求得到满足后，会对成人的逗弄报以微笑，发出一些简单的音节来吸引成人的注意
4~6个月	①当他人用愉悦的声音说话的时候，能够用微笑应对；②当他人用生气的语调说话的时候，会做出伤心的表情；③会根据声音寻找说话者，喜欢听爸爸、妈妈等主要照料者的声音	①能够发出连续的音节，如ba-ba、bu-bu，哭的时候会发出mum-mum的声音；②能够模仿成人的简单发音	①能对成人的语言做出一些肢体动作；②在交流中能以"一问一答"的模式作答
7~9个月	①能够理解成人的语言，目光会转向成人所指物；②能辨别一些熟悉物体的名称	①会发出重复的音节，如ma-ma、ba-ba等；②在音调上有升调，出现辅音，如x、j、q；③能够模仿他人发出声音	①有小儿语的表现，能和同伴愉快交流；②会用简单的叠音配合动作向成人指出想要的东西；③会用简单的手势或发音跟他人打招呼、道别，出现指物现象
10~12个月	①当成人发出具体言语指令时，能够转头看过去；②受到成人的鼓励会不断重复该动作	①模仿一些非语言的声音，如咳嗽声；②能够说出有意义的单词，如"妈妈"	①理解常见的简单命令性语言，如"坐下"；②初步理解一些关于吃的、玩的、家人名字等新单词；③能摇头表示不要
13~18个月	①能模仿成人的简单语言，能够听懂5~10个常用物品名称；②能够理解简单的语句并在语句的提示下完成相应的动作，如"把杯子给妈妈"；③能够听懂并指出自己身体的各个部分，喜欢翻图画书并指点相关图片	①会说8~20个单词；②会对所看到的物体进行命名，命名的时候伴随着语言泛化现象	①会主动跟人打招呼和说再见；②在有需要（如饿了）的时候会用简单的语言跟妈妈说

（续表）

年龄	发展特点		
	言语知觉	言语发音	交际倾向
19~24个月	①能执行有两个动作要求的命令，如"把球拿过来"；②能够理解一些形容词及常用动词，能够理解少数表示方位的名词，如"上面"等	①能用20~25个词进行日常说话，能够说出由两个单词组成的句子；②能说自己的名字，开始使用"你""我"等代词	①能仅靠语言与人交流；②能进行简单的交际会话
25~30个月	①经常提出"为什么"等问题；②说的话未被成人听懂时会有挫败感，能理解成人说话；③喜欢反复听一个故事	①能用三词句或四词句与人交谈，能重复成人说出的由4~5个单词组成的句子，喜欢模仿成人说话；②会使用否定句，电报句现象明显	有事会请求成人帮助
31~36个月	①能理解并正确回答"谁""什么"等问题；②能理解上、下、里、外等方位词；③能理解表达时间的词语，如"马上"等	①会说出自己的姓名、年龄、性别、喜好等；②能说出五词句、六词句等较为复杂的句子；③会用语言描述物体的形状、大小和颜色等方面的特征，能说出一些数量词	①会说"请""谢谢"等礼貌词；②能用语言向成人提要求

学习情境与实践项目

学习情境　创设促进婴幼儿言语发展的环境

一、情境导入

贝贝托育园新学期招收了8个2岁半左右的幼儿，经过入托两周时间的观察，萌萌老师发现幼儿的语言表达能力存在一定的差异：有的幼儿只会用单音字表达需求，有的幼儿会说两三个字的短句，个别幼儿已经能说较为完整的短句了。所以萌萌老师计划针对幼儿的情况，制订一个详细的家园共育的言语活动计划并实施，帮助幼儿提升言语表达能力。

二、任务描述

请你扮演托育机构的老师，创设言语环境和实施一系列语言活动，促进婴幼儿言语能力发展。

三、学习成果目标

（一）知识目标

（1）能深入理解0～1岁婴儿和1～3岁幼儿在言语发展过程中的主要特点，包括发音准备、语言理解、词汇增长等方面的具体表现。

（2）能理解言语在婴幼儿交流、概括和调节心理及行为方面的重要作用，理解言语发展如何促进婴幼儿的社会化和认知能力发展。

（二）技能目标

（1）能运用所学知识，分析不同年龄段的婴幼儿在言语表达上的具体表现，识别其言语发展的阶段和特征。

（2）能将言语发展的理论知识与实际应用相结合，评估婴幼儿言语发展的水平，设计并实施适合婴幼儿的语言小游戏或训练活动，以促进其言语能力的发展。

（三）思政素质目标

（1）通过了解婴幼儿言语发展的重要性，增强社会责任感，关注婴幼儿教育和发展，为培养健康、有能力的社会成员贡献力量。

（2）在探讨婴幼儿言语发展的过程中，培养同理心和人文关怀精神，尊重每个婴幼儿的个体差异和发展需求，关注其全面发展。

（3）通过系统学习婴幼儿言语发展的科学知识和方法，培养科学精神，能以科学、严谨的态度对待婴幼儿教育和研究工作。

（4）强调言语发展在婴幼儿整体发展中的重要作用，认识到婴幼儿全面发展的重要性，鼓励其在教育实践中注重婴幼儿的综合素质培养。

四、工作过程

（一）资讯

（1）收集信息：了解婴幼儿言语发展经历了哪几个阶段？

_____

_____

_____

（2）列举：婴幼儿言语发展会受到哪些因素影响？

_____

_____

_____

（二）计划

（1）项目目标制订。

_____

_____

（2）列出托育机构为婴幼儿创设言语环境的物质准备和精神准备。

_____

_____

（3）制订计划：根据托育机构中1~3岁的幼儿言语发展水平，制订促进他们言语表达能力发展的室内环境创设计划。

_____

_____

（三）决策

（1）在制订婴幼儿言语发展促进计划时，应如何把握不同年龄段婴幼儿的言语发展特点？

_____

_____

（2）小组讨论：面对婴幼儿在言语发展中的个体差异，应如何调整教学策略以满足不同需求？

_____

_____

（3）如何营造积极的言语表达氛围？

_____

_____

（四）执行

（1）室内环境创设实施。

_____

_____

（2）室内环境创设材料采购与准备。

_____

_____

（3）教师培训。

_____

（4）活动过程安排。

（5）家园沟通。

（6）言语训练活动实施。

（五）监督

记录与反馈：记录婴幼儿在活动中的参与情况和进步，定期向家长和团队成员提供反馈。检验创设的室内环境是否达到了预期的活动目标，如果没有，应该如何改进？

（六）评估

（1）反思：在进行婴幼儿言语室内环境创设过程中，以下是对执行情况的反思，包括做得好的方面和需要改进的地方。

优势：	不足：

（2）效果评估：通过观察、家长反馈和婴幼儿言语表达的进步来评估活动的效果。

（3）数据收集：收集有关婴幼儿言语发展的数据，如发音准确度、句子长度、句式表达能力等。

_____

_____

（4）教师反馈：收集教师对活动执行的看法和建议，了解哪些方面需要改进。

_____

_____

（5）家长满意度调查：通过问卷或访谈的方式，了解家长对托育机构言语环境和活动的满意度。

_____

_____

（6）自我反思：进行自我反思，思考哪些活动最有效，哪些需要改进。

_____

_____

（7）改进计划制订：根据评估结果，制订改进计划，以提高未来活动的质量和效果。

_____

_____

（8）持续改进：将评估和反馈纳入持续改进的循环中，不断提升托育机构的言语教育环境和活动。

_____

_____

_____

（9）成果分享：与家长和教育界同行分享成果，推广有效的教育实践。

_____

_____

_____

五、学习成果评价表

知识目标如表5-2所示。

表5-2　知识目标

序号	学习成果	评价维度	评价标准	学生自评	小组互评	教师评价
1	阐释婴幼儿言语发展特点	理解程度	能够深入理解0～1岁婴儿和1～3岁幼儿在言语发展过程中的主要特点，包括发音准备、语言理解、词汇增长等方面的具体表现	□优秀 □良好 □一般 □需改进	□优秀 □良好 □一般 □需改进	□优秀 □良好 □一般 □需改进
2	能理解言语在婴幼儿心理发展中的作用	知识掌握	能理解言语在婴幼儿交流、概括和调节心理及行为方面的重要作用，理解言语发展如何促进婴幼儿的社会化和认知能力发展	□优秀 □良好 □一般 □需改进	□优秀 □良好 □一般 □需改进	□优秀 □良好 □一般 □需改进

技能目标如表5-3所示。

表5-3　技能目标

序号	学习成果	评价维度	评价标准	学生自评	小组互评	教师评价
1	观察和评估婴幼儿的言语发展	理实运用	能结合婴幼儿发展的言语理论和特点，观察与评估婴幼儿的言语发展情况；能根据观察结果调整教育策略	□优秀 □良好 □一般 □需改进	□优秀 □良好 □一般 □需改进	□优秀 □良好 □一般 □需改进
2	创设针对不同年龄段婴幼儿的言语发展的环境，以促进他们的言语能力发展	组织能力	能分析婴幼儿言语发展的水平；能根据婴幼儿特点制订个性化的游戏活动	□优秀 □良好 □一般 □需改进	□优秀 □良好 □一般 □需改进	□优秀 □良好 □一般 □需改进

思政素质目标如表5-4所示。

表5-4 思政素质目标

序号	学习成果	评价维度	评价标准	学生自评	小组互评	教师评价
1	对婴幼儿发展的同理心和人文关怀	科学儿童观	尊重每个婴幼儿的个体差异和发展需求，关注其全面发展	□优秀 □良好 □一般 □需改进	□优秀 □良好 □一般 □需改进	□优秀 □良好 □一般 □需改进
2	形成社会责任感以及细心观察、耐心引导、科学严谨的教育品质	社会责任	能为家庭和社会贡献自己的力量；认同教育者在婴幼儿成长过程中的重要作用；能用爱心和责任心对待婴幼儿的成长过程；能以严谨的态度对待婴幼儿教育和研究工作	□优秀 □良好 □一般 □需改进	□优秀 □良好 □一般 □需改进	□优秀 □良好 □一般 □需改进

附加评价说明：

1. 评价周期：建议每个项目结束后进行一次全面评价。
2. 反馈机制：教师应提供具体、有建设性的反馈，帮助学生了解自己的优势和需要改进的地方。

实践项目 设计婴幼儿言语发展的教育方案

一、情境导入

潼心托育机构最近迎来了一位新伙伴圆圆。圆圆19个月了，但是萌萌老师发现她不开口说话，每次有需求都是用肢体、哭声、眼神来表达。通过了解，原来因为圆圆父母外出工作，所以她一直由奶奶照料。奶奶既要忙家务又要照顾孩子，精力和耐心都比较有限。为了避免圆圆哭闹，只要圆圆用眼神、动作表达了想法，奶奶便第一时间满足她的需求，结果导致圆圆一直不开口说话，言语发展能力明显落后于同龄的孩子。

二、任务描述

在本章开头，早教中心里19个月的圆圆因为奶奶的照料方法不科学，从而

导致言语发展落后于同龄的小朋友。请你结合本章学到的内容，假设你是萌萌老师，请你设计一个促进圆圆言语发展的教育方案。

三、学习成果目标

（一）知识目标

（1）能解释婴幼儿言语发展的关键阶段：识别并描述婴幼儿在言语发展中的各个关键阶段，包括0～1岁和1～3岁的言语发展。能通过思维导图或时间线展示婴幼儿言语发展的各个阶段。

（2）制订促进婴幼儿言语发展的教育策略：能列举不同月龄段语言教育策略，用于促进婴幼儿在不同认知领域的发展。创建策略应用的案例。

（二）技能目标

（1）设计和实施教育活动的能力：能根据婴幼儿的言语发展水平，设计并执行至少一项有针对性的教育活动，并对其进行效果评估。收集活动设计文档资料和实施过程的照片或视频。

（2）数据分析与反思能力：能收集和分析婴幼儿在教育活动中的表现的描述与数据，并基于这些描述与数据进行反思和提出改进建议。使用图表或表格展示数据收集和分析结果。

（三）思政素质目标

（1）沟通与协作能力：能在团队中有效沟通，与婴幼儿家长和教育团队成员协作，共同促进婴幼儿的言语发展。展示团队会议记录、家长反馈和协作成果。

（2）专业责任感和自我驱动能力：能展现出对婴幼儿教育的专业责任感，主动学习新知识，不断自我提升，并在实践中应用所学。记录自我学习计划、学习笔记和实践应用案例。

四、工作过程

（一）资讯

（1）问答：请简述1～3岁幼儿的言语发展特点，并阐述1～3岁幼儿言语发展的趋势。

_____

_____

（2）分析：圆圆言语发展能力落后于同龄小朋友的原因有哪些？

_____

_____

（3）了解圆圆的年龄特点、兴趣、认知、言语、社会性发展水平和其家长的期望。

_____

_____

（4）评估可用的资源，包括教师、设施、教玩具和材料。

_____

_____

（5）政策和标准：确保方案符合教育政策和婴幼儿言语发展的标准。

_____

_____

（二）计划

（1）目标设定：根据婴幼儿的言语发展阶段特点，设定具体的、可衡量的言语发展目标。

_____

_____

（2）活动设计：设计一系列活动，如日常生活场景创设、亲子阅读、儿歌接读、主题表达等。

_____

_____

（3）物质准备：列出所需的玩具、教具、环境布置等物质资源。

_____

_____

（三）决策

（1）环境设计：决定如何布置托育机构的环境以促进婴幼儿的言语发展。

_____

_____

（2）材料选择：选择适合婴幼儿言语发展阶段的材料和玩具。

_____

_____

（3）方法确定：确定教学方法，如日常情境交流、游戏互动、亲子阅读、主题交流等。

_____

_____

（四）执行

（1）活动实施：按照计划开展各项活动。

_____

_____

（2）教师培训：确保教师了解活动的目的和执行方法。

_____

_____

（3）家长参与：鼓励家长参与亲子活动，提供支持。

_____

_____

（五）监督

（1）日常监督：监控活动的执行情况和婴幼儿的参与度。

_____

_____

（2）安全检查：确保活动环境和材料的安全性。

_____

_____

（3）进度跟踪：跟踪婴幼儿的发展进度，确保目标的实现。

_____

_____

_____

（六）评估

（1）效果评估。

_____

_____

（2）数据收集。

_____

_____

（3）反馈循环。

_____

_____

五、学习成果评价表

知识目标如表5-5所示。

表5-5 知识目标

序号	学习成果	评价维度	评价标准	学生自评	小组互评	教师评价
1	能解释婴幼儿言语发展的关键阶段	理解程度	识别并描述婴幼儿在言语发展中的各个关键阶段，包括0~1岁和1~3岁言语发展；能通过思维导图或时间线展示婴幼儿言语发展的各个阶段	□优秀 □良好 □一般 □需改进	□优秀 □良好 □一般 □需改进	□优秀 □良好 □一般 □需改进
2	制订促进婴幼儿言语发展的教育策略	应用能力	能列举不同月龄段语言教育策略，用于促进婴幼儿在不同言语阶段的发展；创建策略应用的案例	□优秀 □良好 □一般 □需改进	□优秀 □良好 □一般 □需改进	□优秀 □良好 □一般 □需改进

技能目标如表5-6所示。

表5-6　技能目标

序号	学习成果	评价维度	评价标准	学生自评	小组互评	教师评价
1	设计和实施教育活动的能力	执行能力	能够分析不同年龄段的婴幼儿在言语表达上的具体表现，识别其言语发展的阶段和特征；能够将言语发展的理论知识与实际应用相结合，评估婴幼儿言语发展的水平，设计并实施适合婴幼儿的语言小游戏或训练活动，以促进其言语能力的发展	□优秀 □良好 □一般 □需改进	□优秀 □良好 □一般 □需改进	□优秀 □良好 □一般 □需改进
2	数据分析与反思能力	分析能力	能收集和分析婴幼儿在言语教育活动中的表现描述与数据，并基于这些描述与数据进行反思和提出改进建议；使用图表或表格展示数据收集和分析结果	□优秀 □良好 □一般 □需改进	□优秀 □良好 □一般 □需改进	□优秀 □良好 □一般 □需改进

思政素质目标如表5-7所示。

表5-7　思政素质目标

序号	学习成果	评价维度	评价标准	学生自评	小组互评	教师评价
1	沟通与协作能力	沟通协调	能在团队中有效沟通，与婴幼儿家长和教育团队成员协作，共同促进婴幼儿的言语发展；展示团队会议记录、家长反馈和协作成果	□优秀 □良好 □一般 □需改进	□优秀 □良好 □一般 □需改进	□优秀 □良好 □一般 □需改进
2	专业责任感和自我驱动能力	专业素养	能展现出对婴幼儿教育的专业责任感，主动学习新知识，不断自我提升，并在实践中应用所学；记录自我学习计划、学习笔记和实践应用案例	□优秀 □良好 □一般 □需改进	□优秀 □良好 □一般 □需改进	□优秀 □良好 □一般 □需改进

附加评价说明：

1. 评价周期：建议每个项目结束后进行一次全面评价。

2. 反馈机制：教师应提供具体、有建设性的反馈，帮助学生了解自己的优势和需要改进的地方。

单项选择题

1. "小宝宝学唱歌"的游戏是婴儿（　　　）训练。

　　A. 发音　　　　　　B. 动作　　　　　C. 指认　　　　　D. 阅读

2. 儿童口语明显落后于同龄儿童，到相应年龄仍不能讲完整的句子，甚至仅能讲少数单词，有的表现为讲话词不达意或构音不清，这种情况被称为（　　　）。

　　A. 语言发育迟缓　　B. 口吃　　　　　C. 语言落后　　　D. 智力落后

3. 帮助1～2岁婴幼儿增加词汇，指导时要（　　　），多说几遍，并且鼓励婴幼儿把听懂的话说出来。

　　A. 用生动的语言、温柔的声音　　　　B. 用复杂的语言、生硬的声音

　　C. 加重语气，突出每次新出现的词汇 D. 用优美的语言、柔和的声音

4. 关于幼儿进行看图讲故事练习描述正确的是（　　　）。

　　A. 成人讲述几遍后，让幼儿复述，熟练后由幼儿讲述给成人听

　　B. 让幼儿想象着编故事，成人讲述给幼儿听

　　C. 成人讲故事的速度要快，词语越是华丽越好

　　D. 成人讲故事时可以让幼儿一边玩一边听

5. （　　　）是儿童语言迅速发育的重要时期。

　　A. 1～3岁　　　　　B. 2～4岁　　　　C. 3～6岁　　　　D. 5岁

6. 训练2～3岁婴幼儿听和说能力，可以指导婴幼儿练习说完整的句子，学会使用包括（　　　）的句子。如"我要喝水"。

　　A. 主语、宾语、定语　　　　　　　　B. 主语、谓语、宾语

　　C. 主语、谓语、定语　　　　　　　　D. 主语、状语、宾语

7. 选择与改编0～1岁婴幼儿听和说游戏的要求是加强婴儿（　　　）的训练。

　　A. 观察和表达能力　　　　　　　　　B. 说话和听话能力

　　C. 听力与发音能力　　　　　　　　　D. 增加词汇量

8. 要与婴幼儿说（　　　），这样容易使婴幼儿明白语言与事物之间的联系，并容易记住。

　　A. 没见过的事　　　　　　　　　　　B. 稀奇的事

C．不在眼前的东西　　　　　　　　D．看得见的东西和正在做的事情

9．1岁7个月至2岁婴幼儿已会说出许多卡片和实物的名称，很有成就感，并对卡片的名称进行（　　）。

　　A．想象　　　　　B．联想　　　　　C．比喻　　　　　D．再造

10．2岁7个月至3岁婴幼儿喜欢问为什么，喜欢思考问题，看图书时（　　）。

　　A．不会回答问题　　　　　　　　B．能回答简单的问题

　　C．能回答较复杂的问题　　　　　D．能回答复杂的问题

11．2～3岁的婴幼儿语言发展处于以下哪个阶段？（　　）

　　A．单词句阶段　　B．多词句阶段　　C．简单句阶段　　D．完整句阶段

12．早期阅读不仅促进了幼儿口头语言的发展，更能让幼儿在阅读过程中有机会接触（　　），发展幼儿的语言技能，丰富其词汇量。

　　A．书面语言　　　B．日常语言　　　C．复杂语言　　　D．简单语言

13．婴儿在（　　）个月时，语言理解能力、表达能力均逐渐增强，开始听懂一些与自己有关的日常生活指令，除了会用肢体语言表达想法，还能说出几个有意义的词，如"爸爸""妈妈"或自创一些词语来指代事物。

　　A．1～3　　　　　B．4～6　　　　　C．7～9　　　　　D．10～12

14．为婴幼儿选择发展听说能力的图书的要求是（　　）。

　　A．图书的内容要符合婴幼儿的认知水平

　　B．图书的内容情节复杂

　　C．图书的背景丰富

　　D．图书的构图清晰，线条简单

15．学习语言的最佳时期是（　　）。

　　A．0～6个月　　　B．0～1岁　　　C．0～3岁　　　D．学龄期

第六章

婴幼儿的情绪情感发展

6

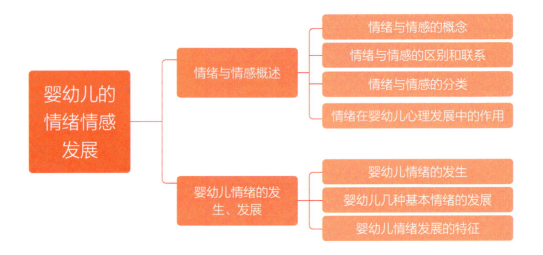

思维导图

婴幼儿的情绪情感发展
├── 情绪与情感概述
│   ├── 情绪与情感的概念
│   ├── 情绪与情感的区别和联系
│   ├── 情绪与情感的分类
│   └── 情绪在婴幼儿心理发展中的作用
└── 婴幼儿情绪的发生、发展
    ├── 婴幼儿情绪的发生
    ├── 婴幼儿几种基本情绪的发展
    └── 婴幼儿情绪发展的特征

学习成果目标

（一）知识目标

（1）能清晰阐述婴幼儿情绪和情感的概念、区别和联系，识别并解释不同年龄段婴幼儿情绪和情感的具体表现。

（2）能准确阐释情绪在婴幼儿心理发展中的作用。

（3）能举例说明情绪和情感在婴幼儿日常生活中的实际应用，如适应生存、人际交流等。

（二）技能目标

（1）能根据婴幼儿情绪和情感的发展特点，选择合适的活动或游戏，并通过观察和记录，评估婴幼儿情绪和情感的发展情况。

（2）能创造适宜的环境，运用适当的策略，有效引导婴幼儿情绪和情感的发展。

（3）能根据婴幼儿的情感和情绪发展特点，制订个性化的教育方案，促进婴幼儿的全面发展。

（三）思政素质目标

（1）能养成科学的婴幼儿教育理念，尊重婴幼儿的情绪和情感发展规律，关注婴幼儿的个体差异和全面发展。

（2）形成细心观察、耐心引导的教育品质，以爱心和责任心对待婴幼儿的成长。

（3）能在团队中与他人协作，与同伴、家长等共同完成项目任务，促进婴幼儿情绪和情感的发展。

（4）能表现出对婴幼儿教育事业的热情和使命感。

第一节　情绪与情感概述

哭泣的宝宝

镜头一：托育中心里，2岁的睿睿正在被妈妈吃力地抱进活动室，然后开始大哭大叫，在地上打滚，还随手扔东西，妈妈离开后，睿睿对老师反复说着："我要妈妈""我要回家"……

镜头二：晴晴2岁了，早晨进入托育园时情绪反应不是很强烈，但有时候会发现她在活动室默默流泪，也不愿意参加游戏活动，到了吃饭和睡觉时间就哭，看到别的家长来接孩子也会哭。

上述镜头中，睿睿和晴晴表现出哪些情绪？为什么会有这些表现？

 知识导读

❤ 一　情绪与情感的概念

情绪与情感是指人对客观事物所持的态度、主观体验及相应的行为反应。

人们在日常生活中会不断地遇到各种大大小小的刺激情境，情绪与情感便由此产生了。如获得成功时喜悦、受到侮辱时愤怒、遭遇冷落时难过、遇到险情时惊恐等，这些喜怒哀乐等反应都是人的情绪情感的不同表现形式。每个人的认知水平、兴趣爱好、观念理念不同，于是对所接触到的事物和事件就会抱有不同的看法和态度，产生不同的主观体验和行为反应。

一般来说，人对客观事物所持有的态度取决于该事物是否满足人的需要。当需要得到满足时，人们就会产生快乐、喜欢、爱、满足、尊重等内心体验；当需要没有得到满足时，人们就会产生愤怒、憎恨、焦虑、忧伤、恐惧、痛苦等内心体验。这些内心体验反映客观事物与主体需要之间的关系，是个体与环境之间某种关系的维持或改变。

二　情绪与情感的区别和联系

一般情况下，情绪与情感是时刻联系在一起的统一体，尽管如此，二者仍存在一定的差异。通常人们认为，情绪是指那些与生理需要（饮食、睡眠、安全等）相联系的内心体验，如由于睡眠的需要是否满足而引起的惬意或烦躁，由于安全的需要是否满足而引起的安定或恐慌等。而情感一般是指那些与社会需要（道德、教育、劳动、娱乐、交往等）相联系的内心体验，如爱国主义、责任感、爱情、友谊等。

（一）情绪与情感的区别

1. 产生的基础不同

情绪主要是与人的生理需要相关联的。当人的某种生理需要得到满足时，就会产生愉快、舒适等积极的情绪体验，反之，则产生焦虑、愤怒、怨恨等消极的情绪体验。婴幼儿的情绪主要与是否饥饿、口渴、困倦，温度是否适宜等生理性需要相关联。

问答卡片：

常言道："人非草木，孰能无情？"这里的"情"是指情绪还是情感？

情感则是与人的高级社会性需要相联系的，如友谊、道德感、美感及理智感等都是在人与人交往中，在社会文化生活中产生的情感体验。它是个体通过一定的社会实践才逐渐形成的，因此情感的发生多与交往、求知、人生追求等社会性需要相关联。

2. 产生的时间不同

情绪发生较早，是人和动物共有的，而情感体验则是人类特有的，是个体发展到一定年龄阶段才产生的。比如，婴儿一出生就具有哭、笑等情绪表现，但并

没有道德感、责任感、美感等情感体验。情感是随着人的年龄增长而逐渐发展起来的，是人在社会化过程中产生的。

3. 稳定性不同

情绪一般不稳定，持续时间较短，容易随环境的变化而变化，如在紧急状态下的紧张、恐惧等情绪。情感则一般持续时间较长，是一种与高级社会性需要相联系的较复杂且稳定的内心体验。

（二）情绪与情感的联系

情绪与情感虽有区别，但它们又是密切相关的。一方面，情绪受情感的制约和调节。一个人的情绪不是在任何场合和地点都会毫无顾忌地表现出来的，往往受到情感的制约与影响。另一方面，情感是在情绪的基础上形成并在各种变化着的情绪中表现出来的。因此，从某种意义上说，情绪是情感的外部表现，情感是情绪的本质内容。

三 情绪与情感的分类

（一）情绪的分类

1. 情绪的基本分类

《礼记》中记载，人有"七情"，即喜、怒、哀、惧、爱、恶、欲七种情绪。美国心理学家罗伯特·普拉奇克（Robert Plutchik）将人的基本情绪分为恐惧、惊讶、悲痛、厌恶、愤怒、期待、快乐和接受八种。如今人们普遍认为，情绪主要有快乐、愤怒、悲哀、恐惧这四种基本情绪。

2. 情绪状态的分类

情绪状态是指个体在一定的事件的影响下，在一段时间内各种情绪体验的一般特征表现。根据情绪发生的强度、持续时间和紧张度，我们可将其分为心境、激情和应激。

（1）心境。

心境是一种具有感染性的、较平稳和持久的情绪状态，也叫心情，如心情舒畅或郁郁寡欢，兴高采烈或无精打采等。心境不是关于某一特定事物的体验，而是由一定的情境唤起后在一段时间内对各种事物态度的体验。人们在处于某种心境的时候，对待周围事物的态度也会受到这种心境的情绪状态的感染，使自己的其他活动也染上某种情绪色彩。如人们常说"人逢喜事精神爽"，即人们在遇到喜事的时候会觉得事事顺心，在很长一段时间内保持着愉快的心情。而碰到不如意的事情会忧心忡忡，觉得周围的一切都令人烦恼。杜甫在《春望》中写的"感时花溅泪，恨别鸟惊心"就是这种心境的体现。

（2）激情。

激情是一种迅速、短暂而又强烈的情绪状态。激情常由强烈的欲望和明显的刺激所引起，人们在生活中的狂喜、暴怒、绝望和惊厥等都是激情的表现。

（3）应激。

应激是由危险的或出乎意料的突发事件所引起的一种情绪状态。如人们在遇到火灾、地震、车祸、抢劫等危险时产生的紧张、害怕的情绪状态，就是应激状态。个体对应激的反应有两种表现：一种是活动抑制或完全紊乱，甚至发生感知记忆的错误，表现出不适应的反应，如目瞪口呆，手忙脚乱，陷入窘境；另一种是调动各种力量，活动积极，以应对紧急情况，如急中生智，行动敏捷，摆脱困境。在应激状态下，身体内部发生激烈变化，肾上腺素及各腺体分泌增加，身体活力增强，使整个身体处于充分动员状态，以应对意外的变化。长期处于应激状态对人的健康不利，甚至会有生命危险。

（二）情感的分类

情感是与人的社会性需要相联系的体验。人的社会性情感主要有道德感、理智感和美感。

1. 道德感

道德感是一个人对自己或他人的动机、言行是否符合社会一定的道德行为准则而产生的一种内心体验。道德感是随着社会实践活动发生和发展的，不同的时代、不同的社会制度具有不同的道德标准。如我国的社会主义核心价值观中的"爱国、敬业、诚信、友善"都是道德感的主要内容。

拓展阅读

孔融让梨是大家耳熟能详的故事。这则故事出自《后汉书·孔融传》中李贤注引《融家传》："兄弟七人，融第六，幼有自然之性。年四岁时，每与诸兄共食梨，融辄引小者。大人问其故，答曰：'我小儿，法当取小者。'由是宗族奇之。"在这里，孔融让梨就是出于一种道德感。

2. 理智感

理智感是在智力活动过程中，认识和评价事物时所产生的情感体验。学前儿童的理智感一般在5岁左右时明显地发展起来，突出表现在他们很喜欢提问题，并由于提问和得到满意的回答而感到愉快。同时，他们也喜爱进行各种智力游戏，如脑筋急转弯、猜谜语、下棋等，这些既可以满足他们的求知欲和好奇心，又有助于促进他们理智感的发展。

3. 美感

美感是人们按照一定的审美标准来评价事物时产生的情感体验。人们会对符合自己审美标准的事物产生一种愉悦的体验，表现出对该事物强烈的倾向性，所以，美感体验有时也能成为人的行为的推动力。美感主要由两方面引起：一方面由客观景物引起，如看到祖国大好河山的壮丽和故宫的辉煌绚丽，从而体验到大自然的美和人的创造之美；另一方面由人的容貌举止和道德修养引发，甚至一个人的善良、淳朴、率直、坚强等品性，比身材和外貌更能体现人性之美。

四　情绪在婴幼儿心理发展中的作用

（一）情绪是婴幼儿适应生存的重要心理工具

婴儿先天就具有情绪反应的能力。在婴儿早期，他们与成人之间的沟通信号不是语言，而是感情性信息的应答。婴儿的生存应当说是被动的，是靠成人给予的；但婴儿的适应能力又使他处于主动地位，这一主动性就来自先天的情绪感应能力。比如，新生儿以哭声反映身体需要，以皱眉、摆头表示厌恶、拒绝等。在婴儿早期，这些反应迅速进入社会化进程中，不仅在需要的情况下发挥作用，而且具有心理与社会含义。比如，4个月的婴儿不仅在饥饿时哭泣，还以哭泣呼唤成人来陪伴；微笑不仅意味着机体的生理运作处于平衡状态，也意味着需要成人与之接近。通过情绪信息在母亲与婴儿之间传递，婴儿才能从成人那里得到最恰当的哺育，如图6-1所示。在这个过程中，婴儿的身体得以生长，情绪情感也得到发展。

图6-1　婴儿与母亲的情绪互动

（二）情绪是婴幼儿进行人际交流的重要手段

婴儿从出生后不久就开始以面部表情传递感情信息，向成人"通报"他们的机体状态和需要。在婴儿学会爬行和步行以后，成人与婴儿间情绪信号的交流还是婴儿学习、经验获得和认知发展的媒介。此时，婴儿已学会"读懂"妈妈的面孔，每当婴儿遇到不确定情境时，均能从妈妈的面孔上寻找信息以决定自身的行为，这就是情绪的"社会参照作用"（孟昭兰，1989）。

> **问答卡片：**
>
> 你能举出父母的情绪情感对婴幼儿心理发展产生影响的事例吗？与同学们一起分享一下吧！

（三）情绪能促进婴幼儿个性的形成

婴幼儿的情绪情感对其个性的形成有很大的影响。婴幼儿在反复受到特定刺激的影响时，会反复体验到同一种情绪状态，这种情绪状态逐渐稳固下来后，就形成了其较为稳定的情绪特征。情绪特征是性格的重要组成部分，研究表明，婴幼儿如果长期受到父母或其他亲人的关注和爱抚，容易形成自信、开朗等性格特征，反之则容易形成胆怯、孤僻等性格特征。情绪的发展不仅影响婴幼儿智力和个性的形成与发展，甚至影响到其成年后的行为。早期的情绪伤害可能导致怪癖和异常行为的出现。

第二节　婴幼儿情绪的发生、发展

情境导入

"不，不吃包子，我要吃冰淇淋。" 2岁的小男孩杨杨在跟妈妈发脾气。杨杨妈妈在一边耐心地哄他，奈何2岁的小家伙不为所动，坚持要吃冰淇淋。杨杨妈妈拗不过他，给他买了一个小小的甜筒，杨杨这才咧嘴笑了。杨杨妈妈感慨，2岁的杨杨真是不得了，动不动就说"不"，发起脾气来更是让她头疼。孩子们的"可怕的2岁"，前一秒开怀大笑，下一秒号啕大哭，2岁娃秒变脸，教育工作者和父母如何应对？

知识导读

 一　婴幼儿情绪的发生

观察和研究普遍表明，初生的婴儿就有情绪反应，如新生儿有时哭，有时安静，有时四肢舞动，都可以称为原始的、基本的情绪反应。婴儿在出生一段时间后，在生理成熟和后天环境的作用下，情绪不断分化。美国著名情绪发展研究专家伊扎德（Izard）认为婴儿出生时具有五大情绪：惊奇、痛苦、厌恶、最初步的微笑和兴趣。

 拓展阅读

个体情绪发生时间如表6-1所示。

表6-1　个体情绪发生时间表[1]

情绪类别	最早出现时间	诱因	经常显露时间	诱因
痛苦	出生后	身体痛刺激	出生后	
厌恶	出生后	味刺激	出生后	
微笑	出生后	睡眠中，内部过程节律反应	出生后	
兴趣	出生后	新异性光、声和运动物体	3个月	
社会性微笑	3～6周	高频人语声，人的面孔出现	3个月	熟人面孔出现，面对面玩耍
愤怒	2个月	药物注射痛刺激	7～8个月	身体活动受限制
悲伤	3～4个月	治疗痛刺激	7个月	与熟人分离
惧怕	7个月	从高处降落	9个月	陌生人或新异性较大的物体出现，如带声音的运动玩具出现
惊奇	1岁	新异物突然出现	2岁	同上
害羞	1～1.5岁	熟悉环境中陌生人出现	2岁	熟悉环境中陌生人出现
轻蔑	1～1.5岁	欢快情况下显示自己的成功	3岁	欢快情况下显示自己的成功
自罪感	1～1.5岁	抢夺别人的玩具	3岁	做错事，如打破杯子

二　婴幼儿几种基本情绪的发展

人的情绪多种多样，其中笑是最基本的积极情绪，而哭和恐惧则是最基本的

---

[1]　孟昭兰. 人类情绪［M］. 上海：上海人民出版社，1989：254. 内容有删改。

消极情绪。了解婴幼儿的基本情绪，有助于成人及时获取婴幼儿的心理信息，进而积极反馈，促进婴幼儿情绪情感的健康发展。

（一）哭

啼哭是新生儿与外界沟通的第一种方式，表达其对持续的或超水平的不良刺激的痛苦感受，也是儿童表达个人需要的最初手段。啼哭具有明显的个体差异和性别差异，在不同的情境中，婴幼儿的表现也会有差异。如当被单独留在陌生房间时，1岁的婴幼儿可以成功地抑制住眼泪，但当母亲或其他监护人出现时，他会突然大声哭叫、泪如雨下。从引发情绪的事件和需求看，婴幼儿啼哭的发展经历了如下三个阶段。

第一阶段：生理激活阶段（出生后1个月）。

该阶段婴儿的哭泣通常为生理性啼哭，多由饥饿、寒冷或噪声等引起的身体不适所致。3~4周的新生儿哭泣时便有了明显的分化，有经验的父母可以从他们的哭声中听出是由于饥饿、便溺还是疲困。过度啼哭对保持新生儿体重不利，而适度哭闹对新生儿而言则是很好的运动方式。哭闹时，新生儿全身得到了运动，这对血液循环、消化和排泄都有帮助，能促进新生儿成长。

第二阶段：心理激活阶段（1~2个月）。

该阶段婴儿的哭声有了分化，表现为一种低频率的、无节奏的、没有眼泪的"假哭"现象。这是婴儿发出的"关注我"信号。当婴儿得到注意和照看时，"假哭"就会停止。6周时，母子对视，婴儿倾向于停止哭泣。这个阶段的哭泣与儿童的认知发展有密切关系，哭泣具有明显的操作性特征。面对这个阶段的婴儿的哭泣，成人要表现出更多的耐心。与婴儿进行身体接触可以明显缓解婴儿的痛哭。

第三阶段：有区别的哭泣阶段（2个月后）。

该阶段婴幼儿的哭是一种有区别的哭泣，这种哭泣其实是一种社会行为，反映了婴幼儿的某种社会需要，可以由不同的人来激活或终止。依恋对象（如母亲）往往是最能激活或中止婴幼儿哭泣的人。对于婴幼儿来说，身体的和心理的分离是引起痛哭的重要原因，身体的分离如与母亲别离，心理的分离如情感剥夺、精神虐待、在团体中受排斥、不为集体所接纳等。当依恋对象离开或不在身边时，成人应尽量分散婴幼儿的注意力，并给予适当安抚。

（二）笑

微笑是儿童快乐情绪的表达，也是其与人交往、吸引成人注意的基本手段。婴儿的第一次微笑不仅激荡着父母的心灵，也是其心理发展和快乐启程的重要里程碑。婴幼儿的微笑分为以下几个阶段。

第一阶段：自发的微笑（0～5周）。

婴儿嘴角偶尔上翘，眼睛周围的肌肉收缩，脸的其余部分仍保持松弛的状态，这就是最初的微笑，不易被发觉，但母亲经常能捕捉到。这种微笑是由婴儿自身的生理与心理状态产生的，并非源于外部的刺激，因此也称为内源性微笑。这与中枢神经系统，特别是髓鞘的发育有关。3周的婴儿可以表现出真正的微笑，这一时期引起微笑的有效刺激是人声，尤其是妇女的嗓音。而到了5周时，引起微笑的有效刺激就成为视觉形象，如人的眼睛、面孔等。

第二阶段：无选择的社会性微笑（从3～4周起）。

这个阶段开始，人的声音和人的面孔特别容易引起婴儿的微笑。婴儿经常睁大眼睛看向周围，特别注意人们的脸，且会清楚而明确地展现自己的笑容。1.5个月左右，这种笑更为频繁和明显。3个月的婴儿只要看到人脸就会绽露微笑。4个月的婴儿会对陌生人笑，不害怕陌生人，对新奇的事物（包括陌生人）显露出极大兴趣。此阶段的最大特点是逗引就可发笑，只要他高兴，不管对谁都会慷慨地露出笑容，这被称为"天真快乐反应"。"天真快乐反应"的出现，是婴儿主动进行社会交往的第一步，是心理发育上的一个飞跃。

第三阶段：有选择的社会性微笑（从5～6个月起）。

随着大脑的发育和认知能力的提高，婴儿能够区分出熟人的脸和其他人的脸，并做出不同的反应。比如面对熟人的脸婴儿会无拘无束地微笑，如图6-2所示，而面对陌生人的脸却带有戒备，不轻易展示微笑。5个月左右的婴儿注意陌生人的时间多于注意熟人的时间。5～7个月时，婴儿见到陌生人往往会出现一种严肃的表情，如图6-3所示。7～9个月时，婴儿见到陌生人时则会感到苦恼，如图6-4所示。

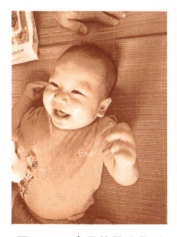

图6-2 6个月的婴儿见到
妈妈开心大笑

图6-3 7个月的婴儿见到
陌生人表情严肃

图6-4 8个月的婴儿见到
陌生人非常苦恼

（三）恐惧

恐惧是高等动物在发展过程中对现实或预想威胁的反应，具有进化价值，但对儿童来说具有很高的伤害性。一份调查资料表明：正常儿童中，90%以上存在着不同程度的恐惧体验；40%左右的2～4岁幼儿至少有1种恐惧；43%的6～12岁儿童有7种以上的恐惧。

> **问答卡片：**
>
> 你害怕什么东西？结合你的成长经历分析一下，你为什么会害怕这个东西？

引起婴幼儿恐惧的事件包括四大类：自然恐惧，如雷声、鞭炮声、从高处降落、动物等；陌生恐惧，如陌生人、陌生情境等；臆想恐惧，如影子、黑暗、鬼怪等；社会恐惧，如上幼儿园、被批评、看医生等。

儿童恐惧的发展大致经历了如下几个阶段。第一阶段（0～6个月）：强烈的感官刺激、失去支持等容易引起恐惧，如高分贝噪声。第二阶段（6～12个月）：与主要照料者分离或遭遇陌生人引起恐惧。第三阶段（1～6岁）：随着认知能力的发展，特别是儿童想象和思维的发展，开始对想象出来的东西或未知情况下的预想产生恐惧，如强盗、黑暗等。

（四）焦虑

焦虑经常与恐惧联系在一起，但焦虑不同于恐惧。恐惧有具体的对象和内

容，而焦虑只是一种朦胧的、游移的、不确定的心神不定。一个人的焦虑往往与他的整个心理状态相关。但儿童的焦虑往往与环境中的无助状态相联系，集中表现为陌生人焦虑和分离焦虑。

1. 陌生人焦虑

陌生人焦虑是指婴幼儿对陌生人的警觉反应。大多数婴幼儿在形成对亲人的依恋之前（即出生后的六七个月以前），对陌生人的反应通常是积极的。但从六七个月以后，他们开始害怕陌生人，8～10个月时最为严重，1岁以后强度逐渐减弱。但这种陌生人焦虑到2～4岁时还没有完全消失，尤其是在陌生环境里接近陌生人时，他们还会表现出警觉。

婴幼儿的这种陌生人焦虑具有重要的社会适应价值。从积极方面来看，陌生人焦虑首先能限制婴幼儿的交往范围和交往对象，使其避免受到可能的伤害，属于一种有效的自我保护机制；其次，陌生人焦虑反映了婴幼儿认知能力的发展，表明他们已能把熟人和陌生人区分开来，把熟悉的地方和陌生的地方区分开来，这是他们的认知发展和不断社会化的结果。

但是，陌生人焦虑也有消极作用。它会限制婴幼儿的正常活动，限制他们与别的孩子交往，削弱他们探究新人物和新环境的兴趣，减少许多有利于身体发育和心理发展的活动机会。婴幼儿随着身心的不断发展，交往技能和解决问题能力的不断提高，陌生人焦虑会逐步减弱。

2. 分离焦虑

分离焦虑是儿童与其依恋对象分离时产生的一种消极的情绪体验。大部分儿童从七八个月起，就会明显表现出这种分离焦虑。随着年龄的增长，分离焦虑的强度逐渐减弱。

在不同文化背景下被养育的儿童，最早出现分离焦虑的时间也不尽相同。北美和欧洲的婴儿一般在六七个月出现分离焦虑，而非洲乌干达和一些亚洲国家的婴儿在五六个月时就出现与母亲分离时的焦虑。

分离焦虑的出现，与儿童的不安全感有关。最初，这种焦虑的出现是具有特殊适应意义的。因为，它促使儿童去寻找他所亲近的人，或者发出信号呼唤亲人出现。这是儿童寻求安全感的一种有效方法。但是，长时间的分离焦虑容易导致儿童抵抗力下降，如刚入幼儿园的孩子很容易感冒、发烧、肚子疼，等等。

父母是儿童成长的守护者，但在实际生活中，父母与儿童片刻不分离是不可能的。在必须分离时，父母应该安排好稳定的替代看护，安排好孩子分离期间的生活和活动，向孩子说明分离原因，承诺并实践团圆的时间约定。让儿童适应适度的分离，是儿童社会化的重要内容。

 **案例分析**

周先生夫妇工作很忙，女儿7个月了，基本上由姥姥照看。他们平时跟女儿见面不多，但每个双休日，夫妻俩都会陪女儿，女儿也表现得特别乖巧。可是，每到星期一他们要上班时，女儿就立马"变脸"，十分烦躁，一整天都哭闹不止，怎么哄都没用。这种情况已经持续了两个月，且越来越严重。

【分析】这个孩子表现出了比较严重的"分离焦虑"症状，如果不加以重视和矫治，会影响孩子以后的生活，阻碍其身心健康发展，如上学后容易产生学校恐惧症、考试紧张症，成年后甚至可能出现急性或慢性焦虑症。现代父母的工作、生活压力大，和孩子相处的时间较少，所以孩子的分离焦虑倾向比较普遍。这种症状有时可持续几个月，甚至几年，父母最好利用休息时间增加与孩子的接触机会，尽量避免分离的时间过长，以缓解孩子的焦虑情绪。

 ## 三 婴幼儿情绪发展的特征

（一）婴幼儿情绪识别的发展特征

能够察觉别人的情绪并做出解释是一项很重要的技能，随着婴幼儿的成熟，他们在这方面的能力会越来越强。婴儿最早在什么时候开始能注意到他人的情绪并做出反应呢？对于这一点人们尚有争论。但有研究表明，3个月的婴儿已经不仅能通过母亲的面部表情和相应语调分辨出母亲高兴、悲伤或愤怒的情绪，而且能对母亲的快乐表情做出积极回应，并会因为母亲的愤怒或悲伤而情绪低落。大约在6个月的时候，婴儿可以解读主要照料者的表情，并用以调整自己的行为。

克林勒特和坎波斯（Klinnert & Campos）指出，婴幼儿识别情绪的能力是逐步发展起来的。他们将1岁前婴儿识别表情的水平分为四个阶段。

阶段一：无面部知觉（0~2个月）。

婴儿对面部表情的识别能力还没有形成，还不能接受或理解成人给予的情绪

信息。

阶段二：不具备情绪理解的面部知觉（2～5个月）。

2个月时，婴儿已经能够知觉到成人的面部表情，并做出一定的情绪反应。但此时婴儿还不能正确理解成人面部表情的意义，他们可能会对成人的忧愁或微笑都报以同样的反应。

阶段三：对表情意义的情绪反应（5～7个月）。

这时，婴儿可以对正面及负面情绪做出相应的反应，可以更加细微地察觉成人面部表情的变化。

阶段四：在因果关系参照中应用表情信号（7～10个月）。

快1岁时，婴儿可以学会辨别他人的表情并由此调节自身的行为。

情绪智力（Emotional Intelligence），简称情商。这个概念是由美国耶鲁大学的萨罗威（Salovey）和新罕布什尔大学的玛伊尔（Mayer）提出的。它是指个体监控自己及他人的情绪和情感，并识别、利用这些信息指导自己的思想和行为的能力。

（二）婴幼儿情绪表达的发展特征

个体的情绪表达包括基本情绪和复杂情绪的表达。所谓基本情绪是在婴儿出生时或第一年的早期出现的情绪。一些研究者认为基本情绪是由生物因素决定的，对于所有正常的婴儿来说，基本情绪都在大致相同的年龄出现，而且在不同文化环境中的表现及人们对它们的理解也大体相同。复杂情绪是幼儿在2岁左右出现的自我意识或自我评价情绪，与认知水平有关。

婴儿最初表达的情绪包括愉快和不愉快。愉快的情绪来自生理需要的满足；不愉快的情绪来自生理需要未获得满足或其他不适。有研究者通过21个婴儿的表情照片总结了婴儿的表情后发现，婴儿第一年的基本情绪包括愉悦、兴趣、惊奇、悲伤、厌烦、生气、嫌恶、惧怕、痛苦。比如，婴儿在表示厌恶时，眉毛和上眼睑下垂，以致眼睛睁开较小，鼻子变皱，脸颊上扬，下唇上扬或伸出。10～12个月的婴儿会用哭泣表示同情、拒绝、排斥、恐惧、倔强等很多复杂的情绪。嫉妒、内疚、害羞、自豪等复杂的情绪被称为自我意识情绪，在1.5岁时出现。18～24个月的幼儿会表现出羞耻与困窘的情绪，可以从他们往下看的眼睛、下垂的头部以及用手遮住脸部等行为看出来。自豪感也在这个年龄阶段出现，而嫉妒要等到3岁时才会出现。

婴儿的情绪表达主要是通过表情实现的，获得言语能力之后，婴幼儿的情绪发展将在一个全新的层面上进行。从2岁开始，幼儿便开始使用一些词语来表达情绪，但并不会使用语言来调节自身的情绪。一直到接近3岁时，幼儿才会经常谈论并积极表达自己的情绪。

（三）婴幼儿情绪理解的发展特征

1. 移情能力的发展

移情是一种既能分享他人的情感，对他人的处境感同身受，又能客观地理解、分析他人情感的能力。婴幼儿时期移情能力的发展大致经过以下三个阶段。

第一阶段：0～1岁。

婴儿对他人情绪的反应是比较笼统的，绝大多数是从自身的感受和体验出发的。比如，听到其他婴儿的哭声自己也会跟着哭起来，这是由于婴儿想起了自身的经历，有的婴儿甚至认为那个哭声就是自己发出的。另外，婴儿也仅仅会对他人较强烈的情绪有反应。

第二阶段：1～3岁。

幼儿的移情开始从"自身体验"出发向"对他人情感产生共鸣"过渡。这时的幼儿看到别的孩子受到责罚会感到很难过，有些甚至还会以模仿他人的方式向他人表示安慰。但由于"自我中心"的发展特点，幼儿识别、判断、体验他人情感的能力还不够，容易受外界刺激或别人情绪的影响，所以他们的移情大多还停留在模仿阶段。

第三阶段：3岁以上。

此时幼儿开始走出自我中心，对他人情感的理解能力更强，不但能从表情上来辨别和理解各种情绪，而且开始去寻找产生各种情绪的原因，并能主动从他人的角度出发，通过一定的方式来取悦他人，获得满足。比如，通过经验积累和良好教育，幼儿能理解爸爸妈妈很辛苦，并做出给大人倒水、帮大人做事等举动。

2. 同情心的发展

婴幼儿大约从1岁开始就能感受到他人，尤其是同伴的情绪，并产生同情心。产生同情心的基础是婴幼儿已经具备移情的能力。大约从2岁开始，幼儿就能通过感知他人的面部表情来分辨积极情绪与消极情绪，即能够理解他人的情绪。

在托育中心里，3岁的翰翰正在玩他最喜欢的玩具汽车。这时，他身边2岁半的杨杨突然大哭并说："妈妈！我要妈妈！"老师过去安慰杨杨，但没有用，杨杨继续哭，显得很伤心。翰翰看了看杨杨，犹豫了一下，把手里的玩具汽车递给杨杨，小声说："别哭了，给你玩吧。"杨杨使劲推开玩具汽车，继续哭泣。翰翰默默地看了他一会儿，低下头继续玩玩具汽车了。

翰翰有没有感受到杨杨的难过，从而产生同情心呢？或者说，3岁的婴幼儿具有理解他人情绪并由此产生共鸣的能力吗？

【分析】翰翰知道杨杨哭泣是一种不开心的表现，并且试图让他开心起来，这表明翰翰已经能够很好地理解杨杨的情绪体验了。这种情绪理解能力随着婴幼儿年龄的增长而发展，慢慢地从只是体验他人情绪，发展到试图弄清导致情绪产生的原因。成人有意识地进行引导与教育会帮助婴幼儿更好地发展与形成同情心。

（四）婴幼儿情绪调节的发展特征

情绪调节是把情绪强度调节到恰当的水平以更好地达到目标的策略。情绪调节必须是自发的，必须付出努力，婴幼儿的这种努力控制的能力随着大脑皮层的发育和成人的引导、教育而不断提高。在生命的前两年里，情绪调节的良好开端会对婴幼儿的自主性、认知能力及社交技能的发展起到重要作用。

拓展阅读

《论语·学而》中说："人不知而不愠，不亦君子乎？"意思是，人家不了解（我），（我）也不生气，不也是品德上有修养的人吗？这句话点出君子的人格特性，即在不被人理解乃至被人伤害的时候，仍可以做到情绪平稳不生气。

情绪调节是一辈子的课题。古希腊哲学家埃皮特迪特斯告诉我们，"人不是被事情所困扰，而是被其对事情的看法所困扰"。也就是说，影响情绪的关键因素还在于我们自己。能伤害我们的只有我们自己，别人的言行不过是外界的刺激诱因而已，而外因是通过内因起作用的。

研究表明，情绪调节能力在1岁前已经初步发展。3个月左右时，早期情绪调节就开始出现，但更多是无计划、不受监控的状态，主要表现为对偏好刺激的趋近和对厌恶刺激的回避，很多是无意识的。婴儿情绪调节能力的增强依赖于注意机制和简单运动技能的发展，他们能够协调运用注意集中和注意分散的方式来调节自己积极或消极的情绪体验，如通过转头、吮吸手指等策略缓和自己的消极情绪。1岁时，幼儿爬和走的能力使他们能接近或离开各种情境，更好地调节自己的情绪。2岁左右时，幼儿言语能力的发展使他们产生新的情绪调节方式，他们开始谈论情绪，通过描述自己的内心状态来使他人帮助自己调节情绪。这些关于自己和他人情绪的原因、结果的对话促进了幼儿的情绪理解和情绪自我调节。当幼儿逐渐能思考问题后，情绪调节过程进入象征水平，他们可以把假装游戏作为表达情绪的途径。

照料者的参与对婴幼儿情绪调节能力的发展是至关重要的。照料者通常是婴幼儿的依恋对象，婴幼儿通过与依恋对象的互动、学习形成自己的情绪调节策略。莫里斯（C. G. Morris）等人认为从婴儿期到儿童后期情绪调节的发展存在三个基本趋势：一是从依靠外部调节逐渐发展为依靠内部调节；二是内部调节策略的发展；三是根据不同环境选择适当策略的应对能力的增长。

学习情境与实践项目

学习情境　开展促进婴幼儿情绪情感发展的教育游戏

一、情境导入

在嘉信托育园里，2～3岁的樱桃班婴幼儿们在玩游戏，在游戏过程中，有的婴幼儿哈哈大笑，有的婴幼儿眉头紧皱，有的婴幼儿甚至在哭，教师们注意到不同年龄段的婴幼儿在情绪和情感的识别、表达和理解上存在差异，他们希望通过一系列活动来促进婴幼儿情绪情感的发展。

二、任务描述

请你扮演该托育园的老师，分析不同婴幼儿独特的沟通方式和情绪表达特点，正确判断其需求，并思考如何给予及时、恰当的回应。

三、学习成果目标

（一）知识目标

（1）能清晰阐述婴幼儿情绪情感发展的基本概念和理论。
（2）能准确阐释婴幼儿在不同发展阶段的情绪情感特点。

（二）技能目标

（1）掌握婴幼儿情绪引导与调节的方法，能够在实际案例中进行有效引导。
（2）能设计促进婴幼儿情绪情感发展的教育游戏。

（三）思政素质目标

（1）培养对婴幼儿的关爱意识，尊重生命，树立科学正确的儿童观和教育观。

（2）理解情绪情感对婴幼儿成长的重要性，树立正确的心理健康观念。

四、工作过程

（一）资讯

（1）收集信息：2～3岁婴幼儿情绪情感发展的特点有哪些？

_____

_____

（2）列举：常见的促进婴幼儿情绪情感发展的游戏有哪些？

_____

_____

（二）计划

（1）项目目标制订。

_____

_____

（2）制订计划：根据托育园中2～3岁的婴幼儿，设计适合他们情绪情感发展的教育游戏计划。

_____

_____

（三）决策

（1）小组讨论：如何有效观察了解不同的婴幼儿独特的沟通方式和情绪表达特点？

_____

_____

（2）如何正确判断婴幼儿的情绪情感需求，并给予及时、恰当的回应？

_____

_____

_____

（四）执行

（1）教育游戏材料准备。

_____

_____

（2）活动的时间地点安排。

_____

_____

（3）家长沟通工作。

_____

_____

（4）活动过程记录。

_____

_____

（五）监督

记录与反馈：记录婴幼儿的参与情况和进步，定期向家长和团队成员提供反馈。检验开展的教育游戏是否达到了预期的活动目标，如果没有，差距在哪里？

_____

_____

（六）评估

（1）反思：在开展促进婴幼儿情绪情感发展的教育游戏过程中，以下是对执行情况的反思，包括做得好的方面和需要改进的地方。

优势：	不足：

（2）效果评估：通过观察、家长反馈和婴幼儿的进步来评估活动的效果。

_____

_____

（3）教师反馈：收集教师对活动执行的看法和建议，了解哪些方面需要改进。

_____

_____

（4）家长满意度调查：通过问卷或访谈的方式，了解家长对托育园游戏活动的满意度。

_____

_____

（5）改进计划制订：根据评估结果，制订改进计划，以提高未来游戏活动的质量和效果。

_____

_____

（6）成果分享：与家长和教育界同行分享成果，推广有效的教育实践。

_____

_____

五、学习成果评价表

知识目标如表6-2所示。

表6-2 知识目标

序号	学习成果	评价维度	评价标准	学生自评	小组互评	教师评价
1	阐述婴幼儿情绪情感发展的基本概念和理论	理解程度	能清晰阐述婴幼儿情绪情感发展的基本概念和理论	□优秀 □良好 □一般 □需改进	□优秀 □良好 □一般 □需改进	□优秀 □良好 □一般 □需改进

（续表）

序号	学习成果	评价维度	评价标准	学生自评	小组互评	教师评价
2	阐释婴幼儿在不同发展阶段的情绪情感的发展特点	知识掌握	能准确说出婴幼儿在不同发展阶段的情绪识别、情绪表达、情绪理解的发展特征，及其对婴幼儿学习和行为的影响	□优秀 □良好 □一般 □需改进	□优秀 □良好 □一般 □需改进	□优秀 □良好 □一般 □需改进

技能目标如表6-3所示。

表6-3　技能目标

序号	学习成果	评价维度	评价标准	学生自评	小组互评	教师评价
1	掌握婴幼儿情绪引导与调节的方法	理实运用	能结合婴幼儿情绪情感发展的理论知识，能够在实际案例中进行有效引导	□优秀 □良好 □一般 □需改进	□优秀 □良好 □一般 □需改进	□优秀 □良好 □一般 □需改进
2	能设计促进婴幼儿情绪情感发展的教育游戏	组织能力	能根据婴幼儿特点制订个性化的教育游戏活动	□优秀 □良好 □一般 □需改进	□优秀 □良好 □一般 □需改进	□优秀 □良好 □一般 □需改进

思政素质目标如表6-4所示。

表6-4　思政素质目标

序号	学习成果	评价维度	评价标准	学生自评	小组互评	教师评价
1	树立科学正确的儿童观和教育观	科学儿童观	有对婴幼儿的关爱意识	□优秀 □良好 □一般 □需改进	□优秀 □良好 □一般 □需改进	□优秀 □良好 □一般 □需改进
2	树立正确的心理健康观念	社会责任	理解情绪情感对婴幼儿成长的重要性	□优秀 □良好 □一般 □需改进	□优秀 □良好 □一般 □需改进	□优秀 □良好 □一般 □需改进

附加评价说明：

1. 评价周期：建议每个项目结束后进行一次全面评价。

2. 反馈机制：教师应提供具体、有建设性的反馈，帮助学生了解自己的优势和需要改进的地方。

实践项目　设计促进婴幼儿情绪情感发展的教育方案

一、情境导入

托育中心里，2岁的睿睿正在被妈妈吃力地抱进活动室，然后开始大哭大叫，在地上打滚，还随手扔东西，妈妈离开后，睿睿对老师反复说着："我要妈妈""我要回家""打电话叫妈妈来接我"……晴晴2岁了，早晨进入托育园时情绪反应不是很强烈，但有时候会发现她在活动室默默流泪，也不愿意参加游戏活动，到了吃饭和睡觉时间就哭，看到别的家长来接孩子也会哭。

二、任务描述

托育中心里2岁的睿睿和晴晴表现出两种截然不同的情绪，如果你是他们的托育老师，请你设计一个帮助他们学会正确表达情绪和调节情绪的教育方案。

三、学习成果目标

（一）知识目标

（1）识别并描述2岁婴幼儿在情绪情感发展中的哭、笑、恐惧、焦虑的发展特点。

（2）知道至少三种帮助婴幼儿正确表达情绪和调节情绪的策略。

（二）技能目标

（1）能根据婴幼儿的情绪情感发展水平，设计并执行至少一项有针对性的教育活动，并对其进行效果评估，收集活动设计文档资料和实施过程的照片或视频。

（2）学会运用情绪调节策略，促进婴幼儿情绪的表达和情绪的调节能力发展。

（三）思政素质目标

（1）培养积极、正面的情绪情感，提高情绪管理能力。

（2）通过案例分析和实践活动，增强职业素养和社会责任感。

四、工作过程

（一）资讯

（1）分析：晴晴和睿睿表现出婴幼儿的哪些基本情绪？请简述这些情绪在婴幼儿2岁时的发生、发展情况。

_____

_____

（2）请列举至少三种帮助婴幼儿正确表达情绪和调节情绪的策略。

_____

_____

（二）计划

（1）目标设定：根据婴幼儿的发展阶段，设定具体、可衡量的情绪情感发展目标。

_____

_____

（2）活动设计：设计一系列活动，帮助晴晴和睿睿学会正确表达情绪和调节情绪。

_____

_____

（三）决策

（1）材料选择：选择适合晴晴和睿睿关于情绪情感发展阶段的材料和玩具。

_____

_____

（2）方法确定：确定教学方法，如游戏、探索、模仿等。

_____

_____

_____

（四）执行

（1）活动实施的时间、地点。

_____

_____

（2）活动过程。

_____

_____

（五）监督

（1）日常监督：监控活动的执行情况和婴幼儿的参与度。

_____

_____

（2）安全检查：确保活动环境和材料的安全性。

_____

_____

（3）进度跟踪：跟踪婴幼儿的发展进度，确保目标的实现。

_____

_____

（六）评估

（1）效果评估。

_____

_____

（2）数据收集。

_____

_____

（3）反馈循环。

_____

_____

五、学习成果评价表

知识目标如表6-5所示。

表6-5　知识目标

序号	学习成果	评价维度	评价标准	学生自评	小组互评	教师评价
1	能解释2岁婴幼儿情绪情感的发展特点	理解程度	识别并描述2岁婴幼儿在情绪情感发展中的哭、笑、恐惧、焦虑的发展特点	□优秀 □良好 □一般 □需改进	□优秀 □良好 □一般 □需改进	□优秀 □良好 □一般 □需改进
2	知道促进婴幼儿情绪情感发展的教育策略	应用能力	知道至少三种帮助婴幼儿正确表达情绪和调节情绪的策略	□优秀 □良好 □一般 □需改进	□优秀 □良好 □一般 □需改进	□优秀 □良好 □一般 □需改进

技能目标如表6-6所示。

表6-6　技能目标

序号	学习成果	评价维度	评价标准	学生自评	小组互评	教师评价
1	设计和实施教育活动的能力	设计能力	能根据婴幼儿的情绪情感发展水平，设计并执行至少一项有针对性的教育活动，并对其进行效果评估；收集活动设计文档资料和实施过程的照片或视频	□优秀 □良好 □一般 □需改进	□优秀 □良好 □一般 □需改进	□优秀 □良好 □一般 □需改进
2	情绪调节策略实践能力	执行能力	学会运用情绪调节策略，促进婴幼儿情绪的表达和情绪的调节能力发展	□优秀 □良好 □一般 □需改进	□优秀 □良好 □一般 □需改进	□优秀 □良好 □一般 □需改进

思政素质目标如表6-7所示。

表6-7 思政素质目标

序号	学习成果	评价维度	评价标准	学生自评	小组互评	教师评价
1	专业素养能力	专业素养	自身的情绪情感积极、正面，情绪管理能力较强	□优秀 □良好 □一般 □需改进	□优秀 □良好 □一般 □需改进	□优秀 □良好 □一般 □需改进
2	职业素养能力	职业素养	通过案例分析和实践活动，增强职业素养和社会责任感	□优秀 □良好 □一般 □需改进	□优秀 □良好 □一般 □需改进	□优秀 □良好 □一般 □需改进

附加评价说明：

1. 评价周期：建议每个项目结束后进行一次全面评价。

2. 反馈机制：教师应提供具体、有建设性的反馈，帮助学生了解自己的优势和需要改进的地方。

单项选择题

1. 小军打针时对自己说："我不怕！我不哭！我是男子汉！"这表现出他初步具备（　　）。

    A．情绪理解能力   B．情感表达能力

    C．情绪识别能力   D．情绪自我调节能力

2. 中班幼儿告状现象频繁，这主要是因为幼儿（　　）。

    A．道德感的发展   B．羞愧感的发展

    C．美感的发展   D．理智

3. 与婴儿最初的情绪反应相关联的是（　　）。

    A．生理的需要   B．归属和爱的需要

    C．尊重的需要   D．自我实现的需要

4. 幼儿看见同伴欺负别人会生气，看见同伴帮助别人会赞同，这种体验是（　　）。

    A．理智感   B．道德感   C．美感   D．自主感

5. 婴幼儿的"认生"现象通常出现在（　　）。

    A．3~6个月   B．6~12个月   C．1~2岁   D．2~3岁

6. 初入园的幼儿常常有哭闹、不安等不愉快的情绪，说明这些幼儿表现出了（　　）。

    A．回避型状态   B．抗拒性格   C．分离焦虑   D．黏液质气质

7. 下列哪一个选项不是婴儿期出现的基本情绪体验？（　　）

    A．羞愧   B．伤心   C．害怕   D．生气

8. 婴儿出生大约6~10周后，人脸可以引发其微笑。这种微笑被称为（　　）。

    A．生理性微笑   B．自然微笑   C．社会性微笑   D．本能微笑

9. 新入园时，如果班里有一个幼儿哭了，其他幼儿也会跟着哭。这是（　　）。

    A．情绪的动机作用   B．情绪的信号作用

    C．情绪的组织作用   D．情绪的感染作用

10. （　　）的婴儿逐步开始识别成人的高兴、难过、生气和恐惧等面部表情。

　　A. 3～4个月　　　B. 5～7个月　　　C. 7～12个月　　　D. 7～9个月

11. 下列哪项不能获得观察、分析和记录婴幼儿情绪情感和社会性行为的有效信息？（　　）

　　A. 通过与婴幼儿的互动中观察　　　B. 通过观察婴幼儿之间的互动

　　C. 通过实验室观察　　　　　　　　D. 通过查阅婴幼儿入托记录

12. 幼儿一看到新鲜有趣的事物就会尖叫、大笑，并手舞足蹈起来，这体现了幼儿（　　）。

　　A. 情绪表现具有易冲动性、外露性和不稳定性

　　B. 情绪发展从基本情绪逐渐分化为复杂情绪

　　C. 引起情绪反应的社会性动因逐渐增加

　　D. 引起情绪反应的生理性动因逐渐增加

13. 作为照护人员，要有一颗（　　）的心，要意识到不管是积极情绪还是消极情绪都是人的成长过程中必定发生的，都是孩子内心世界的一种反映。

　　A. 敏感　　　　　B. 温暖　　　　　C. 耐心　　　　　D. 以上都有

第七章

婴幼儿的个性发展

扫码获取配套资源

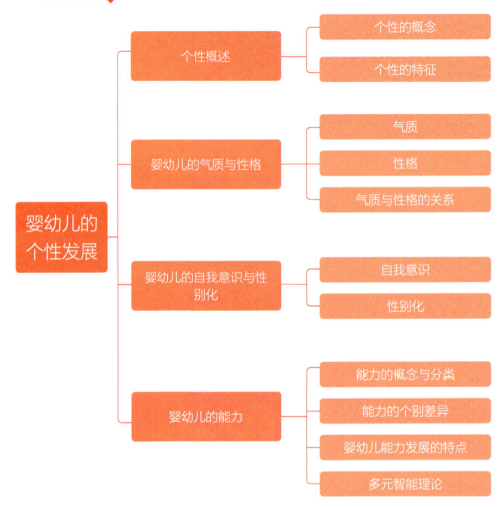

思维导图

婴幼儿的个性发展
- 个性概述
  - 个性的概念
  - 个性的特征
- 婴幼儿的气质与性格
  - 气质
  - 性格
  - 气质与性格的关系
- 婴幼儿的自我意识与性别化
  - 自我意识
  - 性别化
- 婴幼儿的能力
  - 能力的概念与分类
  - 能力的个别差异
  - 婴幼儿能力发展的特点
  - 多元智能理论

学习成果目标

（一）知识目标

（1）能准确描述婴幼儿气质、性格、自我意识、性别化和能力的基本含义，区别并掌握婴幼儿气质、性格、自我意识、性别化和能力的发展特点。

（2）能够从多角度阐释日常生活中婴幼儿气质、性格、自我意识、性别化和能力发展的影响因素。

（二）技能目标

（1）能根据婴幼儿气质、性格、自我意识、性别化及能力的发展特点，通过观察和判断，能准确识别出婴幼儿的个体差异性。

（2）结合婴幼儿气质、性格、自我意识、性别化和能力的实际发展状况，能针对婴幼儿个性发展的特性设计适合的教育活动和提供有效的教育支持。

（三）思政素质目标

（1）能建立科学的儿童观和教育观，学会尊重婴幼儿的气质、性格、自我意识、性别化和能力等个体差异性发展，促进婴幼儿个性健康发展。

（2）能仔细观察和评估婴幼儿气质、性格、自我意识、性别化和能力的实际发展，学会以耐心、细心、用心引导婴幼儿个性发展。

第一节 个性概述

 情境导入

1岁10个月大的欣欣特会说话，每次见到陌生人能主动热情地打招呼，她还是一个精力旺盛、反应迅速的宝宝，可遇到不顺心的事情，就一直号啕大哭。而1岁的小杰喜欢自己安静地在角落里涂鸦，不爱说话，很多时候看到陌生人他显得胆怯害怕，也不喜欢和其他小朋友玩耍，爸爸妈妈不在旁边时，他就会哭泣。

知识导读

一 个性的概念

在心理学中，个性是指个体在活动中形成的相对稳定的心理特征系统，主要包括个性倾向性、个性心理特征和自我意识三大结构。其中，个性倾向性是决定人对事物的态度和行为的动力系统，包括需要、动机、兴趣、理想、信念、志向、世界观等要素，是个性心理结构中最活跃的成分。个性心理特征是指反映一个人对现实的稳定态度和习惯化了的行为方式，包括气质、性格和能力等心理成分。自我意识是指对自己的认识，包括自我认识、自我评价和自我调控。

2岁左右，个性逐渐萌芽，幼儿期是个性形成过程的开始时期，个性初具雏形，还未定型。

> **问答卡片：**
>
> 古语说"三岁看大，七岁看老，十二岁定终身"，这句谚语描述了什么规律？这样的说法是否有科学依据呢？

值得注意的是，个性并不是天生的，更不是人一出生就形成的，而是一个人的心理发展到成熟阶段后才形成的心理产物。

 二　个性的特征

个性具有整体性、稳定性、社会性和独特性，这四个特征并不是孤立存在的，而是相互联系、相互影响的。

（一）整体性

个性是人的心理特征系统，具有整体性。影响个性发展的因素是密切联系的，一旦人的需要或其他要素发生变化，就会影响活动的性质和形式等，也就令人的兴趣、看法等要素发生改变，随之会影响个性的整体发展。

（二）稳定性

个性具有相对稳定性。每个人都有自己的个性特征，从平时为人处世、待人接物的风格特征，基本可以判断出这个人的个性。但是我们不能简单以一两次的偶然现象来衡量这个人的个性特征，而应该通过一段较长时间内他的做事风格和认知特征等来判断。

（三）社会性

人的个性在很大程度上是一种社会历史的现象。比如，社会的文化背景不同，人的态度、价值观和信念等被影响，个性特征也会随之受影响。每个人离开了社会和时代的影响，他的个性也就失去了存在的基础。

（四）独特性

个性是指一个人区别于他人的心理特征的总和。正所谓"龙生九子，各有不同"，除了生物特征不同，每个人心理活动的速度、强度、稳定性和指向性等都有着显著的差异性，即使是同一时刻，面对同样的事物，不同个性的人也会有不一样的反应和感受，这就体现出个性的独特性。

第二节　婴幼儿的气质与性格

 情境导入

　　9个月的小诺活泼好动，躺在床上时，他的小脚总喜欢蹦个不停，小手也要抓握和玩弄身边的玩具，每次洗完澡后给小诺穿纸尿裤和穿衣服时，他都是立即翻身满床爬。随着月龄的增长，爸爸妈妈希望小诺能有耐心去做一件事情，可无论爸爸妈妈怎么引导都无济于事。

知识导读

一　气质

（一）气质的概念

　　孟子和荀子对人的本性提出不同的主张，孟子主张"性善论"，而荀子则主张"性恶论"。那么本性究竟指什么呢？可以说，本性指的就是心理学上所说的气质。

　　气质（Temperament）是指人的心理活动中比较稳定的、独特的动力特征，包括活动水平、易怒性、恐惧性和社交性等方面。人的气质差异是先天形成的，受神经系统活动过程的特性制约。比如，有些新生儿温顺平静，睡眠、饥饿有一定规律；也有一些新生儿常常哭闹不安，睡眠、饥饿缺乏规律性。这种出生后最早表现出来的较为明显而稳定的个性特征就是气质。

（二）气质的类型

对于气质类型，不同的学者有不同的看法。

1. 希波克拉底对气质的分类

古希腊医生希波克拉底提出气质体液说，他认为人体内有黏液、黄胆汁、黑胆汁和血液四种性质不同的液体。其中，黏液生于脑，是冷的性质；黄胆汁生于肝，是热的性质；黑胆汁生于胃，是温的性质；血液生于心脏，是干燥的性质。他认为，正是这四种体液的配合率不同，形成了不同类型的人。若某种体液过多或过少，或比例不恰当，人就会感到痛苦；四种体液比例恰当，人就健康幸福。

2. 盖伦对气质的分类

2世纪，古罗马医生盖伦在希波克拉底的气质体液说的基础上提出了"气质"概念。除了生理、心理特征外，他还将人的道德品行考虑进去，形成了13种气质类型。后来这13种气质类型被简化为4种，分别是胆汁质、多血质、黏液质和抑郁质。

（1）胆汁质。

胆汁质类型的人表现为直率热情，精力旺盛，反应迅速，情绪体验强烈且外露，急躁易怒，好冲动，做事粗枝大叶，不专心，缺乏自制性。

（2）多血质。

多血质类型的人表现为活泼好动，灵活机智，善于交际，适应性强，外向，容易接受新鲜事物，情绪情感容易产生变化，体验不深刻，做事缺乏耐心和毅力，兴趣和注意力容易转移，稳定性差。

（3）黏液质。

黏液质类型的人表现为安静、稳重、踏实，自制力强，有耐心，比较细心，情绪稳定且难转移，不易激动，交往适度，反应缓慢，缺乏灵活性，沉默寡言，缺乏生气。

（4）抑郁质。

抑郁质类型的人表现为行为孤僻，不善交往，易多愁善感，适应性差，反应迟缓，优柔寡断，情感发生较慢，情绪体验深刻且持续时间长久，想象丰富。

> 💗 **问答卡片：**
>
> 有的幼儿遇事反应快，容易冲动，很难约束自己的行为，这类幼儿的气质类型比较倾向于哪一种呢？

3. 托马斯和切斯对气质的分类

1956年，美国心理学家托马斯（Thomas）和切斯（Chess）启动了有关气质发展的一次纵向追踪研究，他们对141名儿童进行了婴儿期直至成年期的跟踪调查，主要从9个气质维度对婴幼儿的行为进行了评估。

维度一"活动水平"，指婴幼儿一天中活动量的大小、活动节奏的快慢，就是我们日常说的孩子喜动还是喜静。

维度二"节律性"，指婴幼儿的睡眠、清醒、饥饿和排泄等生理机能是否有规律，规律性高的孩子作息时间很容易被掌握。

维度三"注意分散度"，指婴幼儿正在做的某项活动是否容易受到外界干扰而改变，有的孩子容易被分散注意力，有的则不然。

维度四"趋避性"，即婴幼儿对新事物的反应，也就是我们常说的内向性格和外向性格的区分。外向性格的孩子往往对新事物的接受能力强一些；内向性格的孩子则往往对于新鲜事物有拒绝的倾向。

维度五"适应性"，即婴幼儿对环境变化的适应程度。适应性较强的孩子往往会在几次接触中就能很好地适应，在发生改变的环境下也会感觉很自在；适应性较差的孩子则与之相反，需要更长的一段时间才能完全融入发生改变的环境。

维度六"注意广度和坚持度"，指婴幼儿投入一种活动的时间量和遇到困难时是否容易放弃。

维度七"反应强度"，即婴幼儿反应的能力水平，如笑、哭、说话或粗大运动活动的外露和强烈程度。反应度强的孩子听到笑话可能会哈哈大笑；而反应度弱的孩子看起来情绪比较稳定，会安静地听完。

维度八"反应阈限"，指唤起婴幼儿一种反应所需的刺激强度。敏感度比较低的孩子通常表现出来的就是"神经大条"，对于周围环境变化的察觉度比较低；而敏感度高的孩子就更容易察觉环境的变化。

维度九"情绪本质"，指婴幼儿在一天中与令人不快的敌对行为形成对比的友好、快乐行为的数量。情绪本质好的孩子时常表现出心情愉悦，脸上经常挂着笑容；情绪本质差的孩子经常表现出不开心，容易发脾气。

托马斯和切斯还系统地根据以上9个气质维度将婴幼儿归纳为以下几种类型。

（1）易养型儿童（easy child）。

易养型儿童又称容易型儿童，此类型儿童占总体的40%。他们的气质特征为，在睡眠、饮食、排泄等生理功能活动方面有规律，情绪积极愉快，易接受新事物，容易适应环境的变化，反应强度适中。如图7-1所示。

（2）难养型儿童（difficult child）。

难养型儿童又称困难型儿童，此类型儿童占总体的10%。他们的气质特征为，生理功能不规律，不容易预测和把握，对新体验的适应缓慢，往往做出消极和紧张的反应，如总是大声哭闹，笑声也很大，遇到挫折易发脾气。如图7-2所示。

图7-1 易养型儿童

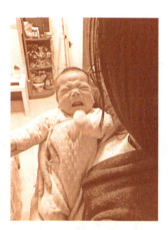

图7-2 难养型儿童

（3）启动缓慢型儿童（slow-to-warm-up child）。

启动缓慢型儿童又称慢活跃型儿童，此类型儿童占总体的15%。他们的气质特征为，性情安静，活动水平很低，行为反应强度很弱，情绪消极，逃避新刺激，对新事物和新变化适应缓慢。

剩下35%的婴幼儿不能简单归纳到上述气质类型中，属于混合型。

（三）婴幼儿气质发展的特点

气质是一种先天素质，并无好坏之分，具有稳定性和可变性两大特点。

1. 稳定性

出生后不久，有的婴儿爱哭好动，有的婴儿平稳安静，这就是婴儿最先表现出来的气质差异。相关研究发现，婴幼儿期表现出来的气质比较稳定，即使年龄增长也一直会稳定存在。可以

> **问答卡片：**
>
> 一个在8个月大时对陌生面孔感到害怕的婴儿，到2岁时是否还是对陌生人保持警惕？到3岁时是否敢于和陌生的同龄人一起玩耍？

说，气质是受遗传因素影响的比较稳定、持续和连续的心理特征。

2. 可变性

气质并不是出生后就固定不变的，它会随着年龄增长而有所发展。大多数婴儿在出生头几个月中都会焦躁哭闹，但随着婴儿能够更好地调节自己的注意力和情绪，许多开始时易怒的婴儿变得平静而温柔。而且，气质在很大程度上会受到家庭氛围、父母教养方式等的影响。

（四）婴幼儿气质发展的影响因素

影响婴幼儿气质发展的因素既有内部的也有外部的，主要有以下三种。

1. 遗传因素的影响

遗传是影响气质发展的重要因素。行为遗传学家将同卵双生子和异卵双生子进行比较发现，半岁左右时同卵双生子的气质特征表现得更接近，这说明婴幼儿期的气质特征在很大程度上受到遗传因素的影响。

2. 家庭环境的影响

家庭环境，特别是父母的抚育方式会对婴幼儿的气质特征产生巨大的影响。如果父母的抚育方式不当，一个容易相处的孩子长大后也许会变得忧郁、孤独和内向。因此，家长应及早了解孩子的气质类型，并根据孩子的气质特点选择最合适的抚育方式，这样才能促使孩子形成良好的个性。

3. 文化环境的影响

文化环境也会对气质的某些方面造成影响。如有的国家认为安静内敛是性格缺陷的表现，这样的人在与人交往时缺乏热情；而有的国家认为安静内敛是稳重踏实的表现，这样的人做起事来比较有耐心，也会更细心。在这样两种文化环境中成长起来的人，气质就会截然不同。

 性格

（一）性格的概念

性格（Character）是指一个人对现实的态度，以及在习惯化了的行为方式中表现出来的比较稳定的心理特征。性格是个性的核心，可以通过一个人对现实的态度、言行举止、意志等方面了解其性格特征。在日常生活中，我们可以发现有的人大胆勇敢，有的人胆小退缩；有的人诚实勤劳，有的人虚伪懒惰。这都体现了人的性格差异。

性格特征包括四个方面：（1）性格的态度特征，指个人对现实的态度特点，如对他人的态度、对自己的态度及对事物的态度等。（2）性格的意志特征，指个人自觉控制自己的行为及行为努力程度的特点。（3）性格的情绪特征，指个人受情绪影响或控制情绪程度状态的特点。（4）性格的理智特征，即表现心理活动过程方面的个体差异的特点。

（二）性格的类型

对于性格，诸多学者从不同角度进行了分类。其中，比较有代表性的观点是荣格（C. Jung）、威特金（H. Witkin）提出的性格类型。

1. 根据人的内在的、本能的力量的不同划分

瑞士心理学家荣格根据一个人内在的、本能的力量的不同，将性格分为内倾型和外倾型。

内倾型的性格特征是谨慎，稳重，但交际能力弱，适应环境的能力差。

外倾型的性格特征则为乐观，活泼开朗，善于交际，适应能力强，但容易冲动，行动往往缺乏周密的思考。

2. 根据场的理论和参照物的不同划分

美国心理学家威特金根据场的理论和参照物的不同，将性格分为场依存型和场独立型。

场依存型，又称顺从型，是指常常以外在参照物为依据。这种性格类型的人容易受到外界事物的干扰，缺乏主见，应激能力弱，喜欢与人交往。

场独立型，又称独立型，是指常常以自我内部参照物为依据。这种性格类型的人不易受外来事物的干扰，习惯以自己的认识、判断为参照，善于发现问题，解决问题能力强，独立性和应激能力强。

场的理论

在学习领域，格式塔心理学的学习理论往往被称为场的理论（field theory），代表人物是格式塔心理学的创始人柯勒（W. Kohler）及其继承人托尔曼（E. Tolman）。"场"的概念是从物理学中引进的。场的理论认为心理现象不是其构成元素的简单集合，而是作为整体组成一个场，其内部元素间具有相互依存的关系。

（三）婴幼儿性格发展的特点

婴幼儿的性格是在先天气质类型的基础上，通过后天环境相互作用逐渐形成的，具有很强的可塑性和模仿性。对于0~1岁的婴儿来说，他们各方面的能力、认知水平等均较弱，生活完全需要依赖成人的照料，因此成人的性格特征、抚育方式、言行举止等都会对婴幼儿产生深刻的影响。

> **问答卡片：**
>
> 一个3个月的婴儿，特别喜欢人抱他，一放下就哭。若总是抱在怀里，他会养成坏习惯；不抱，他又哭个不停。请问你选择怎么做？

随着年龄的增长，婴幼儿的性格特征愈加明显可见。幼儿期是儿童性格的初步形成期。婴幼儿性格的最初表现是在婴儿期，直到3岁左右，幼儿在合群性、独立性、自制力和活动性等方面出现了最初的性格差异。我国儿童心理学家陈鹤琴研究发现，婴幼儿通常具有以下性格特征。

1. 活泼好动

活泼好动是婴幼儿性格最为明显的特征之一，也是婴幼儿的天性。无论是哪种气质类型的婴幼儿，都有着活泼好动的天性。

2. 好交往

随着年龄和能力的增长，婴幼儿越来越喜欢和同伴玩耍、交往，这可以促进其活泼开朗性格的养成。

3. 好模仿

好模仿是婴幼儿时期的典型特征。19～23个月的幼儿能比较准确地模仿大人的声音或手势。到了2岁左右，他们就很喜欢模仿成人的动作，成人做什么，他们就会跟着做什么。3岁的幼儿往往会细心观察和模仿父母的言行举止。

4. 好冲动

容易冲动也是婴幼儿性格的明显特征。由于婴幼儿的自我调控能力不足，情绪容易外露，开心时会哈哈大笑，不开心时会大喊大叫或号啕大哭。

5. 好奇好问

好奇好问是婴幼儿的天性之一。他们有着强烈的好奇心和探索欲望，无论看到什么东西都喜欢动手摸索，最开始是以手、嘴巴为探索器官，随着年龄的增长，就喜欢追着大人问问题和动手探索。这一时期成人应注意保护婴幼儿的好奇心和求知欲，尊重他们的想法。

（四）婴幼儿性格发展的影响因素

不难发现，大多数婴幼儿的性格与父母很相似，说明遗传因素对性格的形成有一定的影响，除此之外，更重要的是后天的环境，它会对婴幼儿的性格发展产生深刻的影响。

1. 遗传因素对婴幼儿性格发展的影响

遗传因素是性格形成的前提。父母的身高、体型因素遗传给婴幼儿，会影响婴幼儿的自尊心和自信心，进而影响婴幼儿性格的形成。同时，婴幼儿生理成熟的早晚对其性格的形成也有一定的影响，而生理成熟的早晚和遗传有着密切的关系。

2. 家庭因素对婴幼儿性格发展的影响

婴幼儿生活的重要场所是家庭，而父母是他们的重要他人，父母的文化程度、育儿观念和教养方式对婴幼儿的性格形成产生了极其重要的影响。比如，掌握科学育儿方法的父母会关注和注重婴幼儿性格和行为的形成；权威型教养方式会形成和谐的亲子关系，父母遇到事情会和孩子讨论商量，共同解决问题；等等。此外，家庭氛围和家庭结构也会对婴幼儿的性格造成影响，如父母关系紧张、吵闹的家庭氛围容易使婴幼儿紧张焦虑，缺乏安全感，长此以往容易导致婴幼儿出现行为问题，严重者会影响心理健康。

3. 教育环境因素对婴幼儿性格发展的影响

教育环境因素包括大众媒介传播的内容、师幼关系和同伴关系等，这些都对婴幼儿的性格发展有着一定的影响。比如，大众媒介传播的内容若不健康或充斥着攻击、暴力色彩，由于婴幼儿模仿性强，久而久之就会被影响，容易产生攻击、暴力倾向。所以成人要为婴幼儿选择合适、健康的观赏内容，陪伴他们观看。另外，托育机构、幼儿园里教师的教育教学风格，同伴的学习品质和性格特征也在很大程度上对婴幼儿性格有着重要的影响。

三 气质与性格的关系

气质和性格是个性的重要组成部分，究竟二者有着怎样的关系呢？

一方面，性格和气质均属于稳定的人格特征，它们有着紧密的联系。虽然性格和气质的概念不同，但是它们互相渗透，彼此制约，相互影响。在很大程度上，气质会影响一个人对现实的态度及其行为方式，如同样是勤劳的性格特质，多血质的人表现出精神饱满，黏液质的人表现为踏实肯干。此外，气质还会影响人性格的形成和发展，如抑郁质的人的想象力更为丰富。

另一方面，性格和气质之间的区别也比较明显。性格是在后天环境中逐渐形成的，是遗传因素和环境因素共同作用的结果，具有社会性，且性格有好坏之分，能最直接地反映出一个人的道德风貌。气质则受先天因素影响较多，无好坏之分，是性格形成的自然前提。

第三节　婴幼儿的自我意识与性别化

情境导入

　　洋洋，女孩，2岁，小托班。一天从儿童乐园回家上厕所时，她自己脱下裤子后就站在小马桶旁尿尿，妈妈看到了就上前问她："洋洋，你脱掉裤子后怎么不坐在马桶上尿尿呢？"洋洋说："小轩（班上的男孩，2岁半）都是脱了裤子就站着尿尿。"妈妈听了哭笑不得，于是蹲下身去和洋洋解释了一下，接着就拿来绘本《我是女孩，我弟弟是男孩》和洋洋一起阅读。

知识导读

一　自我意识

（一）自我意识的概念

　　自我意识是指个体对于自己以及自己与周围事物的一种认识和态度。自我意识是个性的重要组成部分，它不是先天形成的，而是经过后天影响形成的。自我意识主要包括自我认识、自我评价和自我调控。

　　自我认识是指对自己及自己与周围环境关系的认识，包括自我感觉、自我概念、自我观察、自我分析等；自我评价是自我

> **问答卡片：**
>
> 　　请思考并回答：我是什么样的人？我会成为什么样的人？

意识的核心，是指对自己的能力、品德、行为等方面价值的评估；自我调控是指自己对自身情感、行为与思想的调节和控制。

（二）婴幼儿自我意识发展

1. 婴幼儿自我认识发展

婴儿在出生后的第一年里还不具有自我认识，常常把自己的小手和小脚放在嘴巴里咬，仿佛在咬其他东西似的。12～15个月的婴儿开始把自己的动作、形象和别人的区分开来，如知道自己按下玩具按钮，玩具就会响。2岁左右时，幼儿知道自己的名字，开始认识自己身体的相关部位。2～3岁时自我认识开始萌芽，幼儿逐渐注意周围的事物，以自我为中心，有强烈的占有欲，能够说出"我""你"，还会对别人说"不"。通过"点红实验"，即在幼儿的鼻子上抹上一点胭脂，让幼儿对着镜子，结果发现2岁的幼儿知道镜子里的人是自己，并会去摸鼻子，这说明幼儿2岁开始就有了自我认识。

2. 婴幼儿自我评价发展

自我评价是自我意识的一种表现。2～3岁时，幼儿开始出现自我评价。幼儿自我评价的特点主要表现为以下四个方面。

（1）从主要依赖成人的评价逐渐到自我评价。

由于幼儿的认知水平有限，刚开始时他们还没形成自我评价，往往主要依赖于成人的评价，如"老师夸我表现好"。到了幼儿晚期，他们开始出现自我评价，能够以"我"进行独立的评价。

（2）常常带有明显的主观情绪性。

3岁以后，幼儿的主观能动性开始增强，进行自我评价时带有强烈的主观情绪性。这一时期的幼儿不再完全听从成人的安排，很多事情都要自己动手，想要自己去尝试，如"我自己来做"。这时候成人需要尊重他们的意愿，适当给予引导，让幼儿学会正确地评价自我。

（3）从对外部行为的评价向对内心品质的评价过渡。

很多时候，幼儿的自我评价都是对外部行为的一种评价，如"我跳舞很棒""我能做家务"。到了幼儿晚期，幼儿的自我评价逐渐过渡到对自己内心品质的评价，如"我进步了，老师奖励了我，我感到十分开心"。

（4）从对个别方面的评价发展到对多方面的评价。

幼儿一开始进行自我评价时主要从个别方面来评价自己，如问幼儿是不是乖宝宝时，他们回答"我吃饭棒棒的""我会帮妈妈洗脚"等，这些都是从单一角度来评价自己是个乖宝宝。随着年龄的增长和经验的增加，6岁左右的幼儿逐渐会从多方面进行评价，当面对同样的问题时，幼儿会这样回答："我吃饭棒，还帮妈妈扫地，我是个乖宝宝。"

3. 婴幼儿自我调控发展

婴幼儿的自我调控能力随年龄增长而提高，但由于其心理发展仍未成熟，缺乏自我调节和监督能力，因此总的来说，婴幼儿的自我调控能力比较弱。

为了更好地促进婴幼儿自我意识的形成与发展，家长可以在日常生活中引导孩子多认识自己和周围的事物，积累更多的直接经验，建立初步概念。教师则可以创设相关的主题活动，如以"认识我自己""我的家庭""我的朋友"等为主题开展活动，帮助幼儿正确认识自己和他人。

二　性别化

（一）性别化的概念

日常生活中人们时常讨论性别，比如，对刚出生的宝宝，大家都会好奇地问："是男孩还是女孩？"如果生了男孩，就会说"大胖小子""小王子"等，如果是女孩，则会说"小甜心""小棉袄"等。

关于性别的定义，可以从生理和社会化两个角度来思考。生理性别指男女生理结构和机能的不同；社会化性别是指在社会文化的影响下，人们对男女性别差异的理解及对其行为规范和方式的要求。

性别化则是指个体识别自己的性别，并获得社会期望的符合性别要求的动机、感受和心理行为特征的过程。儿童早期的性别化对其今后人格的最终形成和社会适应具有深远的影响。

（二）婴幼儿性别角色发展

婴幼儿期是儿童性别角色发展的重要阶段。当幼儿追着父母问"我为什么是

男（女）孩子""我是怎么来的"时，说明幼儿产生了性别概念。性别概念也称性别角色化，是指个体对性别角色的理解和掌握情况，包括性别认同、性别稳定性和性别恒常性。

1岁左右的婴幼儿能够根据服饰和头发初步辨别照片中的男性和女性；2~3岁的幼儿知道自己的性别，并初步掌握性别角色知识；3~4岁的幼儿以自我为中心地认识性别角色；5~7岁的幼儿出现刻板地认识性别角色的现象。美国心理学家科尔伯格（L. Kohlberg）将儿童性别角色发展分为以下三个阶段。

1. 性别认同阶段（2.5~3岁）

这一阶段的幼儿能够正确分辨男女，知道自己是男孩还是女孩。值得注意的是，幼儿在明白自己的性别的同时，也开始习得性别角色的刻板印象，如女孩喜欢玩洋娃娃、穿裙子，男孩喜欢玩玩具车等。

2. 性别稳定性阶段（3~5岁）

这一阶段的幼儿能够理解一定的性别守恒原则，即懂得将来男孩会成为男人，女孩会成为女人。但是，他们还不能理解性别的恒常性，认为一个人只要改变服装、发型就会变成另一性别的人。

3. 性别恒常性阶段（5~7岁）

这一阶段的幼儿已经意识到性别是不会随着外界环境的转变而变化的。

幼儿的性别决定了成人对待幼儿的方式，如取名、发型、穿衣、玩具等无不传递着社会对于男女不同的标准和期望。在婴幼儿期开展科学的性别教育，对婴幼儿的性别角色发展发挥着重要作用。

第四节 婴幼儿的能力

 情境导入

聪聪和睿睿是双胞胎，虽然睿睿是弟弟，但是在学爬行和学走路的时候比聪聪快且稳，甚至在投掷小球的时候，睿睿比聪聪投得高和远。可在玩拼图的时候，聪聪就比睿睿专注，完成拼图的时间和速度比睿睿快。家长看到这对双胞胎的能力发展各有差异，发愁不已，担心聪聪和睿睿的智力发展也有着较大的差异。

知识导读

一 能力的概念与分类

（一）能力的概念

能力是完成某种任务所必需的素质，是直接影响活动效率，并使活动顺利完成的个性心理特征。不同的人有着不同的能力。

（二）能力的分类

人的能力有很多，按照不同的划分标准可以将能力划分为不同的类型。

1. 根据活动领域的不同分类

根据活动领域的不同，我们可以将能力分为一般能力和特殊能力。

一般能力，又被称为智力，是指个体在许多基本活动中所表现出来的能力，如观察能力、想象能力、创造能力等。特殊能力是指在某些专业活动中所表现出

来的专业能力，如策划能力、绘画能力、音乐能力等。

2. 根据在活动中所表现出的创造性不同分类

根据在活动中所表现出的创造性不同，我们可以将能力分为模仿能力和创造能力。

模仿能力通常是指个体在观察别人的行为和活动过程中学习各种知识技能，接着以相同的方式做出同样反应的能力。创造能力是指个体产出首创且价值重大的事物的能力。

3. 根据在活动中处理事情方式的不同分类

根据在活动中处理事情方式的不同，我们可以将能力分为认知能力、操作能力和社交能力。

认知能力是指个体接收、加工、存储和应用信息的能力。操作能力是指个体操作、制作和运用工具解决问题的能力。社交能力是指个体在社会交往活动中所表现出来的能力，如人际交往能力、表达能力等。

二 能力的个别差异

不同个体在能力发展方面往往呈现出许多差异性，主要有能力类型的差异、能力水平和速度的差异、能力发展早晚的差异。

（一）能力类型的差异

能力类型的差异强调个体能力发展方向的差异，反映个体在活动中行为方式和意志特征等的不同，如有的孩子擅长跳舞、有的孩子擅长讲故事、有的孩子擅长绘画等。面对能力类型不同的婴幼儿，成人应该鼓励他们根据自己的能力类型去活动，善于发掘和培养他们的闪光点，做到扬长避短。

（二）能力水平和速度的差异

不同的人的能力水平和速度各有不同，如同样学习一样东西，有的孩子能举一反三，理解领悟快，而有的孩子虽然很努力，可反应不够灵活。面对能力水平和速度不同的婴幼儿，成人要充分了解他们的个性特点和认知水平，做到因材施教。对于能力一般的婴幼儿，要注意创设和营造愉悦的环境，发现他们的最近发展区，运用支架式学习，促使他们在原有的水平上得到进一步的发展。

（三）能力发展早晚的差异

能力发展早晚的差异指个体能力的充分发挥表现出早晚之分，这里的早晚差异强调的是个体能力发展的年龄差异。在年纪小时就表现得出类拔萃和与众不同的人，被称为"神童"；而在小的时候能力发展缓慢，在较晚的年龄才达到较高水平的人，被称为"大器晚成"。面对早期能力发展较慢的婴幼儿，成人要充分挖掘他们的潜能，积极培养他们的兴趣爱好，培养他们的意志力，引导其正确认识自己并相信自己。

 三 婴幼儿能力发展的特点

（一）各种能力发展迅速

婴幼儿期是个性发展的重要时期，也是婴幼儿各种能力发展的关键期。4~5个月，婴儿手眼协调进一步发展，能伸手拿到眼睛看到的物品；6个月，婴儿开始会爬；到了1岁，幼儿操作物体的能力开始发展起来；1.5~2岁，幼儿的模仿能力迅速发展；3~6岁，幼儿的言语水平迅速发展。在能力发展的关键期，成人应该为婴幼儿提供合适的引导和教育。

（二）智力结构随着年龄的增长而变化

随着年龄的增长，婴幼儿的智力结构迅速发展，如当婴幼儿的动作和言语逐渐发展起来，他们的观察能力、记忆能力、思维能力、想象能力等也在不断地发展。因此，成人一定要根据婴幼儿的年龄特征和心理特点，在不同阶段为他们提供合适的教育引导，抓住各种能力发展的敏感期，对他们的能力进行发掘和培养。

 四 多元智能理论

传统的一元智能理论只注重人的逻辑智能和语言智能，而忽视对其他能力的培养。教育心理学家加德纳（H. Gardner）则认为人的智能不是单一的，而是一组同

等重要的能力，它们之间既相对独立又相互依存。1983年，他在《智力的结构：多元智能理论》一书中首次提出了多元智能理论（The Theory of Multiple Intelligences，简称MI理论）。他强调有七种智能（人际智能、语言智能、音乐智能、视觉空间智能、逻辑数学智能、肢体运动智能、内省智能）是人与生俱来的，但它们并非固定不变，而是可以通过后天的学习和实践不断强化和发展。在1995年，他又提出了第八种智能——自然观察智能。加德纳提出的八种智能如图7-3所示。

图7-3 多元智能图

（一）人际智能

人际智能（interpersonal intelligence）是指能够有效地与人沟通和交往的能力。人际智能高的人适合从事社会工作者、公关、心理辅导、政治家等职业。

人际智能是一项十分重要的智能，能帮助婴幼儿很好地适应环境，促进他们的个性和社会性发展。成人可以通过角色扮演游戏或语言游戏，引导婴幼儿在游戏活动中体验角色，主动表达想法，学会有效地沟通和交往。

（二）语言智能

语言智能（linguistic intelligence）是运用口语表达思想或运用书面文字传达信

息的能力。语言智能出众的人适合从事主持人、记者、律师、作家等职业。

婴幼儿期是言语发展的重要时期，成人应为婴幼儿营造轻松、愉悦的语言表达环境，选择富有趣味性的口语游戏促进他们的语言智能发展。比如，成人可以组织婴幼儿开展角色游戏、表演游戏或者进行艺术表演等，让婴幼儿模拟角色人物的语言、动作，用语言表达和分享内心的想法，不断锻炼语言表达能力。

（三）音乐智能

音乐智能（musical intelligence）是指人对音调、旋律、节奏和音色的感知能力。音乐智能高的人适合从事歌唱家、指挥、作曲家、乐器制造者等职业。

教师可以将音乐与游戏结合，引导婴幼儿在情境游戏中通过感知音乐和动作律动来培养他们的音乐智能，也可以带婴幼儿到大自然中聆听各种奇妙的声音，帮助他们感受节奏、音调、旋律等。

（四）视觉空间智能

视觉空间智能（visual-spatial intelligence）是指个体能准确地感觉视觉空间，并把所知觉到的表现出来的能力，包括对色彩、线条、形状、空间等的知觉能力。视觉空间智能高的人适合从事飞行员、室内设计师、建筑师、摄影师、画家等职业。

为了激发和培养婴幼儿的视觉空间智能，教师可以提供迷宫、凹凸造型的地面帮助婴幼儿感知视觉空间的变化，还可以为婴幼儿提供涂鸦黑板或者鼓励他们在地面上写字、画画。

（五）逻辑数学智能

逻辑数学智能（logical-mathematical intelligence）是人通过运算和推理进行思维的能力。逻辑数学智能强的人适合从事数学家、物理学家、工程师、会计、统计学家等职业。

婴幼儿逻辑数学智能的发展主要依靠操作物品和与周围事物相互作用来提升，教师可以组织婴幼儿开展益智游戏，或者在沙土区、游戏区、科学区提供多种不同形状、数量、颜色的玩具，培养婴幼儿对数字和空间的敏感度。

（六）肢体运动智能

肢体运动智能（bodily-kinesthetic intelligence）是指人善于运用四肢和躯干来表达想法和感觉的技能。肢体运动智能高的人适合从事演员、舞蹈家、运动员、雕塑家、手艺人等职业。

为了促进婴幼儿的肢体运动智能，教师可以借助大小型组合玩具、攀登架、秋千、摇马、虫虫隧道、平衡木等道具开展体能游戏、冒险游戏和迷宫游戏，帮助婴幼儿发展攀、爬、跑、跳等肢体动作的协调性和灵活性，进而唤醒身体动觉智能。

（七）自然观察智能

自然观察智能（naturalist intelligence）是指对大自然中的景物有浓厚的兴趣、给予高度的关注，并具有敏锐的观察与辨认能力。自然观察智能高的人适合从事植物学家、生物学家、地质学家、天文学家等职业。

要想培养和发展婴幼儿的自然观察智能，最直接、最基本的途径就是亲近大自然。教师可以开发种植区、饲养区让婴幼儿更直接地观察自然，还可以带领他们到大自然中体验自然界的美好。

（八）内省智能

内省智能（intrapersonal intelligence）是指认识和反省自身的能力。内省智能高的人表现为能够正确地认识和评价自己，内省智能高的人适合从事心理学家、哲学家等职业。

问答卡片：

苏格拉底曾说："其实，每个人都是最优秀的，差别就在于如何认识自己、如何发掘和重用自己。"这句话指的是哪一种智能的重要性？

婴幼儿期是自我意识发展的关键期，也是提升内省智能的重要时期。可是由于婴幼儿年龄小，自我评价往往以成人评价为主，所以更多的是在与教师、家长的互动中产生内省智能的。因此，成人要善于观察和发掘婴幼儿的闪光点，尊重他们的个性发展，做到顺势养育，帮助婴幼儿增强自我效能感。

总之，在婴幼儿教育中，成人应摆脱传统智能观和传统教学模式的桎梏，用全面的、发展的眼光去看待婴幼儿的智能，善于将八种智能融入游戏和活动中，帮助婴幼儿发掘和开发潜能，促进婴幼儿综合能力的发展。

一、单项选择题

1. 一个人表现出来的区别于他人的稳定的、独特的、整体的心理和行为模式是（　　）。

A. 气质　　　　　B. 性格　　　　　C. 个性　　　　　D. 社会性

2. 幼儿在受到过度表扬，或被要求在陌生人面前表演时，会明显感到不好意思，这反映了幼儿（　　）。

A. 自我意识的发展　　　　　　　B. 自我控制的发展

C. 积极情绪体验的发展　　　　　D. 合作行为的发展

3. 如果母亲能一贯具有敏感、接纳、合作、易接近等特征，其婴儿容易形成的依恋类型是（　　）。

A. 回避型依恋　　B. 安全型依恋　　C. 反抗型依恋　　D. 紊乱型依恋

4. 有的幼儿遇事反应快，容易冲动，很难约束自己的行为。这个幼儿的气质类型比较倾向于（　　）。

A. 黏液质　　　　B. 胆汁质　　　　C. 多血质　　　　D. 抑郁质

5. 教师要依据幼儿的个体差异进行教育，下列现象，不属于幼儿个体差异表现的是（　　）。

A. 某幼儿往常吃饭很慢，今天为了得到教师的表扬，吃得很快

B. 有的幼儿吃饭快，有的幼儿吃饭慢

C. 某幼儿动手能力很强，但语言能力弱于同龄儿童

D. 男孩通常比女孩表现出更多的身体攻击行为

6. 有的幼儿擅长绘画，有的善于动手操作，还有的很会讲故事。这体现的是幼儿（　　）。

A. 能力类型的差异　　　　　　　B. 能力发展早晚的差异

C. 能力发展速度的差异　　　　　D. 能力水平的差异

7. 在陌生环境实验中，妈妈在婴儿身边，婴儿一般能安心玩耍，对陌生人的反应也比较积极，儿童对妈妈的依恋属于（　　）。

A. 回避型　　　　B. 无依恋型　　　C. 安全型　　　　D. 反抗型

8. 幼儿如果能够认识到他们的性别不会随着年龄的增长而发生改变，说明他已经具有（   ）。

    A．性别倾向性   B．性别差异性

    C．性别独特性   D．性别恒常性

9. 让脸上抹有红点的婴儿站在镜子前，观察其行为表现，这个实验测试的是婴儿（   ）方面的发展。

    A．自我意识   B．防御意识   C．性别意识   D．道德意识

10. 婴幼儿自我意识发展中的自我阶段为（   ）。

    A．0～4个月   B．5～6个月   C．7～12个月   D．1岁以后

11. 安静、稳重、动作缓慢、不易激动、情绪不容易外露属于（   ）气质特征。

    A．多血质   B．胆汁质   C．黏液质   D．抑郁质

12. 气质既涉及个体的先天特性，又受后天的环境和教育的影响。气质（   ）。

    A．是稳定的   B．是不稳定的

    C．是不可变的   D．是稳定的但也是可变的

二、判断题

1. 性别也会影响婴幼儿生长速度和限度。（   ）

2. 气质只表现个人特点，并无好坏之分。（   ）

3. 自我意识是特殊的认知过程。（   ）

第八章

婴幼儿的社会化发展

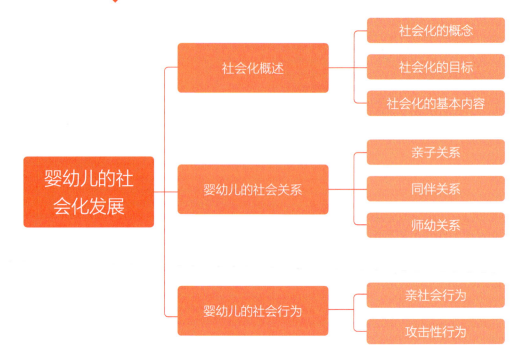

学习成果目标

（一）知识目标

（1）能清晰阐述社会化的概念、目标及基本内容。

（2）能准确阐释依恋、家庭教养方式、师幼关系的类型，以及同伴关系的影响因素。

（3）能举例说明社会化在婴幼儿日常生活中的实际应用，如亲子交流、同伴交往等。

（二）技能目标

（1）能根据婴幼儿的社会化发展特点，选择合适的活动或游戏，并通过观察和记录，评估婴幼儿的社会化发展情况。

（2）能创造适宜的环境，运用适当的策略，有效地引导婴幼儿的社会化发展。

（3）能根据婴幼儿的社会化发展特点，制订个性化的教育方案，促进婴幼儿的全面发展。

（三）思政素质目标

（1）能养成科学的婴幼儿教育理念，尊重婴幼儿的社会化发展规律，关注婴幼儿的个体差异和全面发展。

（2）形成细心观察、耐心引导的教育品质，将爱心和责任心融入婴幼儿的成长过程。

（3）能在团队中与他人协作，与同伴、家长等共同完成项目任务，促进婴幼儿社会化的发展。

（4）能表现出对婴幼儿教育事业的热情和使命感。

第一节 社会化概述

 情境导入

成成2岁半了，妈妈送他去托育园，一开始，成成对环境感觉很陌生，什么都不懂，在托育园不知道要做什么，经常一个人呆呆地坐在自己的座位上；一个月过去后，成成完全适应了托育园的生活，会自己拿杯子喝水，主动加入游戏，和其他小朋友们玩得很开心。

知识导读

一 社会化的概念

社会化（socialization）是个体在特定的社会文化环境中，学习和掌握知识、技能、语言、规范、价值观等社会行为方式和人格特征，适应社会并积极作用于社会、创造新文化的过程。

社会化是个体走向社会公共生活、融入现实社会的起点。个体的社会化是自然人在社会文化的熏陶下转变为社会人的过程，是一种持续终身的经验，是人和社会相互作用的结果。

人与社会相互作用具体表现在两个方面：一方面，个体接受社会群体的信仰与价值观，学习生活、生产技能和行为规范，适应社会环境；另一方面，个体作用于社会，用自己的信仰、价值观和人格特征去影响他人、社会，改造旧文化，创造出适应时代需要的新文化。因此，对个体来说，社会化是一个社会适应的过程；对社会而言，社会化是一个约束和控制的过程。

二 社会化的目标

从心理学的角度来看，儿童社会化的目标是形成完整的自我，从而在将来的社会生活中正常地发挥应有的作用。

自我，是一个整体的概念，包括对自己的认知、对自己的情感、对自己的评价三个方面。从社会化角度来看，完整的自我包括角色系统和能力结构两方面。

（一）角色系统

儿童自出生后就不可避免地处在一定的社会地位和人际关系之中，他们不可避免地被赋予一定的角色。角色是社会学的一个概念，指社会对一个人行为的期望。比如，社会期望教师教书育人，为人师表；期望学生努力学习，全面成才；期望干部廉洁奉公，造福于民；等等。

儿童虽然年幼，但他们也身属多种社会关系，被赋予了多重角色。如在学校，他们的角色是学生；在家庭，他们的角色是儿女；在游戏中，他们的角色是同伴；在公交车上，他们的角色是乘客；在医院里，他们的角色是患者……不同的场合，社会对他们的行为具有不同的期望。社会对男性和女性的角色也具有不同的期望。总之，每一个人都肩负着各种不同的社会角色。一个自我发展完善的人能在不同的情境中担任不同的角色，而且不会出现错误的角色行为。社会通常不接受非角色行为，比如，学校不接受学生肆无忌惮的行为，游戏中的同伴不接受违反规则的行为，很多社会不接受非性别角色行为，如一个男孩过于娇柔纤弱或一个女孩过于粗野狂暴。

社会化的目标是使儿童懂得如何掌握社会规范，如何控制自己的行为，正确扮演社会角色，并根据实际情境适当地转换角色。当儿童将这一系列行为规范内化到自我中去，他才能形成适宜的角色系统。儿童的角色系统不仅包含儿童期的角色，如儿女、同伴、学生等，还包含成人社会角色的雏形，如公民、劳动者、消费者等。角色系统构成了儿童自我综合的社会面貌。

（二）能力结构

心理学上的能力，指的是人们成功地完成某种活动所必需的个性心理特征，包括实际能力和潜在能力。自我中的能力结构指的是人在社会化过程中形成的实际能力，如表现在外部的交往技巧、语言的选择、表情的流露、对规则的遵守等，还有表现在内部的对特定情境的感知、适度自控、及时决策、准确反馈等。自我的能力结构越完备，社会化的心理空间就越大，反应也越复杂，取得成功的机会也就越多。

角色系统和能力结构的整合，形成了完整的自我，对个体的社会化具有重要的发展价值。

三　社会化的基本内容

社会化的基本内容有以下四个方面。

（1）生活技能的社会化，包括生活自理能力、日常生活知识、生活适应技能等。

（2）职业技能的社会化，包括习得生产技能和职业技能，为个体进入社会开始自己的职业生涯打好基础。

（3）行为规范的社会化，这是社会化的核心，是个体适应社会生活和形成人格特征的关键，包括政治规范、法律规范、道德规范和角色规范等方面的社会化。

（4）生活目标的社会化，即一方面要把社会目标内化为个体的生活目标；另一方面要造就成千上万胸怀大志，努力将自己的知识、技能、才智和创造力等能动地外化于社会并为社会造福的人，使其成为社会文化的承上启下者。

第二节　婴幼儿的社会关系

 情境导入

场景一：1岁6个月的翰翰正在和妈妈一起玩玩具，这时，妈妈的朋友吴阿姨走过来和他们一起玩，这是翰翰第一次见到吴阿姨。玩了一会儿后，翰翰妈妈去上厕所离开了，翰翰刚开始表现出明显的焦虑，但也能继续玩玩具，妈妈回来后，翰翰非常开心，和妈妈有热烈的身体接触。

场景二：妈妈带着1岁10个月的林林去玩具店玩，虽然妈妈在身边，但林林也表现得有点焦虑，一直在紧张地关注着妈妈的行为，不喜欢自己探索玩具，不能尽兴地玩耍。妈妈去上厕所离开后，林林更加不安。但当妈妈回来后，林林的表现很矛盾，一方面想亲近妈妈，另一方面又拒绝妈妈，妈妈主动亲近也反抗。

上述两个场景中，翰翰和林林对妈妈的陪伴和离开有着截然不同的反应，为什么呢？

知识导读

一　亲子关系

亲子关系是指父母与其亲生子女、养子女或继子女之间的关系。亲子关系有狭义与广义之分。狭义的亲子关系是指儿童早期与父母的情感关系，即依恋；广义的亲子关系是指父母与子女的相互作用方式，即父母的教养态度与方式。

（一）依恋

1. 依恋的概念

首次提出"依恋（attachment）"概念的是英国心理学家约翰·鲍尔比（J. Bowlby）。他认为依恋是婴幼儿对其主要照料者特别亲近而不愿意离去的特殊情感，是存在于婴幼儿与其主要照料者之间的一种强烈的、持久的情感联结，相互依恋的双方互相爱恋和亲近，并极力保持和维护这种亲密关系。依恋主要表现为吸吮、拥抱、抚摸、对视、微笑、哭叫、身体接近、依偎和跟随等行为。

鲍尔比把依恋描述为一种在维持婴幼儿的安全和生存方面具有直接意义的行为控制系统，其重要性不亚于控制饮食和繁殖的行为系统，其作用在于为婴幼儿创造一个安全舒适的环境。婴幼儿以此为安全基地，并出发去探索外面的世界，当遇到危险时又迅速返回这一安全的港湾。

2. 依恋的类型

依恋研究的一个重要领域就是对依恋类型的测量。美国心理学家安斯沃思（M. Ainsworth）等人提出了一种有效的实验室观察方法——陌生情境法来测量婴儿的依恋行为。该方法让母亲先离开婴儿，将婴儿独自留在一个陌生的环境中，然后观察记录婴儿的反应。在婴儿经过一段独处的时间后，再让母亲进入该环境中，观察记录此时婴儿的反应。这些反应被编码整理后，用以区分不同的依恋类型。根据婴儿的依恋行为，安斯沃思将依恋分为三种类型：A型：焦虑—回避型；B型：安全型；C型：焦虑—矛盾型。1990年，她的学生梅因（Main）和所罗门（Solomon）又提出了一种新的依恋类型，即D型：紊乱型。以下是这四种依恋类型主要的行为特征。

A型：焦虑—回避型。

这类婴儿约占婴儿整体的10%～15%，他们主要表现为母亲在不在身边都无所谓。在母亲离开时并无紧张或焦虑不安，当母亲回来时也不予理会，或者只是短暂接近一下便很快又走开，表现出忽视及躲避行为。这类婴儿接受陌生人的安慰与接受母亲的安慰没有很大差别。实际上，这类婴儿对母亲并没有形成特别的依恋，所以有人称之为"无依恋儿童"。

B型：安全型。

这类婴儿约占婴儿整体的65%。他们与母亲在一起时能舒心地玩玩具和做游戏，并不总是依附在母亲身旁；当母亲离开时，他们会明显地表现出苦恼的情绪；当母亲回来时，他们会立即与母亲接触，并很快安静下来继续做游戏。

C型：焦虑—矛盾型。

这类婴儿约占婴儿整体的15%~20%，他们非常在意母亲在不在身边。当母亲即将离开时，他们会非常警惕；当母亲离开时，他们会表现出强烈的反抗，甚至发怒，大哭大闹，不再做游戏；当母亲回来时，他们对母亲的态度极其矛盾，既希望与母亲亲密接触，但当母亲亲近、拥抱他们时，他们又表示出反抗与拒绝，不过他们不会马上离开母亲，而是时不时地朝母亲那里看，似乎期待着母亲再次拥抱和亲吻他们。所以，这种依恋又被称为"矛盾型依恋"。

D型：紊乱型。

这类婴儿约占婴儿整体的5%~10%，他们缺乏对陌生情境的一致策略。当母亲离开时，他们会跑到门前哭泣；当母亲回来时，他们会迎向母亲，头却突然转向另外一个方向，表现出寻求亲近但又回避与反抗的矛盾行为方式。有时会突然表现出怪异的举动，如表情茫然，僵立不动；有时出现冷淡、静止、缓慢的运动和表现；有时会直接对母亲表现出莫名其妙的恐惧和异常的行为。总之，这种类型的依恋是A型、B型、C型三种类型以非同寻常的方式复杂地结合起来的，在陌生情境中表现为杂乱无章，缺乏目的性、组织性，前后不连贯。

在以上四种依恋类型中，B型属于安全型依恋，A型、C型和D型都属于不安全型依恋。在成长中，A型婴幼儿很容易出现退缩行为，C型婴幼儿很容易出现攻击行为，D型婴幼儿则很容易出现A型和C型婴幼儿的混合行为，结果常常是产生许多行为问题和心理障碍。而B型婴幼儿发展得较为健康、积极，具有较强的社会能力和良好的社会关系。一般来说，婴幼儿的安全或不安全依恋类型是长期保持相对稳定的，但是也可能随周围环境的变化而变化。

3. 婴幼儿依恋的发展特征

真正的依恋要在婴幼儿生命的特定时期才能产生。鲍尔比认为，婴幼儿的依恋是阶段性发展的，是其行为的组织性、目的性、适应性日益发展和成熟的过程。因此，他依据婴幼儿行为的组织性、目的性与适应性的发展情况，把婴幼儿依恋的产生与发展过程分为四个阶段。

第一阶段：前依恋期（0~2个月）。

婴儿最初表现出一系列不同的机能性反应，包括哭泣、微笑、咿呀呢喃等信

号行为与依偎、要求拥抱等亲近行为。这种未分化行为在生物机能的驱使下统合起来，促进婴儿与父母及其他照料者的亲近关系，以此来使婴儿获取慰藉和安全感。这一时期，婴儿还未实现对人际关系客体的分化，因而对任何人都表现出相似的行为反应，可以接受来自陌生人的关注与爱护。所以也有人称这个阶段为对人无差别的反应阶段。

第二阶段：依恋关系建立期（2~7个月）。

婴儿出现了对熟悉的人的识别或再认。熟悉的人较陌生人更容易引起婴儿强烈的依恋反应并特别愿意与之亲近，但仍然无区别地接受来自任何人的关注，也能忍耐同父母的暂时分离，只是会带有一点伤感的情绪。所以也有人称这个阶段为对人有选择的反应阶段。

第三阶段：依恋关系明确期（7~24个月）。

婴幼儿对特定个体的依恋真正确立。这一时期的婴幼儿出现了分离焦虑，对陌生人表现出谨慎或恐惧，出现了对熟悉的人持久的依恋情感，并能与之进行有目的的人际交往，从而形成对特定个体的一致的依恋反应系统。

第四阶段：目标调节的伙伴关系期（24个月以后）。

2岁以后的幼儿能理解父母的要求、愿望和情感，同时能调节自己的行为，建立起双向的人际关系。他们掌握了为了达到特定目的而有意地行动的技能，并注意考虑他人的情感与目标。他们已完成了由自动激活的反应（如由身体不适而引起的哭闹）向指向特定个体的复杂的目标调节系统的转换（如哭泣已被幼儿当作召唤母亲的手段）。比如，虽然幼儿非常不愿意与父母分离，但是他们不得不放手，因为他们知道父母有工作要完成，不能不去上班，并且他们坚信父母下班后一定会回来与自己团聚。

真的是"有奶便是娘"吗[①]

孩子对妈妈的依恋，是不是仅仅因为妈妈提供了奶水、食物等。就像俗话说

---

① 姚会民. 5分钟心理小实验［M］. 天津：天津科学技术出版社，2010：155. 内容有删改。

的"有奶便是娘"？答案当然是否定的。

心理学家哈洛在实验中制作了两个假妈妈，一种是用铁丝做的、安装了奶瓶的铁丝妈妈，一种是先做好猴子的模型，再塞进松软的海绵、套上长毛绒布的布妈妈，里面装上灯泡，使布妈妈有体温，还设计成能摇动的。实验时，将它们和刚刚出生的猴子放进一个笼子里，观察小猴子喜欢铁丝妈妈还是布妈妈。研究者发现，小猴很快便和布妈妈难分难舍，就算铁丝妈妈那里有奶瓶，布妈妈没有，小猴也不愿意在铁丝妈妈身边多待（如图8-1所示）。

图8-1　幼猴依恋实验

后来，心理学家赋予了布妈妈更多的母性特征，而小猴子也就越发喜欢它。但是，布妈妈的母性特征再丰富，也不能同真的母猴相比。在布妈妈身边长大的猴子成年后不同程度地带有行为上的偏差，类似人类精神疾患的行为。

4. 依恋对婴幼儿心理发展的作用

有充足的证据表明，早期依恋关系的质量对个体今后在认知、情绪、社会行为、人格等方面都会产生长期的影响。

在认知方面，依恋给婴幼儿提供了一种安全感，婴幼儿将依恋对象视为安全基地。靠近依恋对象或建立了稳固的安全感的婴幼儿，有勇气去探索周围的事物。研究表明，安全型依恋的婴幼儿对环境探索有较高的热情，表现出好奇、好问的倾向，想象力丰富，解决问题时更有耐心和主动性，遇到困难时较少出现消极的情绪和反应，他们既能够向在场的成人请求帮助，又不大依赖成人。早期依恋的性质决定着婴幼儿对自我和他人等多方面认识，而这是构成婴幼儿自尊、自信、好奇心等自我系统的重要基础。

在情绪情感方面，安全型依恋将使婴幼儿处于信赖、自信和稳定的情绪状态，在爱、友谊的深化方面得到更好的发展。

在社会行为方面，拥有安全型依恋关系的婴幼儿在入园后表现出较强的社会能力和良好的社会关系，有助于形成和发展较高水平的社会交往技能，成为社会适应良好的人。依恋关系是婴幼儿出生后最早形成的人际关系，是其长大成人后

的人际关系的缩影。依恋具有传递性，即是说婴幼儿早期形成的安全型依恋，在其长大为人父母时，也更容易使自己的孩子形成安全型依恋。

在人格发展方面，早期依恋的发展对婴幼儿日后个性的发展影响深远。在人生早期，来自父母的充满亲切鼓励、支持合作的互动体验会让婴幼儿拥有价值感，会让婴幼儿相信能够得到他人的帮助而获得安全感和信任感，同时也得到未来构建人际关系的良好示范。安全型依恋关系让婴幼儿有能力充满自信地探索周围环境，并有效地应对环境，这样的经验有助于婴幼儿提升自信心。随着年龄的增长，这些早期的体验、感受、认识、行为模式、互动方式逐渐稳定下来，逐渐结构化，成为婴幼儿人格中的组成部分，从而使其形成良好的人格特征。

拓展阅读

要促使婴儿与父母形成良好的依恋关系应注意以下几个问题。

1．注意"母性敏感期"的母子接触。

2．尽量避免父母与孩子的长期分离。

3．父母与孩子要保持经常的身体接触。

4．父母对孩子发出的信号要及时做出反应。

（二）家庭教养方式

家庭因素对一个人一生的心理发展变化具有重要影响，尤其是在生命的早期阶段。正所谓家庭是人生的第一所学校，父母是孩子的第一任教师，家庭对婴幼儿心理发展的影响全面、深刻而长远。

父母的教养态度与教养方式影响着亲子关系的建立。为了对父母的教养方式与儿童个性特点之间的关系进行研究，美国心理学家鲍姆林德（D. Baumrind）于1976年专门创设情境观察了儿童和父母在一起时的活动方式，又通过考察儿童的个性特点和了解家长平日的教养态度与方式，将父母的教养方式归纳为以下四种主要类型。

1．权威型

权威型的父母对孩子的态度热情肯定，对孩子的愿望、要求和行为给予积极回应，尊重孩子的意见和观点，对孩子提出明确的要求并坚定实施规则，对孩子的不良行为表示不满，对其良好行为表示支持，鼓励孩子独立和探索的行为。在权威型教养方式下成长的儿童容易形成较强的自尊心和自信心，善于自我控制和解决问题，喜欢交往，待人友善。

2. 专制型

专制型的父母对孩子持一种漠视的态度，对孩子缺乏热情，很少考虑孩子的愿望和要求，经常拒绝和否定孩子，呵斥孩子违反规则的行为，甚至采用严厉的惩罚手段。在专制型教养方式下成长的儿童缺乏主动性，胆小、怯懦、畏缩、抑郁，有自卑感，自信心较低，容易情绪化，不善于与人交往。

3. 放纵型

放纵型的父母对孩子有积极的感情，但是缺乏控制，对孩子没有任何要求，让其自己随意控制，对孩子违反规则的行为采取忽视或接受的态度，很少发怒和训斥以纠正孩子。在放纵型教养方式下成长的儿童容易冲动，缺乏责任感，不顺从，难以管教，行为缺乏自制力，自信心较低。

4. 忽视型

忽视型的父母对孩子很少有爱的情感和积极反应，不关注孩子，对孩子的行为缺乏控制，亲子交往不多，并容易流露出厌烦的态度。在忽视型教养方式下成长的儿童具有较强的冲动性和攻击性，不顺从，很少替别人考虑，对人缺乏热情和关心，在青少年期更有可能出现不良行为问题。

> **问答卡片:**
>
> 回忆一下你自己的家庭生活经历，判断和总结你的父母的教养方式属于哪种类型，然后跟同学一起讨论教养方式对儿童发展的影响，以及如何对家长开展引导工作。

在以上四种教养方式中，权威型父母用一种合理的方式教育孩子，向孩子耐心地讲道理，准确判断孩子的需求，尊重并理解孩子，因此能与孩子形成非常融洽的亲子关系，家庭氛围也非常温暖与民主。反之，如果父母的教育行为过于专制或放纵，或漠视孩子的存在，则往往难以形成和谐温暖的家庭氛围，孩子在有需要的时候无法得到关爱，会对人际关系产生不信任感，影响良好亲子关系的建立。

二　同伴关系

随着婴幼儿年龄的增长，他们的认知能力不断提高，活动范围也不断扩大，

生活中同伴和成人的相对重要性也逐步发生转移，他们慢慢地更加为同伴所吸引，在与同伴相互作用的过程中发展出一种崭新的人际关系——同伴关系。同伴关系为婴幼儿提供了与众多同龄伙伴平等、自由地交流的机会，而且这也是他们发展社会能力、提高适应性、形成友爱态度的基础。此外，同伴关系对婴幼儿情感、认知和自我意识的发展也具有独特的影响。

（一）同伴关系的概念

同伴关系，是指年龄相同或相近的儿童之间的一种共同活动并相互协作的关系，是一种人际关系。

（二）同伴关系的作用

0～3岁婴幼儿生活的主要场所是家庭，其交往的对象也主要是父母及其他家人。但随着婴幼儿各方面能力的发展，他们会逐步走出家庭，与更多的人产生交往，其中之一就是同伴。相对于与成人交往来说，婴幼儿同伴之间的交往更平等，这有助于婴幼儿进行更多的探索和尝试，逐渐形成自己的态度和价值观念。

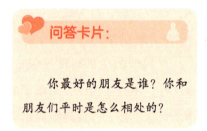

问答卡片：

你最好的朋友是谁？你和朋友们平时是怎么相处的？

1. 同伴是榜样和强化者

在儿童的同伴交往中，一方面，儿童做出社交行为，如微笑、请求、邀请等，从而尝试、练习自己学会的社交技能和策略，并相应地做出调整，使之巩固或改正。另一方面，儿童在交往过程中观察对方的交往行为，通过这种观察，加以积极地探索，从而丰富自己的社交行为。儿童倾向于模仿群体中的支配性人物，而这些人往往有较高水平的社交技能，这使儿童能通过模仿学到新的社交技能，从而促进其社会行为向友好、积极的方面发展。

场景再现

一次，幼儿正在进餐，配菜中有香菇，周老师发现许多小朋友都不太喜欢香菇的味道。这时候，翰翰已经把饭菜吃完了。于是，周老师对翰翰说："翰翰，你把香菇都吃光了，好棒！香菇味道怎么样？"翰翰回答："它滑滑的，特别好吃！还有香味呢！""嗯，我也闻到它的香味了！其他小朋友也快尝一尝吧。"不一会儿，就有好几个小朋友向周老师汇报香菇好吃了。

2. 同伴是社会比较的参照

同伴交往不仅为儿童进行自我评价提供了有效的参考标准，而且为儿童行为的自我调控提供了丰富的信息和参照标准。如4岁左右的幼儿会和自己的同伴做简单的对比："我画得比你好""我跑得比你快"等。儿童进行比较时更多的是以同伴群体作为对象，同伴对于儿童的态度、行为、自我概念等起到重要的塑造作用，这种社会性比较的过程是儿童自我意识发展的重要基础。

（三）婴幼儿同伴关系的发展

婴幼儿早期同伴交往经历以下三个发展阶段。

1. 以客体为中心阶段

在以客体为中心阶段，婴幼儿的交往更多地集中在玩具或物品上，而不是对方本身。6～8个月的婴儿通常还互不理睬，只有短暂的接触，如看一看、笑一笑或抓抓同伴。在1岁以前，婴儿大部分的社交行为是单方面发起的，一个婴儿的社交行为往往不能引发另一个婴儿的反应。

2. 简单交往阶段

在简单交往阶段，婴幼儿已经能对同伴的行为做出反应，经常企图去控制另一个婴幼儿的行为。在这一阶段，婴幼儿的行为有了应答的性质，是"社交指向行为"，如微笑和大笑、发声和说话、给或拿玩具、身体接触（如抚摸、轻拍同伴的身体，推，拉等）以及较大的运动（如走到同伴旁边、跑开）等。

3. 互补性交往阶段

在互补性交往阶段，婴幼儿同伴间的行为趋于互补，出现了更多、更复杂的社交行为，相互间的模仿比较普遍。这一阶段的婴幼儿不仅能较好地控制自己的行动，而且可以与同伴开展需要合作的游戏。互补性交往阶段的婴幼儿交往最主要的特征是同伴之间社会性游戏的数量有了明显的增加。

（四）婴幼儿同伴关系的影响因素

1. 早期亲子经验

早期的亲子关系会影响婴幼儿的行为。大多数婴幼儿从出生便开始了与父母的交往，这种亲子关系不仅满足了婴幼儿的生存需要，还为他们以后与其他人的交往提供了丰富的经验。婴幼儿对同伴的态度和行为大多数是其与父母交往的翻版，所以婴幼儿早期与父母的交往经验对其同伴关系有着至关重要的作用。

2. 个体的特征

婴幼儿身心方面的特征，一方面制约着同伴对他的态度和接纳程度，另一方面也决定了他们自身在交往中的行为方式。

婴幼儿的性别、年龄等生理因素会影响婴幼儿的被接纳程度和受欢迎程度，甚至姓名也会影响到这一点。婴幼儿倾向于选择与自己同年龄、同性别的婴幼儿做朋友。外表也往往是影响同伴交往的一个重要因素，这一点和成人相似。另外，婴幼儿的气质、性格、能力等个性与情感特征也会影响他们在同伴交往中的被接纳程度和受欢迎程度。

幼儿期是从个体、自然人过渡到社会人的关键期，教师和家长要尽量帮助那些交友困难的幼儿，使同伴接受他们。首先，在家庭方面，家长要为幼儿创设良好的（民主的、平等的、和谐的）家庭氛围，使幼儿对社会交往产生积极的心理期待，家长还要以自身关爱他人的实际行动感染幼儿，为幼儿创造更多的交往机会。其次，在托育机构和幼儿园方面，教育者要营造良好的环境氛围，创设不同的游戏活动区，注重角色游戏的指导，教给幼儿最基本的交往规则、技巧，客观地对幼儿的行为做出评价，争取家长的配合和支持，以共同提高幼儿的交往能力。

场景再现

托育中心里，敏敏经常和欣欣一起玩，老师问敏敏："你为什么总是和欣欣一起玩呀？"敏敏说："因为我喜欢欣欣。""你为什么喜欢她？"老师问。"因为她长得很漂亮！"敏敏回答。

三 师幼关系

（一）师幼关系的概念

师幼关系是指教师与婴幼儿在保教过程中形成的比较稳定的人际关系。

当婴幼儿进入早教中心、托育中心或幼儿园后，他们在教师身边的时间几乎与在父母身边的时间一样多（睡眠时间除外）。可以认为，教师是幼儿家庭成员以外的第一个在幼儿的生命中扮演重要角色的成人。

（二）师幼关系的类型

师幼关系虽然是所有幼儿都要经历的一种人际关系，但是，即使在同一个班级，面对同一教师，不同的幼儿在与教师的交往中所获得的行为与情感都是有很大差异的。

豪斯（C. Howes）等研究者从幼儿的角度出发，根据幼儿在互动中的情感表现与行为方式，将师幼关系分为安全型、依赖型、积极调适型与消极调适型四种。李红结合我国的实际情况，将师幼关系概括为以下三种类型。

1. 亲密型

在班级活动中能积极追随教师的思路、控制自己的行为、遵守班级规则的幼儿，往往与教师关系更加亲近。教师会耐心地教导和鼓励他们，直接的身体或目光接触较多，彼此建立依恋感，从而形成亲密、融洽的师幼关系。

2. 紧张型

教师对于过度活跃、难受控制、经常出现纪律问题和不良行为习惯的幼儿表现得不够耐心，态度生硬，从而造成师幼之间感情疏远，甚至关系紧张、对立。很多教师往往习惯于用批评和责备的方法去矫正幼儿的过错行为，而忽视了情感的联结。

3. 淡漠型

教师过多地关注乖巧的幼儿和调皮的幼儿，而忽略了处于中间状态的幼儿，使之产生被漠视、被忽略的感觉，进而产生疏离感。

皮格马利翁效应

皮格马利翁是古希腊神话中的塞浦路斯国王。这位国王性情孤僻，常年一人独居。他善于雕刻，在孤寂中用象牙雕刻了一座表现了他理想中的女性的少女像。久而久之，他竟对这座少女像产生了爱慕之情，他祈求爱神阿佛罗狄忒赋予雕像以生命。阿佛罗狄忒被他的真诚所感动，就使这座少女像活了起来。皮格马利翁遂称她为伽拉忒亚，并娶她为妻。后人就把由期望而产生实际效果的现象叫作皮格马利翁效应。

1968年，美国心理学家罗森塔尔和雅各布森进行了一项有趣的实验。他们先找到一所学校，然后从校方手中拿到了一份全体学生的名单。在经过抽样后，他们向学校提供了一些学生名单，并告诉校方，他们通过一项测试发现这些学生有很高的天赋，经过鉴定是"最有发展前途者"，只不过尚未在学习中表现出来。其实，这些学生是从学生的名单中随意抽取出来的。有趣的是，在学年末的测试中，这些学生的学习成绩的确比其他学生高出很多。研究者认为，这就是教师期望的影响。由于教师认为这些学生是天才，因而寄予他们更大的期望，在上课时给予他们更多的关注，通过各种方式向他们传达"你很优秀"的信息，学生感受到教师的关注，因而产生一种激励作用，学习加倍努力，最后取得了好成绩。这种现象说明教师的期待不同，对儿童施加影响的方法不同，儿童受到的影响也不同。

第三节　婴幼儿的社会行为

 情境导入

　　2岁半的豆豆刚刚去托育园的时候，常常不与其他小朋友玩，总是一个人在角落里看其他小朋友玩。如果有其他小朋友走近他，他就会推倒该小朋友，有时候他还会咬人，因此，小朋友都不与豆豆玩，豆豆显得特别孤单。

知识导读

一　亲社会行为

（一）亲社会行为的概念

　　目前，人们普遍将亲社会行为定义为一切符合社会行为规范且对社会交际或人际关系有积极作用的行为，具体涵盖谦让（modestly declination）、帮助（helping）、分享（sharing）、同情（sympathy）、合作（cooperation）、捐献（donation）等行为。从广义上看，亲社会行为既包括个体自愿的、不期望得到任何回报的利他行为，又包括个体为了某种目的、有所企图的助人行为。

　　婴幼儿的亲社会行为是个体社会化的结果，也是社会化的重要指标。亲社会行为的发展对婴幼儿心理健康的发展有重要影响，既是婴幼儿个性形成和发展的重要方面，又是婴幼儿成年后建立良好人际关系的重要基础。

（二）婴幼儿亲社会行为的类型

亲社会行为可以使他人得到协助、支持，从中获益，而行为者通常并没有期待外部的酬赏，在很多时候甚至要承担一定的风险。一般而言，在0~3岁婴幼儿身上能够观察到的亲社会行为有同情心、安慰行为、分享行为等。

1. 同情心

同情心是一种道德情感。在情感层面，表现出对他人处境、遭遇的情感认同，是一种能与他人在感情上产生共鸣的能力；在行为动机层面，表现出想分担他人的苦难忧愁，并发自内心地想给予他人慰藉、关心和帮助。对于0~3岁的婴幼儿而言，共情行为是其同情心的主要表现形式。婴幼儿能够觉察到他人的难过与悲伤，具备初步理解他人想法和情感的能力，并在一定程度上引发情感共鸣，如看到妈妈伤心流泪也会跟着一起哭泣。

2. 安慰行为

安慰行为是指个体在觉察到他人的消极情绪状态（如烦恼、忧伤、痛苦）后，试图通过语言或行动使他人摆脱消极情绪、重获积极情绪的行为。可见，安慰行为具备两个要素：首先，要能觉察到他人的消极情绪状态；其次，要通过一定的技巧使他人的消极情绪状态得到改善。婴幼儿时期儿童就开始出现各种安慰行为，如满怀同情地跑到需要安慰者的身边观望，轻轻拉一拉正在哭泣的孩子的衣服，把玩具递给闷闷不乐的孩子等。

3. 分享行为

分享行为指个人把自己的物品、情感、机会等与他人共享，从而使他人能从中得到益处的行为。分享行为的产生往往受分享观念的支配。分享观念是指个体对与他人共同分享资源的正确看法，其对立面是"独占""多占"。研究表明，婴幼儿大约从1.5岁起就能初步形成分享意识。互惠性是婴幼儿分享行为的最主要的动机。

（三）婴幼儿亲社会行为发展的影响因素

1. 认知发展因素

亲社会行为的认知理论认为，婴幼儿亲社会行为的增加与道德判断能力、观点采择能力等的提高密切相关。

　　道德判断能力是影响婴幼儿亲社会行为发展的一个重要认知因素。道德判断能力是指个体运用已有的道德概念和道德认知对自己或别人的行为进行分析、判断、评价、选择的心理过程。个体的道德判断能力是在社会生活过程中受自身心理成熟、舆论熏陶和教育影响而逐步形成和发展的。而0～3岁的婴幼儿因为身心发展还未成熟，无法真正地理解和掌握抽象深奥的道德原则，所以他们的道德判断和道德行为也是不稳定的。0～3岁的婴幼儿只有一些道德判断和道德行为的萌芽，尤其是1岁以内的婴儿还不可能有道德判断，也不可能有意地做出任何道德行为。通常来说，婴幼儿的道德判断能力是在他们具备一定的言语能力以后，在与成人的交往过程中逐步产生和学会的，他们常以成人对行为的评价作为道德判断的依据。凡是成人表示赞许并说"好""乖"的行为，婴幼儿便认为是好的行为；反之，凡是成人表示斥责并说"不好""不乖"的行为，婴幼儿便认为是坏的行为。因此，0～3岁婴幼儿最初的道德判断就是"好"和"不好"两大类别。

　　观点采择能力是影响婴幼儿亲社会行为发展的又一个重要认知因素。观点采择能力是指个体能够推断他人内部心理活动的能力，即能设身处地地理解他人的思想、愿望、情感等，其本质特征在于个体认识上的去自我中心化。大量研究表明，婴幼儿的观点采择能力水平的高低与其亲社会行为的发生呈高相关。在哈德森（Hudson）等人的研究中发现，即使需要帮助的幼儿并没有直接表达求助意愿，或其求助意愿不易被觉察，观点采择水平高的幼儿也能识别出这些线索并出现助人行为，而观点采择水平低的幼儿因没有觉察而无动于衷。科尔伯格等人对美国孤儿院婴幼儿的研究也显示，孤儿院里的婴幼儿缺乏相应的亲社会行为的原因之一就是观点采择能力发展迟缓。观点采择能力是在广泛的社会互动、丰富多彩的社会线索刺激下发展起来的。0～3岁的婴幼儿随着身心的不断发展，社会交往经验的不断丰富，观点采择能力也会相应提高，从而进一步促进亲社会行为的发展。

2. 家庭因素

　　婴幼儿的亲社会行为最初是在家庭中开始发展的，因此，家庭环境对婴幼儿亲社会行为的发展有特殊意义。美国心理学家霍夫曼（Hoffman）曾专门研究父母的抚养方式对婴幼儿社会化的影响，结果表明，亲子关系、教养方式等家庭内部因素对婴幼儿亲社会行为的发展有很大影响。比如，温和养育型的父母更容易发

展出婴幼儿的利他性，明显促进婴幼儿亲社会行为的发展。

社会学习理论认为，父母对婴幼儿亲社会行为的影响主要通过两种途径：以身示范和强化。一方面，父母在婴幼儿心中有较强的权威性，尤其当婴幼儿与父母之间建立了温和、友好的关系时，父母的言行对婴幼儿有较强的榜样作用。所以，当婴幼儿经常观察到父母的亲社会行为时，婴幼儿自己也会出现更多的亲社会行为。另一方面，当婴幼儿出现亲社会行为时，若经常受到父母的表扬和奖励，他们就会出现更多的亲社会行为。心理学家海（Hay）和墨瑞（Murry）的研究也证实了此观点。这两位心理学家通过观察12个月的婴幼儿和成人的"给予—获取"游戏发现，父母如果既做出亲社会行为的榜样，又为婴幼儿提供表现这些亲社会行为的机会，则更有利于激发婴幼儿的亲社会行为。可见，父母的榜样教育和对亲社会行为的强化对于婴幼儿亲社会行为的发展有较好的促进效果。

3. 社会文化因素

对亲社会行为的鼓励和赞同存在明显的文化差异。一项跨六个国家（肯尼亚、菲律宾、墨西哥、日本、印度和美国）的研究考察了主流文化对0～3岁婴幼儿亲社会行为发展的影响。研究结果表明，工业化程度较低的社会中的婴幼儿亲社会行为得分最高，如肯尼亚、墨西哥；而工业化程度较高的社会中的婴幼儿亲社会行为得分较低，如美国。研究者对这一研究结果的解释是，工业化程度较低的社会文化背景要求婴幼儿压抑自我，避免人际冲突，注重和他人的合作；而工业化程度较高的社会文化背景则过分强调竞争，认为个人目标要高于集体目标，在此文化背景下成长的婴幼儿更容易以自我为中心，不利于亲社会行为的发展。心理学家讷马拉（Nirmala）与桑尼塔（Sunita）等人在对72组中国和印度的4岁幼儿进行的跨文化研究中也发现，集体主义文化对幼儿的亲社会行为以及分享者和受助者之间的互动会产生正面影响。我国学者付艳等人也认为，家庭作为社会文化环境中的一部分，必然会受到主流社会文化因素的影响，这种影响会渗透在家庭成员之间的关系中，渗透在家庭成员的价值观中，进而影响到婴幼儿亲社会行为的发展。

此外，大众传媒也是社会文化环境的一个重要组成部分。大众传媒肩负着传递社会文化和道德价值观的重要职责，电视、电影、杂志、报纸、互联网等主流媒体对婴幼儿亲社会行为的性质和具体形式都具有重要的影响。大量的研究证实，经常观看亲社会性电视节目的婴幼儿更容易理解和产生亲社会行为，也就是说，定期放映亲社会性的电视节目能促进婴幼儿的亲社会行为发展。针对这一现象，社会学习理论的解释是婴幼儿更容易模仿榜样的行为，特别是那些婴幼儿所认同的具有权威性和影响力的榜样。

二　攻击性行为

（一）攻击性行为的概念

攻击性行为又称侵犯性行为，是以伤害他人或他物为目的的有意伤害、敌视或破坏性行为，可以是直接的身体侵犯、言语攻击，也可以是间接的心理攻击。攻击性行为在婴幼儿期就已经出现，是婴幼儿中较常见的一种不良的社会行为。攻击性行为的发展既会影响攻击者的人格和品德发展，也会对被攻击者的身心健康造成不良的影响。

从发展进程看，个体的攻击性行为是相对稳定的，具有阶段性与连续性相统一的特点。比如，一名2岁的幼儿表现出较强的攻击性，那么在他5岁时很可能还是如此。另有一项长达22年的跟踪研究发现，不论是男性还是女性，从其8岁时的攻击性表现都能预测他们30岁时的攻击性行为和反社会行为。之后的大量研究均证实，个体早期的攻击性行为对其成年后的攻击性行为具有较强的预测作用。因此，近年来对婴幼儿攻击性行为及其控制和矫正的研究逐渐得到了发展心理学家的重视，大家普遍达成共识：婴幼儿的攻击性行为不仅会影响其道德行为的发展，而且如果不加以干预矫正，任其不断升级并延续到青少年时期，还容易使其发展成为攻击性人格，造成其今后人际关系的紧张和社会交往的困难，严重的甚至还可能会发展为违法犯罪行为。

（二）婴幼儿攻击性行为的类型

心理学家们从各种不同的维度对攻击性行为做了分类。美国心理学家哈特普（W. Hartup）将攻击性行为区分为工具性攻击和敌意性攻击两种。工具性攻击也称工具性侵犯，它指向的是物品，是个体为了获得某物体、权力或空间而做出喊叫、抢夺、推搡、殴打等动作，攻击性行为在这里只是一种手段或工具。比如，有些婴幼儿为了争夺同伴手中的玩具或绘本而对同伴实施抢夺、推人等攻击性行

为，这种行为就是工具性攻击。敌意性攻击也称敌意性侵犯，它指向的是人，其根本目的是打击或伤害他人。如果一个幼儿因为生气而有意攻击同伴，让同伴哭，那么这种攻击性行为就是敌意性攻击。总之，工具性攻击是把伤害他人作为达到目的（如渴望得到财物或权力）的手段；而敌意性攻击是源于愤怒的情绪，以人为定向，目的是给他人造成痛苦或伤害他人的身体、情感和自尊等。0~3岁的婴幼儿更多出现的是工具性攻击，敌意性攻击罕见。

另外，还有一些学者以言语攻击和身体攻击为分类标准研究婴幼儿的攻击性行为。结果发现，0~3岁的婴幼儿攻击形式发展的总趋势是身体攻击逐渐减少，言语攻击相对增加。

（三）婴幼儿攻击性行为的影响因素

研究者在研究攻击性行为产生和发展的原因的过程中，形成了许多流派，产生了不同的观点。习性学理论认为攻击和喂食、逃跑、生殖一起构成了人类与动物的四大本能系统；"挫折—攻击"假说认为攻击性行为是个体遭遇挫折后产生的；认知理论认为攻击性行为是个体学习的结果，是个体对社会、文化适应以及观察学习的结果。事实上，个体的攻击性行为是在多种因素的影响下形成的，而非某单一因素导致的。

1. 生物学因素

（1）基因。

荷兰和美国的相关科学研究表示，某种微小的基因缺陷可能是引发某些男性具有侵略、冲动和暴力行为倾向的影响因素。也就是说，婴幼儿可能遗传了攻击性的基因倾向，但基因并不是婴幼儿攻击性行为产生的决定因素，只是婴幼儿的这种先天性基因倾向可能会在后天的环境中得到表现或强化。

（2）气质。

0~3岁的婴幼儿因为神经类型的差异性往往表现出不同的气质类型。有的婴幼儿易于相处，适应性强；而有的婴幼儿经常发脾气，爱哭闹，易激惹，难以照看，这类婴幼儿被认为是困难型婴幼儿。鉴于气质这一人格方面的特质在整个婴幼儿期都是很稳定的，有学者认为，困难型气质与婴幼儿攻击性行为的发展有一定关系，困难型婴幼儿比其他气质类型的婴幼儿更容易发展出攻击性行为。曾有一项研究发现，那些分别在6个月、13个月、24个月时被评估为困难型的婴幼儿，在其3岁时被评估为具有更高的敌意水平。之后另一项研究结果也证实，早期的气质类型确实能够很好地预测婴幼儿未来的攻击性表现。有研究者对此的解释是，父母会对不同气质类型的婴幼儿采用不同的抚养方法，面对困难型的婴幼儿，父母可能在抚养过程中更难保持温柔、平和的态度，这反过来也许更易激发困难型婴幼儿的攻击性行为。

（3）激素。

动物学研究者们通过观察发现，同样面临被激怒或受威胁的情境，相比雌性动物，雄性动物更容易产生攻击性行为。在进一步的实验室研究中，研究者将雄性激素注射到雌性动物体内后，发现这些雌性动物明显表现出更多的打架行为及其他方式的攻击性行为。由此，有研究者认为，作为高等动物的人类，其攻击性行为也会受雄性激素的影响。如此看来，我们也可以以体内雄性激素的差异性水平来解释0～3岁婴幼儿在攻击性行为上的性别差异。

2. 个体发展因素

（1）认知的发展。

认知在婴幼儿的攻击性行为中起着重要的中介和调节作用，婴幼儿对他人意图的知觉和归因决定着婴幼儿是否发动攻击性行为。在面对一个意图不明的消极结果时，攻击性婴幼儿容易把它归因为同伴出于敌意造成的，于是便对同伴实施攻击；非攻击性婴幼儿在面对同样的情境时，往往将其归因于同伴无意造成的，所以就不会产生攻击性行为。

随着婴幼儿自我意识的增强，其表现的欲望也越来越强烈，为了显示自己的力量，婴幼儿更容易发动攻击性行为。另外，在心理发展水平上，婴幼儿正处于自我中心阶段，不能站在别人的立场上去考虑问题，常常为了得到某种东西去攻击别人，而不考虑别人为此遭受的痛苦。

（2）言语的发展。

0～3岁的婴幼儿对语言的理解能力不断发展，一般来说，在1.5～2岁这个时期，幼儿对词义的理解逐渐加深，词的概括性也随之形成。当词的语音对婴幼儿已经具有一定的概括性意义时，婴幼儿就开始掌握词汇了。但是婴幼儿自身的言语表达能力发展较慢，尤其是如果成人并不经常和他们说话，不能有意识地引导他们发声表达，那么婴幼儿就很难较快地掌握词汇，表达单词句和双词句的发展速度也会减缓，最终导致婴幼儿无法用语言表达自己的意愿。而当婴幼儿还不能

用语言表达自己的想法时，他们只能借助于抓人、打人、推人等身体动作来表达。比如，当一个婴儿发现自己的妈妈抱着别的小孩时，他会不高兴，并希望妈妈把别的小孩放下，立刻抱自己，但是他还不会用语言表达，所以就用力推打妈妈，既表达对妈妈的不满，又表达对妈妈的爱的渴望。

（3）身体动作的发展。

0~3岁是婴幼儿身体动作发展的敏感期。在这个时期，随着独立行走技能的掌握，婴幼儿无限扩大了自己的活动范围；随着手部精细动作的完善，婴幼儿具备了准确玩弄和操纵他所熟悉的物体的能力。总之，伴随着身体动作的发展，婴幼儿探索事物的主动性越来越强，途径越来越丰富，范畴越来越广泛。以婴幼儿对纸巾的探索行为为例：婴幼儿有时会将纸巾晃一晃，听听有什么声音；有时会将纸巾放到嘴里，品尝是什么味道；有时会撕一撕，感受其硬度和韧度；有时会扔一扔，看看能扔多远；有时会放进水里浸一浸，再捞出来挤一挤。婴幼儿时期这份令人惊叹的探索能力都是建立在身体动作发展的基础上的。换句话说，有时候婴幼儿对某人表现出打、咬、抓、踢、撞等行为，或者对某物表现出抢、夺、摔、扔等行为，貌似带有攻击性，实则可能只是婴幼儿认识探索事物的方式罢了。

（4）情绪的发展。

随着婴幼儿情绪情感能力的不断分化、发展，其情绪情感体验越来越深刻，心理需求也越来越丰富，很多需求都与知觉、体验、人际交往相联系。有人认为，婴幼儿的攻击性行为通常是其发泄内心不满情绪的方式。这一观点与"挫折—攻击"假说不谋而合。"挫折—攻击"假说认为，当人类遭受挫折时更会表现出攻击性行为。研究者用实验研究证实了自己的观点。他们在婴儿面前摆上了有趣的玩具，并将婴儿分成实验组和对照组，对照组的婴儿可以任意地玩耍面前的玩具，而实验组的婴儿只能看着这些玩具却不能玩，因此，实验组的婴儿被认为是遭受了挫折。实验观察记录结果显示，遭受挫折的实验组婴儿比没有受到挫折的对照组婴儿在以后的游戏行为中表现出更强的攻击性。对此的解释是，当实验组的婴儿不被允许玩玩具时，必然伴随着不满、愤怒等消极情绪情感体验，在之后的游戏行为中他们表现出的强攻击性是对内心消极情绪的宣泄和表达。

3. 家庭环境因素

（1）家长的榜样作用。

社会学习理论认为，婴幼儿是通过观察和模仿他们日常生活中重要人物的行为而获得攻击性行为的。首先，对婴幼儿来说，家长特别是主要照料者是其最重要的人，对其具有榜样示范的作用；其次，模仿是婴幼儿最重要的学习方式，而婴幼儿每天绝大部分时间是和主要照料者在一起的，因此，主要照料者的许多行为会在潜移默化中被婴幼儿模仿和学习。可见，如果主要照料者经常出现攻击性行为，那么与他们朝夕相处的婴幼儿也会在长时间的模仿中习得并重复同样的攻击性行为。这就提醒家长要注意自己的言行举止，不要在婴幼儿面前做出攻击性行为，以免为婴幼儿树立坏榜样。

场景再现

快2岁的睿睿经常做出挥手打人的动作，睿睿的父母觉得很奇怪，因为他们夫妻俩都没有这样的行为习惯。睿睿的父母都比较忙，且工作时间不固定，所以睿睿大多数时间是由外婆照顾的。后来睿睿妈妈留心观察才发现，原来外婆经常在睿睿调皮捣蛋、不听话时做出挥手准备打他的动作，虽然外婆只是想吓唬睿睿，并没有真的打他，但睿睿还是从外婆那里习得了这个攻击性动作。

（2）家长的教养方式。

家长的教养方式对婴幼儿攻击性行为的发生有重要的影响。攻击性行为发生较频繁的婴幼儿大多数来自绝对权威的专制型家庭和溺爱的放纵型家庭，这两类家庭的共同特征是对婴幼儿限制失当。在专制型教养方式下，父母经常会对婴幼儿进行体罚，父母的绝对权威过于压制婴幼儿的自主性，容易导致婴幼儿产生逆反心理，在这样的成长环境下，婴幼儿更易习得攻击性行为。在放纵型教养方式下，溺爱会让父母完全放弃对婴幼儿的限制，甚至表现得对婴幼儿"唯命是从"，滋长婴幼儿的利己排他行为，婴幼儿一旦遭到拒绝或挫折就通过大喊大叫来达到目的，在这样的成长环境下，婴幼儿很容易产生攻击性行为。因此，家长在养育婴幼儿的过程中要避免对其过分要求、过分限制或溺爱、放纵，否则都容易诱发婴幼儿的攻击性行为。

（3）家庭的情感氛围。

如果婴幼儿生活在充满负面情绪的家庭氛围中，如家人之间经常发生争执吵闹，兄弟姐妹之间充满对抗性情绪，关系不好，那么婴幼儿更容易陷入情绪困

扰，产生行为问题，攻击性行为发生的频率也会大大提升。卡明斯（Cummings）及其同事的实验研究证实了这个观点。他们将一群2岁大的幼儿随机分成两组，一组幼儿观看一段两个成人愤怒相对的视频，另一组幼儿观看一段两个成人温情相待的视频。实验者观察记录了两组幼儿的情绪反应和攻击性行为倾向，结果发现，观看成人发生冲突的视频会使幼儿情绪烦乱，并增加其攻击性行为。帕德森（Patterson）对高攻击性婴幼儿家庭环境的调查研究更是证实，高攻击性婴幼儿往往成长于反常的家庭环境：家庭成员之间冲突频发，彼此不愿意主动交流，言语交谈中经常充满讥讽、恐吓和挑衅。当然，婴幼儿既会被其家庭的情感氛围所影响，也是他们家庭情感氛围的影响者，也就是说婴幼儿的个体特质也会影响父母的情绪、育儿态度和兄弟姐妹之间的感情。但不管怎样，我们都达成了共识：创设良好的家庭氛围对减少婴幼儿的攻击性行为是非常有帮助的。

琳琳的妈妈在琳琳2岁半时生下妹妹，一开始，琳琳对这个突然出现的妹妹充满了敌意，她经常趁父母不注意时攻击妹妹，比如突然拍打正在爷爷怀里睡觉的妹妹。琳琳的父母觉察后，并没有指责琳琳，而是经常告诉琳琳，爸爸妈妈对她的爱不会因为妹妹的出现而减少，而且妹妹也很爱琳琳，希望琳琳也能关心和爱护妹妹。在这样充满爱的家庭氛围中，琳琳渐渐地不再攻击妹妹了。

4. 社会文化因素

（1）文化氛围。

个体的攻击性行为在一定程度上受到其所处的文化氛围的影响。在一个把攻击性行为当作维护个人利益的最有效手段的社会里，或在一个以武力决定个人威望的文化环境中，婴幼儿热衷于发展自己的攻击性行为就不足为奇了。

（2）大众传媒。

随着科学技术的发展进步，如今婴幼儿接触电视、电子游戏、互联网等大众传媒是非常普遍的现象。已有大量研究证实，电视暴力、暴力性游戏，以及互联网上的暴力信息都会增加婴幼儿的攻击性行为。对此，有学者用班杜拉的社会学习理论来解释，认为婴幼儿会模仿媒体中的暴力榜样；也有学者用类似于内隐记忆的启动效应来解释，认为媒体中的暴力情节会激活婴幼儿记忆中的攻击性联想，即在观看了暴力节目后，其攻击性的想法、感情和记忆立刻被激活，继而出现攻击性行为。总之，媒体中的暴力信息对婴幼儿攻击性行为的诱发作用必须引起全社会的关注，尤其是家长要对婴幼儿接触的各类媒体信息负起控制和监管责任。

1. 为了解婴幼儿同伴交往特点，研究者深入婴幼儿所在的班级，详细记录其交往过程中的语言和动作等。这一研究方法属于（　　）。

　　A. 访谈法　　　　　B. 实验法　　　　　C. 观察法　　　　　D. 作品分析

2. 在陌生环境实验中，妈妈在婴儿身边，婴儿一般能安心玩耍，对陌生人的反应也比较积极，儿童对妈妈的依恋属于（　　）。

　　A. 回避型　　　　　　　　　　　　B. 无依恋型

　　C. 安全型　　　　　　　　　　　　D. 反抗型

3. 如果母亲能一贯具有敏感、接纳、合作、易接近等特征，其婴儿容易形成的依恋类型是（　　）。

　　A. 回避型依恋　　　　　　　　　　B. 安全型依恋

　　C. 反抗型依恋　　　　　　　　　　D. 紊乱型依恋

4. 在角色游戏中，教师观察幼儿能否主动协商处理玩伴关系，主要考察的是（　　）。

　　A. 幼儿的情绪表达能力　　　　　　B. 幼儿的社会交往能力

　　C. 幼儿的规则意识　　　　　　　　D. 幼儿的思维发展水平

5. 田田因为想妈妈哭了起来，冰冰见状也哭了。过了一会儿，冰冰边擦眼泪边对田田说："不哭不哭，妈妈会来接我们的。"冰冰的表现属于什么行为？（　　）

　　A. 依恋　　　　　B. 移情　　　　　C. 自律　　　　　D. 他律

6. 儿童认为规则是由有权威的人决定的，不可以经过集体协商改变。这说明儿童的道德认知处于（　　）。

　　A. 习俗阶段　　　　　　　　　　　B. 他律道德阶段

　　C. 前道德阶段　　　　　　　　　　D. 自律道德阶段

7. 建立良好师幼关系的前提是（　　）。

　　A. 传授丰富的知识　　　　　　　　B. 尊重理解幼儿

　　C. 不批评幼儿　　　　　　　　　　D. 满足幼儿的一切需求

8. 有些幼儿经常看电视上的暴力镜头，其攻击行为会明显增加，这是因为电视的暴力内容对幼儿攻击行为的习惯起到（   ）。

    A. 定势作用　　　B. 惩罚作用　　　C. 依赖作用　　　D. 榜样作用

9. 自由活动时，孩子们刚开始还能够小声地说话。不一会儿，声音越来越大，有的嘻哈哈，有的竟然大吼大叫，对此，钱老师的做法恰当的是（   ）。

    A. 终止孩子们的自由活动　　　　　B. 批评几个比较闹的孩子

    C. 提醒孩子们要注意纪律　　　　　D. 提醒孩子们声音小一些

10. 0～3岁婴幼儿阶段的人际交往发展主要指（   ）和同伴关系的建立。

    A. 师幼关系　　　B. 家庭关系　　　C. 亲子关系　　　D. 玩伴关系

11. 孩子多表现为任性、幼稚、自私、野蛮、无礼、独立性差、唯我独尊、蛮横胡闹等，这是（   ）教养方式的特点。

    A. 权威型　　　　B. 放纵型　　　　C. 民主型　　　　D. 专制型

12. 教师通过让36个月的幼儿观看情景表演后，展开讨论"小明、小华为什么会哭"进而提出"你什么时候会哭""你哭时希望别人怎样对待你"，让幼儿进行回忆、想象，以唤起自己伤心、委屈、不被他人尊重时的情感体验，帮助幼儿理解小明、小华不愉快的感受；接着提出"我们该怎么做"，使他们产生愿意关心、帮助别人的意愿。这种方法称为（   ）。

    A. 讨论法　　　B. 实践练习法　　　C. 角色扮演法　　　D. 移情训练法

13. 美国著名心理学家鲍姆林德把父母教养方式分为（   ）、专制型、放纵型和忽视型。

    A. 威严型　　　　B. 放纵型　　　　C. 权威型　　　　D. 管制型

14. （   ）是婴儿依恋发展的第二阶段——有差别的社会反应阶段。

    A. 3～6个月　　　B. 0～3个月　　　C. 2岁以后　　　D. 6个月～2岁

第九章

婴幼儿各年龄阶段特点及照护策略

扫码获取配套资源

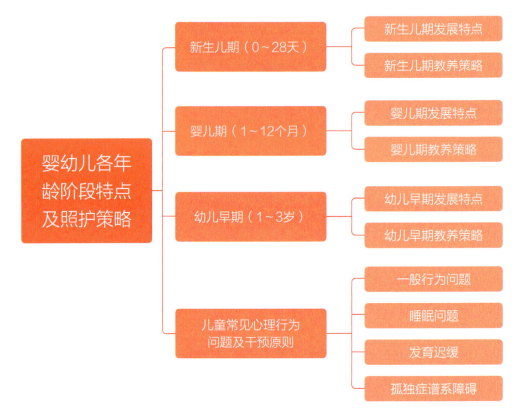

思维导图

婴幼儿各年龄阶段特点及照护策略
- 新生儿期（0～28天）
  - 新生儿期发展特点
  - 新生儿期教养策略
- 婴儿期（1～12个月）
  - 婴儿期发展特点
  - 婴儿期教养策略
- 幼儿早期（1～3岁）
  - 幼儿早期发展特点
  - 幼儿早期教养策略
- 儿童常见心理行为问题及干预原则
  - 一般行为问题
  - 睡眠问题
  - 发育迟缓
  - 孤独症谱系障碍

学习成果目标

一、知识目标

（1）了解0～3岁婴幼儿各年龄阶段的认知、语言、运动、社交、情绪等发展特点，掌握其发展规律和趋势。

（2）掌握婴幼儿生理发展和心理发展与保育知识，以便更好地满足婴幼儿的需求，促进其身体和智力的发展。

（3）了解婴幼儿教育方面的基本知识，掌握成人与婴幼儿互动的技巧。

（二）技能目标

（1）掌握不同年龄阶段的照护技巧和策略，如喂养、睡眠、卫生保健等，从而确保婴幼儿的身体和心理健康。

（2）能运用所学知识，与婴幼儿建立亲密的关系，促进婴幼儿社交能力和情感发展。

（三）思政素质目标

（1）能够以宽容和耐心的态度对待婴幼儿，理解和满足他们的需求，注重体验他们的感受，从而培养自己的情感素养。

（2）能够关注婴幼儿的身体发展和行为表现，以及如何激发他们的兴趣，培养他们的好奇心，提升自己的专业素养。

（3）能够与婴幼儿建立亲密的关系，体现自己的爱心和关心，从而培养自己的情感素养。

第一节 新生儿期（0～28天）

 **情境导入**

新生儿在医院的病房里醒来，医生给他送来了奶瓶，他的嘴巴在接触到奶瓶后能够自主地进行吮吸，以吸取奶瓶内的奶。

 知识导读

以上情境说明新生儿的先天反射是一种生命保护机制，有助于他的生命和健康，并能使他适应外在的环境，为后续的身体和神经系统发展打好基础。

一 新生儿期发展特点

新生儿在出生后短短的几分钟内，便开始适应外部世界——一个与子宫内完全不同的环境。新生儿具有多种无条件反射，如吮吸反射、吞咽反射、抓握反射、踏步反射等。

新生儿出生后几天就可以俯卧，俯卧时有本能的挣扎，使面部转向另一侧；对即时、反复的视听刺激有初步的记忆能力；喜欢看人脸，特别是妈妈的笑脸；喜欢被抱起来与其谈话、逗笑；对于咸、甜、苦等味道和母亲的体味有反应，常用微笑、皱鼻、伸舌或其他表情与动作来表示欢迎、讨厌、拒绝。

在出生后最初的几周内，新生儿缺乏对身体的自主控制。虽然新生儿大多数时间都在睡觉，但他们并不是没有意识。相反，他们对周边的环境非常敏感，而且有独特的回应方式。哭是他们表达需要和情绪的主要方式。在出生后的最初几周里，新生儿就具有感知觉和认知能力，但处于较低水平，很难对不同事物进行区分。

（一）生理发展

新生儿的生理特征与年龄稍大点的婴儿有明显不同。刚出生时，新生儿的皮肤通常看起来比较皱，接下来几天皮肤逐渐变干，像是要脱皮。所有的新生儿刚出生时的皮肤颜色都比较浅，然后逐渐变深，由基因决定最终的肤色。由于在分娩过程中受到挤压，有些新生儿的头部会变形，但在最初几周内便会恢复正常。新生儿的头发颜色和数量各不相同。其他生理特征包括：

（1）出生时的平均体重为3～4.1千克，女婴的体重大约为3.2千克，男婴的体重大约为3.4千克。出生后的头几天，新生儿的体重会下降5%～7%，出生后的第一个月，新生儿的体重每周平均增加0.14～0.17千克。出生时的身高大约在45.7～53.3厘米。

（2）呼吸速率大约为每分钟30～50次，呼吸的节奏和速率不甚规律。胸部看起来比较小，呈圆柱形，与脑袋差不多大。正常的体温范围为35.6～37.2摄氏度，头几周体温上下波动是正常的，当各个系统逐渐成熟，皮下生成脂肪膜后，体温开始稳定。皮肤敏感，尤其是手和嘴周围的皮肤。相对身体而言，头很大，几乎占整个身体长度的1/4，头顶和头的后面都有囟门，分别为前囟门和后囟门，出生时的头围平均值为31.7～36.8厘米。

（3）只能看到光和影，轮廓和形状，不能聚焦于远处的物体。眼睛对光极其敏感。

（二）运动发展

新生儿由于其神经系统尚未发育成熟，虽然有许多自发性的肢体动作，但这些挥动手臂或是踢脚多半是无意义的动作而非自主性动作。新生儿这种随意的动作，可分为全身性的活动与特殊部位的活动两种。

1. 全身性的活动

新生儿对身体肌肉的控制能力尚未完成，当受到部分刺激时，很容易引起全身性的活动。譬如，当新生儿情绪不佳或是睡梦中被吵醒时，除了脸部的表情外，其双手双臂或是双脚都会开始挥舞，表示身体受到干扰。新生儿觉醒的活动时间以清晨最强，其次是中午，每一次的小睡片刻都可以让其恢复体力。

2. 特殊部位的活动

新生儿期特殊部位的活动可分为一般性动作与反射动作。一般性动作泛指对刺激所产生的直接性反应，如打哈欠、头部转动、身体翻转、挥动手臂、踢动双腿等，都是身体的一般性动作。反射动作不需要学习，是对于特殊刺激所产生的一种特定反应，反射动作也是评估新生儿时期神经功能的重要指标。一般而言，可以将反射动作分为对生存有意义的反射动作与对生存较不具特殊意义的反射动作。如缺少这些正常的神经反射，表示婴儿在脑部及神经方面可能出现问题，需要加以注意。

新生儿的运动技能完全是先天性反射动作，是为了自我保护和生存，如吞咽、呕吐、咳嗽、打哈欠、眨眼和排泄等。在第一个月，新生儿就具备以下主要的反射动作。

（1）吮吸反射。

当用乳头或手指碰新生儿的口唇时，其会相应地出现口唇或舌有节奏地吮吸蠕动。

（2）莫罗反射。

莫罗反射又叫惊跳反射。它是新生儿期的一种原始性的生理反射，是指新生儿在仰卧位的时候，突然出现的刺激导致其出现的一种反射，表现为四肢伸直、手指张开、背部伸展或弯曲、头朝后仰、双腿挺直、双臂互抱。

（3）抓握反射。

抓握反射又称握持反射。它是指用手指或笔杆触及新生儿手心时，新生儿马上将其握紧不放，抓握的力量之大足以承受新生儿自身的体重，如借此将新生儿提升在空中可停留几秒钟。

（4）踏步反射。

踏步反射又叫迈步反射。当新生儿躯干处于直立位，足底接触台面时，即可引出自动迈步动作。

（5）强直性颈部反射。

强直性颈部反射又称不对称颈紧张反射。这种反射在新生儿出生后的数周内，能阻止其由仰卧滚向俯卧或由俯卧滚向仰卧。当新生儿仰躺着的时候，他的头会转向一侧，摆出击剑者的姿势，伸出他喜欢的那一边的手臂和腿，弯曲另一边的手臂和腿。

（6）巴宾斯基反射。

当用火柴棍或大头针等物的钝端由脚后跟向前轻划过新生儿足底外侧边缘时，其大脚趾缓缓上翘，其余脚趾则呈扇形张开。

（7）游泳反射。

游泳反射又叫潜水反射。把新生儿以俯卧的姿势放在水里，他就会抬头，伸展四肢，做出协调性很好的类似游泳的动作。

（8）眨眼反射。

在新生儿醒着的时候，突然有强光照射或在他的头部附近击掌，他会迅速地闭眼；当新生儿睡觉时，如有强光照射，他会把眼闭得更紧。

新生儿的几种先天性反射的刺激、新生儿对其的反应、消失时间、功能如表9-1所示。

表9-1　新生儿的几种先天性反射

名称	刺激	反应	消失时间	功能
吮吸反射	用乳头或手指碰新生儿的口唇	口唇或舌有节奏地吮吸蠕动	3～4个月	有利于喂食
抓握反射	用手指或笔杆触及新生儿的手心	将手指或笔杆握紧不放	4～5个月	为自主抓握做准备
踏步反射	躯干处于直立位，足底接触台面	自动迈步	2个月	为自己行走做好准备
巴宾斯基反射	用火柴棍或大头针等物的钝端由脚后跟向前轻划过新生儿足底外侧边缘	大脚趾缓缓上翘，其余脚趾则呈扇形张开	6～18个月	尚未知晓
游泳反射	以俯卧的姿势放在水里	抬头，伸展四肢做类似游泳的动作	6个月	有助于存活下来
眨眼反射	强光照射或在头部附近击掌	迅速闭上眼睛或把眼睛闭得更紧	持续终生	防御本能，保护眼睛

（三）感知觉发展

新生儿的感知觉认知技能可以让他们吸引、保持照料者的注意，并在一定程度上感知周围的环境。视觉是新生儿出生时发展得最不完善的感觉系统。新生儿需在1米处才能看清标准视力表，视觉最佳聚焦距离为20厘米。听觉是发育得较好

的一项技能。新生儿不仅能够听到声音，而且能够辨别某种特定的声音，尤其对妈妈的声音特别敏感。对新生儿来说，触觉也是最先并高度发育成熟的感觉系统之一。新生儿的先天性反射即证明了这一点，嘴巴周围、手掌和脚心更是触觉敏感区域。触觉的存在对于婴幼儿情感发展至关重要，摇晃、抚摸和拥抱等会对新生儿产生镇静作用。同时，触觉也是新生儿探索周围的事物、人及自己身体的有效方式。

从出生后的头几天开始，新生儿通过各种感官来获取信息，从看到、听到、摸到、尝到、闻到的事物中学习。新生儿具备以下感知觉能力。

（1）对快速接近自己的物体做出眨眼动作；视线跟随缓慢移动的物体转完整的180度；如果物体与新生儿的脸部距离较近，在25.4～38.1厘米，新生儿的眼睛能够盯着该物体竖直移动；能够持续地四下环顾，即使是在黑暗中。

（2）当处于强直性颈部反射卧姿时，开始研究自己的手。

（3）出生时的听力与大多数成人差不多（除了对轻柔的声音敏感之外）；相比陌生人，更喜欢妈妈的声音，睁开眼睛，朝妈妈看。

（4）能辨别几种基本的味道，对甜味的液体表现出喜爱之情；出生便有敏锐的嗅觉，更喜欢香甜的气味，不喜欢浓烈难闻的气味。

（四）言语和语言发展

出生不到10天，新生儿就能区分语音和其他声音，并且对语音表现出明显的偏爱。在多种反射行为中可以找到新生儿言语和语言发展的起始，包括当新生儿的牙龈受到摩擦时出现咬—放行为、觅食反射和吮吸反射。此外，新生儿通过许多其他的方式进行直接和间接交流。

（1）大哭大闹是这个阶段主要的交流形式。当听到很大的噪声时，会眨眼、移动、停止动作、四下环顾或表现出惊跳反应。

（2）对特定的声音表现出偏好，如音乐和人声，在这些声音下能恢复平静或保持安静。转动头部试图寻找人声或其他声音的方位。除了哭之外，偶尔发出其他声音。

（五）情绪与社会性发展

出生时的情感是一种自然而发的情感。新生儿在几个星期后学会微笑，开始模仿，学会注意大人的情感表达方式。新生儿天生具备各种社交的技能，需要成人做出回应性的照护，婴儿若在安全感中成长，很快便会对主要照料者表现出依恋。在情绪与社会性方面，新生儿具备以下能力：

（1）新生儿出生后立即经历短暂的平静警觉期，凝视父母，听他们的声音；每天睡17～19个小时；清醒和回应的时间逐渐变长，清醒时喜欢被紧紧地抱着或搂着，睁着眼睛看向妈妈。

（2）每个新生儿对相似情境的反应方式各不相同，开始建立情感依恋，与主要照料者建立联结关系，对主要照料者逐渐产生安全感或信任感；能够意识到不同照料者的差异，并做出相应的回应。

 ## 二　新生儿期教养策略

照护是一种以建立关系为核心，照料者与被照料者相互回应的过程。日常照护时间是建立亲密关系的重要时机，日常照护是丰富感官体验的过程。母亲应与孩子进行皮肤接触，多接触，早接触；早开奶，勤哺喂；多搂抱，多抚摸，多说话，多微笑，多交流，从而让新生儿充分享受母爱。主要照料者要充分尊重新生儿的个体特征，全情投入，专注照顾，对新生儿的举动做出积极的回应，将稳定的情绪情感带给新生儿，给新生儿带去安全感和信任感。

（一）喂养

新生儿的胃肠功能非常弱，营养来源主要是母乳。母乳是新生儿最佳的食物，因为母乳能提供优质、充足和结构合理的营养素，且含有多种消化酶，既能满足新生儿的生长发育需求，又能完美适应新生儿尚未成熟的消化系统。此外，母乳中的抗体、白细胞、母乳低聚糖等免疫保护因子，能降低新生儿患呼吸道感染、中耳炎、腹泻等感染性疾病和湿疹等过敏性疾病的风险。只有当母亲无乳或因病不能喂养时，才选择婴儿配方奶粉进行人工喂养，否则，应坚持母乳喂养。

刚开始时，新生儿每24小时要喂食10次，总计大约660毫升；随后，喂食次数下降至5～6次，总量增加，新生儿每次要喝58.5～117毫升。另外，采用直立位喂奶可降低新生儿耳道感染的风险。

（二）如厕、洗澡和穿衣

新生儿每天排便1~4次，会通过哭传达需要换尿布的信号，但如果换完尿布仍然哭，那就要寻找其他原因。新生儿喜欢洗澡，当把新生儿放在温水中，他们会睁着眼睛，发出咕咕的声音，身体很放松。新生儿也喜欢被毯子（襁褓）紧紧地裹起来，被裹起来的时候会发出咕咕的声音，放松肌肉，襁褓给新生儿营造了安全、舒适的环境。

新生儿皮肤娇嫩，每次的尿量不一定很多，但可能一天超过10次。建议每隔3~4小时观察是否有尿布更换的需求，避免让婴幼儿的屁股长时间浸润在湿尿布中，容易产生尿布疹。此外，随着婴幼儿体型增长及体重增加，照料者必须替婴幼儿更换尿布型号。

更换尿布时，要特别注意安全性。换尿布前先将所需的用品准备妥当，并置于随手可得之处。换下来的尿布务必卷包好，丢进有盖子的垃圾桶内。若每次都用布尿布，最好能妥善处理，以减少臭味。换完尿布应将尿布台及垫子用消毒液擦拭一次，可减少细菌滋生。

（三）睡眠

对于新生儿来讲，因为正处于第一个生长高峰，所以睡眠时间是非常长的，一般来说一天会有16~20个小时的睡眠。新生儿睡觉的时候不要穿太多，以防太热；最好仰卧并在较硬的床垫上睡觉，以降低新生儿遭遇猝死综合征的风险；也可以选取侧卧的方式，适时换不同的方位睡，这样可避免新生儿出现偏头的情况；还要保证新生儿睡眠的环境安静。

在婴幼儿的睡眠上更要注意婴儿猝死综合征的发生风险。根据美国儿科学会的建议，婴儿猝死综合征的定义是："1岁以下婴儿突然死亡，且经过完整病理解剖、解析死亡过程并检视临床病史等详细调查后仍未能找到死因者。"为避免婴儿猝死综合征的发生，照料者须注意以下婴幼儿的睡眠要求：

（1）婴幼儿须睡在自己的小床上，"同室不同床"。

（2）使用毛巾被或毛毯保暖时，应将婴幼儿手臂露出，以减少盖住脸部的机会。

（3）婴儿床表面必须坚实平整，不可堆放杂物，且勿让婴幼儿睡在沙发、椅子、垫子或趴睡在父母或照料者身上。

（4）宜注意通风并勿过度包裹婴儿。

（5）注意空气流通，勿让任何人在婴儿附近吸烟。

不建议使用新生儿枕头。主要原因是不使用枕头才能使新生儿颈部和脊椎呈一直线，若使用枕头反而会让婴儿的颈部形成曲度，弯折到婴儿的呼吸道。若婴儿头部容易流汗，建议垫一条小毛巾在头部下面即可。

（四）游戏和社会活动

新生儿此时已开始逐步适应社会，照料者可以适当与新生儿进行一些简单的游戏，促进他们的智力发育。比如，对新生儿讲话或唱歌、为新生儿做一些简单的按摩动作、触摸新生儿的脸颊、让其看亲人的脸、经常抚摸和拥抱新生儿等。

第二节　婴儿期（1～12个月）

妈妈带着8个月的宝宝去餐厅。在餐厅里，宝宝抬头看到了陌生的人，开始挣扎和哭泣。

知识导读

婴儿5个月～1岁时开始出现陌生人焦虑（stranger anxiety），是指婴儿对不熟悉的人所产生的一种焦虑感，此种焦虑在8～10个月时达最高峰，婴儿对陌生人的这种反应可以证实，婴儿在概念上已能区分照料者与他人的不同。

一　婴儿期发展特点

1～4个月时，婴儿奇迹般的能力持续展现了出来。婴儿的生长发育速度惊人，身体系统相当稳定，体温、呼吸模式、心率越来越规律。随着力量和自主肌肉控制的增强，运动技能也不断提高。婴儿觉醒的时间越来越长，这促进了其社会情绪的发展。随着婴儿开始并喜欢用眼睛探索外部世界，社会反应出现，婴儿逐渐对主要照料者建立起信任感和情感依恋。尽管哭仍然是婴儿沟通和获取成人注意力的主要方式，但是更复杂的沟通技能开始出现。婴儿很快就发现了模仿别人的语音和姿势有很大的乐趣。婴儿咿呀学语通常出现在出生后2个月左右，代表着婴儿在获取语言以及与他人互动方面迈出了重要的一步。婴儿清醒时一直在学习，并且用新习得的技能来探索和收集有关陌生环境的信息，这些环境对婴儿来说仍然是新鲜的。婴儿的感知觉认知和运动发展是密切相关的，在头几个月几乎不可能把它们区分开来。

4～8个月，婴儿发展形成各种技能，运用自己的身体进行有目的的活动的能力也越来越强。婴儿在清醒的每一刻似乎都很忙碌，不停地摆弄或用嘴咬玩具和其他东西；不停地"说话"，发出的元音和辅音越来越多样、复杂；开始模仿社会互动，对所有类型的交流线索（如面部表情、姿势）以及身边来来往往的人做出回应。

8～12个月，出现了婴儿期两个重大的发展事件——走路和说话。尽管婴儿所处的文化背景可能会影响这些早期技能发展的速度和特点，但走路和说话这两个里程碑事件通常在1岁左右开始。婴儿逐渐能够操控小物件，花很长时间练习把玩具或手边的东西捡起来再放下。这个年龄阶段的婴儿也变得非常好交际，他们能够找到办法成为众人关注的焦点，赢得成人的赞赏和掌声，当别人给予掌声时，婴儿自己也会高兴地欢呼鼓掌。婴儿的模仿能力提高，以便实现两个目的：扩展社会互动的范围；在即将到来的快速发展阶段学会更多新的技能和行为。

（一）生理发展

生理发展包含身体的生长、大脑的发育、心理的发展。

1岁前婴幼儿身高体重对照表如表9-2所示。

表9-2　1岁前婴幼儿身高体重对照表

性别	男		女	
月龄	身高	体重	身高	体重
1个月	48.2～52.8cm	3.6～5.0kg	47.7～52.0cm	2.7～3.6kg
2个月	52.1～57.0cm	4.3～6.0kg	51.2～55.8cm	3.4～4.5kg
3个月	55.5～60.7cm	5.0～6.9kg	54.4～59.2cm	4.0～5.4kg
4个月	58.5～63.7cm	5.7～7.6kg	57.1～59.5cm	4.7～6.2kg
5个月	61.0～66.4cm	6.3～8.2kg	59.4～64.5cm	5.3～6.9kg
6个月	65.1～70.5cm	6.9～8.8kg	63.3～68.6cm	6.3～8.1kg

（续表）

性别	男		女	
月龄	身高	体重	身高	体重
7～8个月	68.3～73.6cm	7.8～9.8kg	66.4～71.8cm	7.2～9.1kg
9～10个月	71.0～76.3cm	8.6～10.6kg	69.0～74.5cm	7.9～9.9kg
11～12个月	73.4～78.8cm	9.1～11.3kg	71.5～77.1cm	8.5～10.6kg

1. 1～4个月

（1）平均身高50.8～68.6厘米，每月大约增长2.54厘米；平均体重3.6～7.3千克，女婴的体重比男婴略轻，每周大约增重0.11～0.22千克；胳膊和腿的长度、大小和形状相同，能轻易弯曲和伸展；腿看起来微微呈弓形；脚底看起来是平的，没有足弓。

（2）继续使用腹部肌肉呼吸；呼吸速率大约为每分钟30～40次；在哭或活动时，呼吸速率明显增加。

（3）头围和胸围几乎一样大；在第一、第二个月，头围大约增加1.9厘米，第三、第四个月大约增加1.6厘米，头围增加是大脑持续生长的重要指标；后囟门在第二个月时闭合，前囟门大约闭合1.3厘米。

（4）开始协调地移动双眼（双眼视觉），觉察到颜色（色觉已经出现）。

（5）正常的体温范围为35.7～37.5摄氏度。

（6）皮肤依旧很敏感，容易过敏；哭时有眼泪。

2. 4～8个月

（1）体重每月大约增加2.2千克，到8个月时，体重达到出生时的2倍；身高每月大约增长1.3厘米，平均身高为69.8～73.7厘米。

（2）在6～7个月之前，头围每月平均增加0.95厘米，然后增速放缓，每月大约增加0.47厘米，持续增长是婴儿大脑健康生长和发育的标志。

（3）开始长牙，首先长出来的是上下门牙；牙龈可能会红肿，同时伴随着流口水、咀嚼、咬东西和把东西塞进嘴里等现象的增多。

（4）腿经常呈现弓形，随着婴儿不断长大，这种弓形逐渐消失。

3. 8～12个月

（1）身高增长的速度比头几个月慢，平均每个月增加1.3厘米，1岁时的身高大约是出生时的1.5倍；体重平均每个月增长0.5千克，1岁时的体重大约是出生时的3倍，平均体重9.6千克。

（2）随着活动强度的不同，呼吸速率有所变化，一般每分钟20～45次。

（3）体温范围为35.7～37.5摄氏度，环境条件、天气、活动强度和衣着都会影响体温的变化。

（4）前囟门开始闭合；上下大约长出4颗门牙，2颗下臼齿开始萌出。

（5）胳膊和手比腿和脚的发育更好（发展的首尾原则）；相比身体其他部位，手的比例看起来很大，腿看起来依然呈弓形，脚底看起来是平的，因为足弓还没有发育完全。

（6）视敏度大约为0.2，能够看到远处的物体，能指向它们，双眼协调。

（二）运动发展

婴儿的动作发展，包括粗大动作发展和精细动作发展。

1. 粗大动作发展

1个月：最早是微微抬起下巴。

2个月：头部能抬得久一点。

3个月：能趴着把头抬起，并抬起45度，脖子也不再摇晃；带动躯干翻身。

4个月：能抬头挺胸，最经典的姿势就是头抬起到90度，用手肘支撑上身，胸部挺起来脱离地面。

5个月：能够从仰卧位翻身变成俯卧位；坐着的时候能竖直腰。

6个月：如果扶着，能够站直；站在成人的腿上会不停地跳跃。

7个月：能独坐几分钟；可以从趴着的姿势变成坐姿；开始学习爬行。

8个月：爬行的能力越来越好，爬行时会转动方向。

9个月：可以扶物站立，并能由立位坐下；能够灵活地向前向后爬；会拿杯子喝水，能自己拿食物吃。

10个月：能独立站立片刻；成人牵着手，会迈步；能迅速地爬行；喜欢推车、推椅子，并能推着走；坐、卧、爬、站的动作变化自如。

11个月：能用手捏起小扣子、花生米等东西，精细动作及协调能力提高。

12个月：能自己站稳，走得越来越远。

2. 精细动作发展

3～4个月前，婴儿的精细动作主要是本能抓握，包括三个特点：第一，偶然碰到什么就抓什么，没有目标，没有方向；第二，抓握时，整个手弯起来，无论抓什么，都是一把抓；第三，手眼不协调，能看到或感觉到物体，伸手去抓却抓不准。

从5～6个月开始，婴儿的精细动作主要是手眼协调的发展，手眼协调发展经历了三个阶段。第一，空间判断。5个月时，婴儿能看清物体的形象并准确判断出物体的空间位置。第二，五指配合。婴儿看见物体后，知道手的张开和紧闭，特别是五指的配合。第三，多种途径探索物体。当婴儿拿到物体后，会用眼睛、手、嘴巴等多种途径去认识拿到的物体。比如，会用眼睛仔细观察它的颜色和形状，用手不断地玩弄，使其发出声响，还可能用嘴巴去咬，了解物体的硬度、大小等。

6个月以后，婴儿的动作逐渐灵活，出现了双手的配合活动。他们会把物体从一只手倒向另一只手，手在认识活动中的作用越来越大。

从6～8个月开始，婴儿更喜欢乱敲、乱扔、乱撕各种东西，还喜欢做重复的动作。

9个月以后，婴儿手的动作进一步复杂起来，他们可以用左右手分别抓住不同物品，并且可以自如地放开物品，还可以借用工具来达到目的。

（三）感知觉发展

1. 感觉发展方面的具体表现

（1）视觉。

0～6个月，婴儿视网膜上的锥体细胞还没发育完全，看到的只是光和影，最佳聚焦距离是20～38厘米；3～4个月，婴儿能以视觉追随移动的物体，开始对红、黄、蓝、绿等基本的色调敏感；6个月，婴儿有了三维空间判断的能力，开始具备深度知觉。

（2）听觉。

2个月以后，婴儿对声音的接受度逐渐增加，可习惯生活中常听到的声音。3个月以后开始发展辨识、区别声音，对最熟悉的声音较有感觉，对声音的来源产生兴趣。8个月左右的婴儿会主动发出声音，并根据听到的他人言语而模仿发出声音，也逐渐可区分声音有无意义，大多数的婴儿在10个月左右会模仿叫妈妈爸爸。1岁以上的婴幼儿区分声音的能力更加成熟，并且会配合声音的节奏做动作，也会听从声音的指令。

（3）嗅觉。

2个月左右，婴儿会分辨不同浓度的气味，会对气味产生好恶；3～5个月，婴儿开始寻找和搜索气味的来源；5个月时，婴儿嗅觉能力快速发展；9～12个月时，婴儿已经有相当发达的气味分辨能力，嗅觉水平与成人接近。

新生儿对于照料者及环境非常敏感，并常借由嗅觉来建立亲子关系及产生归属感，因此照料者不宜在此阶段使用香水等会混淆嗅觉辨识的非自然气味干扰婴儿对气味的判断，可以抱着婴儿，借由熟悉的体味来稳定婴儿的情绪，并加深依恋关系。

（4）味觉。

4个月胎儿舌头上的味蕾已发育完全，能尝试羊水的味道了。7～8个月时味觉的神经束已髓鞘化，故出生时味觉已发育完善。出生第2天的婴儿就有味觉能力，1个月的婴儿对甜味有喜好的表情，但对咸、酸或苦味液体则做出皱鼻子、噘嘴等拒绝性的反应。婴幼儿的味觉较成人更敏感，成人不应以自己的喜好或标准为婴幼儿选择和制作食物，否则容易造成口味过重。要使婴幼儿的味觉得到良好的发育，应该特别重视断奶期的味觉体验，通过品尝各种食物，可促进对食物味觉、嗅觉及口感的形成和接受。

（5）触觉。

触觉系统是所有感官系统中最早发展的，最早从嘴唇开始。12周的胎儿就已有触觉反应；14周左右，触觉神经布满胎儿的全身。出生后，婴儿的脸部对压力最敏感，痛、痒到2～3个月才开始有所感觉。良好的触觉活动可以帮助婴儿建立安全感及稳定的情绪。0～1.5个月的婴儿，通过照料者的抚触，就能感受到被爱的感觉；3个月的婴儿已经可以透过不同的方式和不同的触觉经验，分辨出不同的照料者；4～7个月时，婴儿开始对自己的身体感兴趣，并进行探索；8～9个月后，

婴儿借由爬行、学步时的触觉刺激，增进感觉统合发展。

触觉防御型婴幼儿

触觉防御型的婴幼儿可能对一些特定活动相当排斥，如洗头、剪指甲、剪头发，或是不喜欢与他人共处，或是对于衣物有特定的喜好（不喜欢套头的衣服或是新衣服的质地），或是对一点点沙子、胶水、酱都呈现厌恶感。对触觉防御型的婴幼儿，照料者可以在帮他洗头、洗脸、洗澡或睡觉前，以手或柔软的毛巾，柔和地触压或按摩头、手、脚或背部，这些刺激具有安定神经的作用，有助于促进对触觉的接受。

2. 认知发展方面的具体表现

（1）1~4个月。

此时的婴儿能够注视距离30.5厘米远的移动物体；视线能够更平稳地追踪移动物体，无论是垂直方向，还是水平方向，移动可达180度；当物体消失后，婴儿的眼睛能够继续注视物体移动的方向。

他们能在一定程度上认识周围环境中物体的大小、颜色和形状。比如，能够识别自己的奶瓶，即便把奶瓶倒过来，呈现出不同的形状时也认识。当把奶瓶从婴儿床上拿走，或者将玩具藏在毯子下面时，婴儿便无视它们，表现为不再寻找，认为"看不见，即不存在"，此时的婴儿还没有发展出皮亚杰所说的客体永久性。

婴儿的视线能从一个物体移向另一个物体；能够把注意力集中于小的物体上，并伸手去够；能专心注视自己的手；能轮流注视，看看物体，看看自己的手（单手或双手），然后再转过头来看这个物体；能模仿一些手势，如再见、拍脑袋等。

（2）4~8个月。

此时的婴儿在听到熟悉的人声或其他声音时，会朝向声音的方向并定位声音的来源；能用眼睛注视小物体，并用任意一只手准确地抓住它们；协调使用手、嘴和眼睛，探索自己的身体、玩具和周围环境；模仿一些动作，如拍手、挥手再见和躲猫猫。

他们表现出深度知觉的迹象，产生紧张、退却和恐惧的情绪；喜欢从婴儿床边或高脚椅上看物体下落；喜欢反复把东西扔掉，让成人捡回来，乐此不疲；当把玩具或食物藏在布下面或屏幕后面，并露出一部分时，婴儿会去寻找，开始理解有些物体即使看不见，也是存在的（客体永久性开始出现）；能用多种方式操纵或探究物体，如观察、翻转、触摸表面、敲打和摇晃；能识别倒置的物体，比如，即使一只杯子以不同的方位放置，也能识别出来。

当给婴儿一个新玩具时，他们或忽视新玩具，或把手里原来的玩具扔掉，因为他们每次只能玩一个玩具；喜欢玩小玩具，如摇铃或积木。

婴儿开始对主要照料者建立完全的依恋，会主动去找主要照料者，更喜欢被主要照料者抱，这与婴儿对客体永久性的理解力不断增强是一致的。

（3）8~12个月。

此时的婴儿乐于对当前环境中的人、物和活动进行观察；能通过指着远处的物体来表现对物体的关注。

他们能对听力测试做出回应（声音定位），但是，很快就失去兴趣；开始理解一些词的意义（接受性言语）；能遵从简单的指令，如"再见"或"拍手"。

他们会伸手去够看得见但够不着的物体，而且什么东西都往嘴里放；当给他们其他玩具或物体时，还是会把原本手里的东西扔掉；把物体反过来依然能认出，如知道杯子口朝下依旧是杯子。

他们喜欢做模仿活动，玩拍手游戏；会故意重复地扔玩具；能朝着物体下落的方向看；能合理地使用日常物品，如假装从杯子里喝水，戴"项链"，抱娃娃，梳头发，让玩具"走路"等。

他们还表现出一定程度的空间关系感；能把木块放进杯子里，当成人要求拿出来时他们再拿出来；能把勺子放进嘴里，用梳子梳头发，翻书。

在该阶段末期，即便玩具或物体被完全藏起来，婴儿也会去寻找。

（四）言语和语言发展

从1~2个月开始，多数婴儿会发出自发性的咕咕声；大约3个月开始产生连串的咕咕声，当婴儿发出咕咕声时，其口腔动作已经出现类似说话的动作；大约在4个月会发出咯咯的笑声。这之前被称为咕咕期，之后则被称为牙牙学语期。5~8

个月，婴儿开始探索自己可以发出什么声音，会大量地发出不同的辅音和元音，也会出现语调的模仿；10个月左右，婴儿会不断重复同一个音节，这有助于后期正式语言的形成。

婴儿的言语和语言发展在不同年龄阶段的具体表现不同。

1. 1~4个月

1~4个月的婴儿能对声音（如人声、摇铃声或门铃）做出反应（如停止抽泣，表现出受到惊吓的样子），随后会通过转头和看向声音的方向寻找声源；能够协调发声、注视和进行身体运动，与照料者进行面对面交流，能够回应以保持交流继续；当成人对婴儿说话或微笑时，婴儿能够咿呀学语或发出咕咕的声音；即使婴儿失聪，也会开始咿呀学语，使用单元音ah、eh、uh等发出声音；能够大声笑。

2. 4~8个月

4~8个月的婴儿对自己的名字和简单的要求（如"过来""吃饭""挥手再见"）能做出恰当的回应；模仿一些非言语的声音，如咳嗽、弹舌和咂嘴的声音；能发出全部元音和一些辅音；对他人不同语调的声音，如生气、玩笑、悲伤，能做出不同的回应；通过发出不同的声音来表达自己的情绪，如高兴、满意和愤怒；与玩具"交谈"；咿咿呀呀，重复一系列同样的音节；对不同的噪声（如吸尘器响声、电话铃声或狗叫声）做出不同的反应；会哭，会啜泣，会从照料者那儿寻求安慰。

3. 8~12个月

8~12个月的婴儿能有意地咿咿呀呀或叽里咕噜地"说话"，发起社会交往；可能会为了吸引别人的注意而大喊大叫，听听别人的反应，如果没有回应会再次大喊；懂得摇头表示"不"，点头表示"是"；当别人叫自己的名字时，会寻找声音的来源；会模糊不清地说"ma、ma、ma""ba、ba、ba"；随后会说混杂语（许多语言共有的音节和发音，发出类似语言的音调）；在被要求时，会挥手再见、拍手等；喜欢押韵词和简单的歌曲，会跟着音乐摇摆身体；如果在提出要求时配合适当的手势，会把玩具或物品递给成人。

（五）情绪与社会性发展

婴儿在5个月~1岁时开始出现陌生人焦虑，此种焦虑在8~10个月时达到最高峰。婴儿对陌生人的这种反应可以证实，婴儿在概念上已能区分照料者与他人的不同。

分离焦虑通常发生在婴幼儿时期，或是儿童期需要上学的时候，有些人的分离焦虑甚至延续到成人期，这将影响其人际互动与生活适应。婴幼儿分离焦虑的常见反应为黏人、哭闹并感到不安。这是正常情绪发展现象，建议用鼓励的方式，逐渐缓解婴幼儿的分离焦虑。

婴幼儿与照料者依恋关系的品质对婴幼儿情绪发展有相当大的影响，根据安斯沃思的研究，依恋发展分为以下五个阶段。

第一阶段为1~3个月时，婴儿做出包括吮吸、拱鼻、抓握、微笑、注视、搂抱、视觉追踪等行为，通过这些接触，婴儿了解到照料者的独特特征。

第二阶段为3~6个月时，婴儿回应熟悉的人的微笑要多于陌生人，且熟悉的人出现时，会表现出较多的兴奋，如果熟悉的人离开，则会有焦躁不安的情绪表现。

第三阶段为6~9个月时，婴儿爬行能力和伸手抓握的协调能力的提升使其能更有效地控制行为，能主动寻求与依恋对象的身体亲近。

第四阶段为9~12个月时，婴儿与照料者的互动模式会被组织成一种复杂的依恋基模。

第五阶段为12个月以后，幼儿会使用种种行为去影响照料者的行为，如要求父母抱抱，跟随在大人身边等，以满足他们对身体接触、亲近和爱的需要。

婴儿的情绪与社会性发展在不同年龄阶段的具体表现不同。

1. 1~4个月

此时的婴儿能够维持、终止或躲避与别人的交往。比如，婴儿能够任意转向或背向某个人或某种情境。

2. 4~8个月

此时的婴儿喜欢观察周围环境，持续不断地观察人和活动；开始形成自我意识，把自己看作独立于他人的个体；性格变得越来越开朗，越来越好交际，喜欢微笑、发出咕咕的声音。

婴儿能区分父母、兄弟姐妹、老师、陌生人等，并对不同的人做出不同的反应；对他人不同的面部表情，如皱眉、微笑等做出不同的、恰当的回应；能模仿别人的面部表情、动作和声音。

在该阶段之初，婴儿见到陌生人时还比较友好，稍后不太愿意被陌生人靠近或照看，表现出陌生人焦虑；喜欢被人举起来和抱着，能通过举起手臂和大叫，表达自己想被抱起来的愿望。

如果生理和情感需要始终能够得到满足，婴儿就能与家庭成员建立信任关系；到6个月时，婴儿开始表现出对主要照料者的偏爱；会大声笑；如果玩具或其他物体被拿走，会变得不高兴；能通过身体动作或言语，或二者结合，来寻求注意。

3. 8~12个月

此时的婴儿对陌生人表现出明显的害怕，紧紧抓住主要照料者并藏在他们身后，通常对与熟悉的成人分离表现出抗拒；希望成人一直在身边陪伴自己，当身边没有人时会大哭，去各个房间寻找。

他们喜欢待在家庭成员的身边，参与家庭成员的日常活动，变得越来越喜欢交际，性格外向；喜欢探究新事物，喜欢新奇的体验；通过向上伸胳膊、哭或者抓住成人的腿，表达自己想被抱的需要。

他们会特别喜欢某个玩具或毯子，当它丢失时会大哭大闹；当听到自己的名字时，会抬头看并对说话的人微笑；重复能吸引别人注意力的行为，不停地叽叽喳喳地说话；能执行简单的指令和要求，能够理解"不""是""过来"和其他常用短语的含义。

二 婴儿期教养策略

（一）1~4个月

（1）模仿婴儿的发声和面部表情（如发出咕噜咕噜的声音、咂嘴、打哈欠、眯着眼睛看、皱眉），给婴儿唱歌，把杂志、书或者任何你感兴趣的内容大声读出来，重要的是你的声音和亲密接触；玩简单的躲猫猫游戏（在你的脸前面挡一块布，然后拿下来，说"躲猫猫"），如果婴儿感兴趣，就重复这个动作。

（2）轻轻地伸展、弯曲婴儿的胳膊和腿，边动边唱一首自编的曲子，随后，轻轻地做"骑自行车"动作或摇摆手臂活动。

（3）用一个小玩具触碰婴儿的手（声音轻柔的摇铃或者其他较为安静的会发

声的玩具效果尤其好），鼓励婴儿抓住玩具；抱着婴儿四处走走，触摸不同的东西，并告诉婴儿它们的名字；抱着婴儿站在镜子面前，摸一摸自己的五官，并告诉他五官的名字"宝宝的嘴巴，爸爸的嘴巴；宝宝的眼睛，妈妈的眼睛"；在婴儿床附近放一面不易碎的镜子，这样婴儿可以看到自己，并跟自己讲话。

（4）在婴儿床附近悬挂颜色鲜亮的玩具或有黑白几何图形的图片，经常更换，以维持婴儿的兴趣与注意力；在婴儿的短袜上系上小铃铛（要保证安全），这可以帮助婴儿定位声音来源，同时还能让他了解到自己是有力量的，能使物体发声。

（二）4~8个月

（1）逐渐细化早期活动，如模仿婴儿的声音、面部表情和身体动作，告诉婴儿身体各部位的名称，和婴儿一起照镜子并做鬼脸；当婴儿拿着东西开始乱晃时，给他们准备一些玩具或会发声的家居用品，如一套量匙、一串钥匙等。

（2）把东西放在婴儿刚好够不到的位置，促进婴儿多运动（身体活动），增强婴儿的手眼协调能力；经常对着婴儿大声阅读，无论是报纸还是杂志，婴儿虽然不能理解你读的具体内容，但是他们开始学习单词的发音、音调的升降及面部表情，能够认识到阅读是一种快乐的体验。

（3）伴着音乐，带着婴儿玩耍、跳舞或来回走动，不时地改变节拍和动作，轻轻地晃动、转圈，在镜子前跳舞，给婴儿描述这些动作；给婴儿唱各种类型的歌曲，如好玩的歌谣、摇篮曲、流行歌曲，鼓励婴儿跟你一起"唱"，并模仿你的动作。

（4）给婴儿充足的时间洗澡，对于婴儿而言，洗澡是一个促进各领域发展的重要机会，也是十分愉快的体验；带婴儿玩一些当场可做的简单游戏，如手指游戏，"宝宝的鼻子/眼睛/手……在哪里"游戏等；成人和婴儿可以轮流摇晃摇铃、轻触额头或拍手。

（三）8~12个月

（1）继续开展之前建议的活动，包括唱歌、阅读、说话、玩简单的游戏（如滚球、把物体堆叠在一起等），并对婴儿的努力及时给予鼓励。

（2）为婴儿提供一片安全的地面活动空间，让他们学习坐、爬、站以及探

索，这是这一时期婴儿的主要任务；与婴儿一起看相册，谈论婴儿每天生活中发生的事情；与婴儿一起阅读结实的、颜色鲜艳的图画书，允许他们帮着拿书、翻页；指着图片，告诉婴儿图中物体的名称，帮助他们建立物体与名称之间的关联。

（3）与婴儿谈论正在进行的活动，说出物体的名称，对关键词进行强调，如"这是肥皂""你挤一下海绵""吃饭之前先洗手"；给婴儿下达简单的指令，如"指一指宝宝的鼻子"；给婴儿足够的时间做出反应，如果婴儿看起来有兴趣却没有做出回应，要给婴儿示范一下；鼓励婴儿用小玩具、小木块或其他东西装满一个容器，再把它们都倒出来；给婴儿提供推拉式玩具、有轮子的玩具和能滚动的大球。

第三节 幼儿早期（1～3岁）

情境导入

　　2岁的丁丁在玩玩具，同龄的乐乐看见了丁丁手里的玩具，二话不说，上去就抢。嘴巴还嚷着："我的，我的。"丁丁不给，两个孩子就直接打起来了。双方家长都觉得十分的尴尬。

知识导读

　　上述情境中提到的现象，孩子似乎开始变得特别"不听话"了。是的，即使有了"我"的意识，孩子还需要在社会化的道路上经历一段较长的历程。在这段历程中，他们要学习如何与人相处，如何体悟别人的感受。从大脑发展的角度看，孩子们一般是在满4周岁后，才能较好地进行自我调节。因此，很多幼儿园老师发现，一到中班，孩子仿佛就懂得遵守规则了。从产生自我意识，到逐渐将自我意识发展成处理好自我与他人、自我与社会的关系，是需要时间的。我们要尊重孩子的成长规律、耐心等待、合理教养。

 一　幼儿早期发展特点

　　1岁幼儿具备直立站起和蹒跚行走的能力，这有助于他们认识和探索周围的世界。他们开始说话和行动，只有在必须吃饭和睡觉时才停下来。他们的好奇心增强，能力日益提高，精力似乎永无止境。1岁幼儿认为，所有事物、所有人都只是

为他的利益而存在的，满足于将所有物品宣称为"我的"，最终，这种自我中心会逐渐转变为对他人的尊重。他们喜欢独自玩耍（单人游戏），模仿其他孩子的行为，而不是和其他孩子一起玩耍。

2岁是一个既美妙又富有挑战性的年龄阶段。不少家长经常这样描述2岁幼儿：不可理喻或执拗叛逆。然而，2岁幼儿所表现出的强烈决心、发脾气和对约束的零容忍，都只是正常发育的一部分，几乎不受幼儿自身的控制。他们需要学习和记忆新技能、新行为，以解决渴望独立（自主权）与依赖之间的冲突和斗争。他们会感到挫败，难以做出选择，对即使真正想要的东西也会说"不"。随着技能的发展和意识的提高，幼儿将获得越来越多的自信。

3岁的幼儿往往更加平静、放松和合作，与成人在争取独立权上发生的冲突有所减少，也不再那么强烈。他们很少出现情绪爆发，大多数时间都会遵从成人的要求，而且延迟满足的时间也更长。他们更能了解和接受他人，因此能够参与团体游戏。通常来说，他们非常享受自己的生活，对探索周围世界的所有事物表现出抑制不住的渴望。

（一）生理发展

1. 1岁

（1）这一阶段的发育相对缓慢得多。身高约为81.3～88.9厘米，每年大约增长5～7.6厘米；体重约为9.6～12.3千克，每月增加0.13～0.25千克，体重达到出生时的3倍；呼吸速率每分钟22～30次，随着情绪状态和活动水平的不同会有所波动；心率（脉搏）每分钟80～110次；头围与胸围几乎相等，头围缓慢增长，每6个月大约增长1.3厘米；随着颅骨的增厚，前囟门在18个月大时接近闭合。

（2）开始迅速长牙，这一阶段会长出6～10颗新牙；腿部可能还呈现弓形；体型出现变化，仍然头重脚轻，腹部凸出，背部后倾。

2. 2岁

（1）身高达到86.3～96.5厘米，每年增加7.6～12.7厘米；体重达到11.8～14.5千克，或是出生体重的4倍，每年增长0.9～1.1千克；身体姿态更加挺拔，腹部仍然较大并鼓出，由于尚未完全发育的腹部肌肉软弱无力，背部有些摇摆。

（2）呼吸较慢、有规律，大约每分钟呼吸20～35次；体温仍然随着活动水平、情绪状态和周围环境的变化而波动；大脑达到成人脑容量的80%。

（3）牙齿几乎长齐（乳牙总数达到20颗），第二磨牙出现。

3. 3岁

（1）生长较为平稳，但是比前两年稍慢一些。通过测量3岁时的身高，能预测儿童成年后的身高，男童3岁时的身高一般达到成年身高的53%，女童一般达到57%。身高为96.5～101.6厘米，接近出生时的2倍，每年增长5～7.6厘米；腿比手臂长得快，这使得3岁幼儿长得更高更瘦，更加接近成人的体型；体重为13.6～17.2千克，每年增长1.4～2.3千克。

（2）心率（脉搏）每分钟90～110次；根据活动强度的不同，呼吸速率每分钟20～30次；体温为35.5～37.4摄氏度，会随着活动强度、疾病和压力有所波动。

（3）随着"婴儿肥"的消失，脖子似乎变长了，身体姿态更挺直，腹部不再凸出。

（4）长出整齐的乳牙20颗。

（二）运动发展

1. 1岁

1岁的幼儿能够灵活地爬行，并迅速到达想去的地方；双脚分开、腿部挺直、双手张开保持平衡时能够独自站立；在没有帮助的情况下，能够自己站起来；大多数幼儿快2岁的时候无须帮助就可以独立行走，但仍有些走不稳，常会摔倒，偶尔不能成功地绕开家具或玩具等障碍物，可以利用家具从床上下到地面，向后倒成坐姿，或者向前倒以手撑地然后坐下；喜欢在走路的时候推拉玩具，反复地捡起和扔掉东西，方向感更好；尝试奔跑，但是停下来有困难，常常摔倒在地；能够手脚并用地爬楼梯，并以相同的姿势倒退着下楼梯；到处搬运玩具。

他们能用蜡笔和记号笔涂鸦；常常坚决要自己吃饭，想要握住勺子（常常背面朝上）和杯子，把餐具往嘴里送时常常对不准，将食物撒出来；在成人读故事书的时候帮助翻页；能比较精确地堆起2～4件物品。

2. 2岁

2岁的幼儿在行走时身体姿态更笔直，脚后跟抵着脚趾小步走；能灵活地绕过道路的障碍物，跑步时更加自信，跌倒的次数减少；玩耍时，蹲坐的时间更长；爬楼梯无须帮助（但不会双脚交替）；抓住栏杆支撑身体能够单脚站立一小会儿；能跳上和跳下，但可能摔倒。

他们表现出已经准备好接受如厕训练的特征，如理解干和湿的概念，能脱下和提上裤子，能表达自己的需要，理解并遵循指示等；可以开始接受如厕训练，但是依旧会发生"事故"。

他们能用单手拿住茶杯或玻璃杯，转动旋转门把手开门；能解开大扣子，拉开大拉链；能用拳头握住大的蜡笔，充满热情地在大纸张上涂鸦；能爬上椅子，转身并坐下；能将4~6个物品向上垒起来；能用脚推动带轮子的骑行玩具前进；能投出较大的球，并保持身体平衡。

3. 3岁

3岁的幼儿在无协助的情况下，可双脚交替上下楼；直接跳下最后一级台阶，双脚着地，单脚保持暂时的平衡；能踢大球、原地跳、骑小三轮车，双臂张开抓住反弹起的大球；喜欢荡秋千（不能太高或太快），要求成人推动自己，开心地大笑。

他们能更好地控制蜡笔或记号笔，画出垂直线、水平线和圆形等；可以用拇指、食指和中指抓住蜡笔或记号笔，不像之前那样需要用拳头才能握住；自己吃饭，很少需要帮助；看书时能一次翻一页；喜欢搭积木，能搭建8层及以上的积木塔；玩橡皮泥，狂热地捶打、滚动、揉挤橡皮泥。

此时幼儿开始展现出优势手；手持装有液体的容器（如一杯牛奶或一碗水）而不会洒太多，能从水壶里往其他容器中倒水；能系上衣服的大纽扣，拉上拉链；能洗手并擦干；能自己刷牙但刷得不彻底；能完全掌握对膀胱的控制。

（三）感知觉发展

1. 1岁

1岁的幼儿喜欢玩"藏东西"游戏。在这一阶段早期，幼儿常常去同一地点寻找藏匿起来的物品（如果幼儿曾经看到这个物品被藏到该处），后期学会了在几个地点寻找；接受第二件物品的时候，会将原来的物品放到另一只手上，出现新物品的时候，懂得将一件物品暂时先放到一边，从而支配3~4个物品。

和从前相比，1岁幼儿更少地将玩具放到嘴里，表现出对功能关系（有组合关系的物品）的理解；喜欢看图画书；能说出很多日常用品的名称；将勺子放到碗里，然后拿起勺子装作吃饭的样子；试图让玩具娃娃站起来，并假装走路；展示玩具或拿给其他人看；把几种小的物品（积木块、晒衣夹、麦片等）放进一个容器或瓶子中，再高兴地将它们倒出来。

2. 2岁

2岁的幼儿能遵循简单的要求或指导；手眼协调能力进一步增强，能将几个物品放到一起或分开，能将大的玩具木钉放进木钉板中；开始有目的地而不是随意地使用物品，如假装积木是小船推着到处走，将箱子当作鼓，将水桶翻过来做帽子等；能从某个维度完成简单的分类任务，如将玩具恐龙与玩具汽车分开，将积木与彩笔分开，这一发展对于幼儿进一步学习数学非常重要。

他们会长时间凝视某一物品，似乎完全被吸引，或全神贯注，想要弄明白某种情形，如网球滚到哪儿去了，小狗跑到哪儿去了，声音是从哪儿发出来的；会长时间参与自己选择的活动。

他们能说出图画书中物品的名称，可能会假装从书页中拿起物品品尝或用鼻子嗅；能识别并表达疼痛，能指出疼痛的位置。

3. 3岁

3岁的幼儿会聚精会神地聆听适合自己年龄的故事，在聆听故事的时候做出评论，尤其是关于家的故事和他比较熟悉的故事；花相当长的时间看书，可能会通过解释图片假装给他人阅读；喜欢听有谜题、猜想和悬念的故事；当听到发音相似的词语（如猫和毛、兔和土、盘子和胖子等）时，能精确地指出正确的图片。

他们喜欢玩贴近现实的游戏，如给玩具娃娃喂食，让玩具娃娃躺下睡觉，为玩具娃娃盖上小被子，将玩具卡车挂到玩具拖车上，给玩具卡车装上"货物"，拖着玩具卡车走并发出马达轰鸣的声音；能将8~10个玩具钉子放到小钉板上，或将6个圆形和6个方形积木放进积木模板里；尝试画画，学着临摹圆形、方形和一些字母，但画得不够完美；能识别三角形、圆形、正方形，并按要求指出正确的形状；在单一维度上对物品进行分类，如颜色、形状或大小，通常选择颜色或大小作为分类依据；至少能说出和匹配三原色（红、黄、蓝）；会大声数出物品的数量，表现出对时间持续性的理解，如会使用"一直""一整天""两天了"等。

（四）言语和语言发展

学习语言是人类天生的本能，婴幼儿学习母语一定就是以与生活直接接触的学习方式，婴幼儿通常在18个月左右开始大量出现口语词汇。24个月时婴幼儿词汇量应已超过50个，并开始出现双词语句，如"妈妈抱抱"。36个月时词汇量约有1000个，并已经开始出现符合语法的语句。结合生活经验、环境刺激的学习，

才能奠定早期语言学习的基础。

1. 单词句期：1岁

1岁的幼儿创造了很多混杂语，将"语"和"音"混合在一起变成类似言语（语调曲折变化）的模式，用一个词语传达完整的想法，具体含义则取决于语调，如"我"可能用于要求"要更多的饼干"或者"想要自己吃饭"，随后开始使用两个词的短语来表达完整的想法，这种语句被称为"电报句"，如"更多饼干""爸爸再见"；遵循简单的指令，如"给爸爸茶杯"；在被要求时，能指出熟悉的人、动物和玩具等；如果有人说出身体部位的名称，能理解并辨别身体部位；能通过说出名称表明自己想要的物品和想做的事情，如"再见""饼干""故事""毛毯"等；言语要求常常伴随着迫切的手势，对简单的问题能够回答"是"或"不"，并伴随相应的头部动作；能理解25% ~ 50%的语言，应要求能够找到熟悉的物品；能使用5 ~ 50个词语，理解并回应一些简单的问题；使用手势，如用手指或推拉的动作，来引起成人的注意力；喜欢押韵诗和歌曲，会跟着节奏跳舞和唱歌；似乎知道互相交谈需要有互惠式（你来我往）回应，会进行一些发声的话轮转换，比如发出并模仿声音。

2. 多词句期：2岁

2岁的幼儿能以用手指书、发出相应的声音、翻页等方式读书；非常喜欢听别人读书；意识到语言能够有效地令他人对自己的需求和喜好做出回应，能提出简单的请求，如"还要饼干"，能拒绝成人的要求，如"不"；能使用50 ~ 300个词语，词汇量持续增加；对语言的理解力远远超过口头表达能力，即接受性语言远远超过表达性语言；能说出由3 ~ 4个词语组成的句子，使用常规的词序组成更加完整的句子；将自己称为"我"，而不是叫自己的名字，如"我走了，再见"，能毫无困难地表达"我的"；通过添加"不"等否定词来表达否定陈述，如"不牛奶""不洗澡"等；会重复地问"这是为什么""那是什么"等。

3. 复句期：3岁

3岁的幼儿能谈论不在场的物品、人物或未在进行中的事件，会问很多问题，尤其是关于物品、人物的位置和身份的问题；要求他人关注自己或环境中的物品，驱使他人行动，如"咱们从水上跳过去吧，你先来"；能使用常用的社交用语，如"你好""再见""请""走吧"；能描述看到的物品或正在进行的事件，如"那儿有个房子"；词汇量越来越丰富，掌握300 ~ 1000个单词；能背诵童谣，唱歌；大多数时间使用的语言都是可理解的；涉及熟悉的物品和事件时，能询问"你在做什么""这是什么""在哪儿"等。

婴幼儿语言发展阶段具体如表9-3所示。

表9-3　婴幼儿语言发展阶段

前语言期 （准备、先声期）	出生～1岁	哭泣，手势、呀呀声音（出现明显、固定顺序）
		咕咕声（感觉舒服时发出）→呀呀语（3～4个月）→雏形语言（出现语调模仿）
单词句期	1～1.5岁	说"妈妈"（可能代表"妈妈我要抱"）、"喵喵"（指猫）
双词句期	1.5～2岁	句子不完整，文法不合；爸爸bubu（可能代表"爸爸我要坐车"）
造句时期	2～2.5岁	模仿人说话，学会"你、我、他"
好问时期	2.5～3岁	喜欢问问题和使用复句
完成语言期	3～6岁	语言发展接近成人

（五）情绪与社会性发展

情绪是由某种刺激（外在的刺激或内在身体状况）所引起的个体自觉的心理失衡状态，身体也会产生生理变化，例如愤怒时脸红、气喘等。情绪的发展与其他复杂行为一样，一定要通过成熟与学习两种方式而发展。婴幼儿的情绪反应是随着生物最原始的反应逐渐分化而来的，受到成熟与学习影响深切。加拿大心理学家布雷吉士（Bridges）提到新生儿的情绪有"恬静"及"杂乱无章的激动状态"两种状态。随着孩子的身心发展，"杂乱无章的激动状态"再分化为"苦恼"与"兴奋"。当婴儿3～6个月大时，"苦恼"的情绪反应越来越成熟，一般源于饥饿、尿布湿了这些不适现象，通常表现方式是啼哭、手脚齐舞。在此基础上，苦恼再次分化为"惧怕""厌恶"与"愤怒"；约18个月时，再发展为"嫉妒"。

在婴儿约3个月大时，"兴奋"的情绪反应分化为"愉快"，表现为有人逗弄玩耍时的喜悦反应；6～12个月大时，"愉快"的情绪反应会发展为"得意""喜爱"；18～24个月大时，再分化为"快乐"。为了让婴幼儿在早期情绪发展过程

中有良好的分化基础，照料者在与婴幼儿相处过程中，要积极回应婴幼儿的需求，做好情绪管理，有良好的情绪示范，能以温和和缓的态度来处理生活事务，并给予婴幼儿充分的安全感以及正当宣泄情绪的方式。避免不良情绪过度累积，而导致情绪困扰的情况发生。

1. 1岁

1岁的幼儿对他人保持友好，对陌生人常常不太提防；应要求能帮忙捡起并放好玩具；能够独自玩耍较短的一段时间；喜欢被抱着听人读书；玩耍时，观察和模仿成人的动作，渴望得到成人的注意，希望成人待在自己身边，拥抱和亲吻成人；能够在镜子中认出自己，喜欢其他小朋友的陪伴，但是很少参与合作游戏；开始维护自己的独立性，常常拒绝从事之前很喜欢的日常活动，在成人要求时拒绝穿衣服、穿鞋子、吃饭、洗澡等，想要在没有帮助的情况下独立做事；当事情出现问题，过度疲劳、饥饿或感到挫败时，偶尔会发脾气；对周围的人和环境表现出极大的好奇心，接近并搭讪陌生人，在无人陪伴时四处乱走，翻箱倒柜。

2. 2岁

2岁的幼儿表现出同理心和关怀的迹象，会安慰受伤或受到惊吓的小朋友，有时会拥抱和亲吻其他小朋友，但可能表现得过度亲热；受挫或生气时，仍然会使用身体攻击，有些幼儿的暴力倾向更加明显，但随着言语能力的提高，身体攻击通常会减少；会突然大发脾气，表达沮丧的情绪，这一年中发脾气的频率通常达到顶峰，而且发脾气时听不进规劝；让他们等待或轮流做某事很困难，常常表现出不耐烦，非常渴望得到帮助；喜欢发号施令，提出要求并希望成人立刻服从；观察并模仿其他儿童玩耍，但是很少加入，喜欢独自玩耍；向其他儿童提供玩具，但是常常对玩具有很强的占有欲；仍然喜欢藏匿玩具；经常违抗成人的命令，几乎不假思索地大声说"不"；希望每件事情都有条理，非常固守惯例，希望日常事务能够严格按照之前的模式进行，物品应当放在平常摆放的地方。

3. 3岁

3岁的幼儿似乎理解了轮流的含义，但并不总是愿意这么做；经常大笑，待人亲切，渴望让人高兴；偶尔做噩梦，害怕黑暗、怪物、火等；常常自言自语；能识别自己是"男孩"还是"女孩"；观察其他儿童玩游戏，可能会短时间加入游戏；常常玩其他小朋友正在玩的游戏，保护自己的玩具和财产，有时表现出攻击性，抢夺玩具，打其他小朋友，把玩具藏起来；独自或和其他小朋友一起玩装扮游戏；对更小的小朋友或受伤的小朋友表现出爱心，需要时间和练习才能学会与别人一起玩游戏；坐下听故事的时间一次长达10分钟，不会打扰其他正在听故事的小朋友，如果被打扰或被打断会生气；可能仍然会向小毛毯、毛绒动物或玩具等寻求安慰。

婴幼儿情绪发展里程表具体如表9-4所示。

表9-4　婴幼儿情绪发展里程表

年龄	情绪发展
0~5周	满足、惊讶、厌恶
6~8周	高兴
3~4个月	生气
8~9个月	害怕、悲伤
1~1.5岁	害羞
2岁	骄傲
3~4岁	嫉妒、罪恶
5~6岁	自信、谦虚、担心

二　幼儿早期教养策略

（一）1岁~1岁3个月

成人应为刚刚学步的幼儿提供安全无障碍的运动环境，支持、满足他们肢体动作的需要，引导幼儿体验满足的喜悦；坚持饮食、起居有规律，饮食营养搭配合理、全面；衣着需简洁，方便活动；为幼儿准备方便使用的餐具、用具，如带柄的饭碗、带吸管的饮水杯等；保证对幼儿的全程看护，以避免意外事故的发生；在日常生活中，精心为幼儿提供丰富的语言与环境刺激，通过听、说、看、触摸等多种感觉活动，增强幼儿对身边事物的认知和记忆；尽可能多地通过游戏与幼儿的体肤接触，通过言语支持提高幼儿的活动积极性，培养幼儿稳定愉快的情绪；有意识地扩大幼儿的社会交往范围，让幼儿和其他小朋友及他们的家长多接触，提高幼儿对陌生环境及陌生人的适应能力。

（二）1岁3个月～1岁9个月

在家庭环境中，设立可以满足幼儿独立活动的安全区域；将尖锐的器物、药品、电源插板等危险物放在幼儿接触不到的地方，使幼儿在愉悦的自主活动中快乐、健康地成长；让幼儿学习自己收拾玩具；有计划地在生活中培养幼儿控制自己的大小便，学习使用便器；鼓励幼儿在自己需要的时候主动地运用语言请大人帮忙和表示谢意；在一日饮食中适当添加小部分硬食物，如面包干等，以促进幼儿颌骨及牙齿的发育；准备适合这个年龄阶段的幼儿玩耍的玩具，促进其认知水平和手部肌肉的活动能力的发展；满足幼儿自己做事的愿望，让幼儿在尝试中积累经验，体验因果关系，进一步了解身边的事物；为幼儿提供规范的语言模仿、学习的榜样，不断地强化幼儿听、学、说和创造新语汇的欲望与积极性，鼓励幼儿大胆表达。

（三）1岁9个月～2岁

为保证幼儿足够的运动与新鲜空气摄入的需要，成人不要因为惧怕意外事故而消极地控制、约束幼儿的活动；要在生活中培养幼儿健康的饮食习惯，让幼儿喝白开水，并接受多种食物，养成每日（4～5次）定时、定点、定量的进餐习惯；为幼儿提供便于穿脱与方便活动的衣裤，降低幼儿在自理大小便活动中的难度；通过游戏不断激发幼儿的玩耍兴趣和探究愿望，鼓励、支持幼儿自己寻求富有挑战性的活动，并从中获得快乐；重视、欣赏幼儿主动向成人表达意见，使幼儿在语言沟通中不断获得肯定，感受成功；引导幼儿看书、读书的兴趣，培养幼儿的好奇心、求知欲；培养幼儿的是非观念，对幼儿正确的行为要及时给予鼓励，反之，则要及时制止或转移其注意力。

（四）2岁～2岁6个月

成人对幼儿的安全教育要自然地融入日常生活里，切忌恐吓和过分强化，避免由于成人的养护偏执，造成幼儿胆小退缩的性格；幼儿独立做事、坚持己见的时候增多，要在避免对立的前提下尽可能地满足幼儿的合理要求，使幼儿在自主追求成功的过程中积累认知经验；在帮助幼儿建立初步的卫生习惯的同时，培养他们掌握相应的技能，如自己洗手、擦嘴等；在日常生活中，增强幼儿对是非的辨别能力，帮助幼儿克服任性和执拗；培养幼儿良好的行为习惯，让幼儿知道在做客、聚餐、购物等不同的场合应该怎样做，能为获得成人的赞许约束自己的行为；鼓励幼儿做些简单的家务事，如搬运物品，送东西给长辈，收拾玩具和用具等；创设有趣的游戏，使幼儿在游戏中了解数的实际意义，如"一个杯子""两块糖"。

（五）2岁6个月～3岁

在愉快的进餐过程中，让幼儿了解进餐规矩，能在固定的地方安静地吃完自己的饭菜，会正确地使用餐具，不偏食，不挑食；帮助幼儿建立持之以恒的定时排便的习惯；注重对幼儿进行遵守社会公约规范的适应性培养，让幼儿在公共场所游戏时，体验到轮流分享带来的平等、愉快；培养幼儿与父母外出购物、付款时学会选择和等待，参观游览时感受规则与约束等，不断提高幼儿在社会生活中的适应能力；通过多种亲子趣味游戏，激发幼儿学习探究的热情与好奇心，鼓励幼儿提出疑问，发现新异事物，赏识幼儿游戏中的"破坏"、发明行为；培养幼儿的独立性，鼓励他们做自己能做的事，尽可能降低幼儿对成人的依赖。

第四节　儿童常见心理行为问题及干预原则

情境导入

　　2岁半的明明看书的时候吮吸手指，吃饭的时候吮吸手指，看电视的时候吮吸手指，紧张的时候吮吸手指……不管什么时候，他总是在吮吸手指，这种情况是正常还是异常？为什么？

知识导读

　　儿童心理行为发育和体格生长一样，在正常范围内存在个体差异，少数还会有偏异，出现儿童心理发展水平偏离或障碍，这些均需要早期识别和干预。

　　儿童心理行为问题是指儿童的心理活动、行为表现偏离常态的现象。而儿童心理行为障碍是指儿童因某种生理缺陷、功能障碍或不利环境因素作用而出现的心理活动和行为的异常表现，如孤独症谱系障碍等。儿童心理行为障碍具有以下一个或几个特征：①儿童自身承受不同程度的痛苦体验，如恐惧、焦虑或悲伤；②儿童有不同程度的功能损害，包括躯体、情感、认知或行为等方面；③这些障碍有可能进一步加重儿童的损害，如伤残、疼痛等。

一　一般行为问题

　　儿童的一般行为问题也称作发育行为问题或行为偏异，是指儿童发育过程中出现并引起照料者烦恼的单个行为异常现象。不同年龄阶段的儿童有不同的行为问题，各种异常现象持续的时间也长短不一，随着年龄的增长、教育或环境的变化可逐渐消失，一般不会持续到成年期。儿童期常见的一般行为问题包括吮吸手指、啃咬指甲、屏气发作、发脾气、拔毛发癖和习惯性擦腿动作等。

（一）吮吸手指

吮吸手指是指儿童自主与不自主地反复吮吸拇指、食指等手指的行为。婴儿早期由于吮吸反射的存在，可能有吮吸手指的行为，属于正常生理现象，发生率可高达90%。随着年龄增长，儿童吮吸手指的行为逐渐减少，4岁时的发生率仅为5%，学龄期以后则应逐渐消失。儿童早期的这种行为可以减少儿童的哭叫，帮助儿童入睡，起到自我安抚的作用。但如果学龄前期儿童仍存在难以克服的吮吸手指行为，或干扰、影响到儿童的其他活动，或引起牙齿咬合不良等口腔方面的问题时，则视为异常，应尽早矫治。

1. 主要原因

（1）喂养不当。

由于种种原因，成人在对婴儿喂养的过程中没能满足婴儿吮吸的需要和欲望，婴儿就会以吮吸手指的方式来抑制饥饿或满足需要，并逐渐固定成习惯。

（2）缺乏环境刺激或关心。

在缺乏环境的刺激或成人的关爱时，儿童容易以吮吸手指来自娱自乐或自我安慰。

（3）心理处于紧张状态。

常处于父母争吵、家长过于严厉等不良成长环境下的儿童，当他们的心理处于紧张状态时，也会不自觉地表现出吮吸手指的行为。

2. 干预原则

（1）改变不正确的喂养方式，敏感地感知婴儿饥饿的信号，及时喂养。

（2）多给儿童以关注，及时回应、满足儿童的生理和心理需求，建立安全型依恋。

（3）给予儿童丰富的环境刺激，让儿童的注意力从吮吸手指上转移开，从而防止吮吸行为习惯化或减少已成习惯的吮吸手指行为。

（4）对于难以克服者，可采用厌恶疗法，如在其手指上涂上苦味剂或辣味剂。

（二）啃咬指甲

啃咬指甲是儿童期常见的不良习惯性行为，发生于3～6岁，可持续至青春期，高峰年龄男性为12～13岁，女性为8～9岁。啃咬指甲行为一般随着儿童年龄增大可逐渐消失，但有部分儿童的这种习惯可持续进入成年期。该行为在儿童情绪紧张不安时更容易出现，主要表现为反复地啃咬指甲和指甲周围的皮肤，甚至啃咬脚指甲。一些儿童会因反复啃咬指甲致使手指受伤或感染。

1. 主要原因

该行为的发生与心理紧张、情绪不稳有关。儿童先是在心理紧张时啃咬指甲，通过这种行为来缓解内心的焦虑，长久以后则形成行为习惯。也有儿童是在模仿其他人啃咬指甲后而形成习惯的。

2. 干预原则

对该行为的矫正主要采用行为疗法，如厌恶疗法和习惯矫正训练，后者的重点是让儿童自己意识到啃咬指甲的害处，培养和强化良性行为，增强自我控制能力。

（三）屏气发作

屏气发作是指儿童在剧烈哭闹时突然出现呼吸暂停的现象。该行为可能是没有语言表达能力的儿童发泄愤怒的一种方式。屏气发作一般发生于6个月～2岁的儿童身上，当情绪受挫或严重气愤时即发作，表现为突然出现急剧的情感爆发，剧烈哭叫，随即呼吸暂停，伴有口唇发绀和全身强直，甚至意识丧失，抽搐发作。持续时间30秒～1分钟，严重者历时2～3分钟。3～4岁以后随着儿童语言表达能力的增强与剧烈哭闹现象的减少，屏气发作自然缓解，6岁以上很少出现。

1. 主要原因

有该行为的儿童往往与环境或父母之间存在明显的矛盾冲突，通常是初次发作后受到父母不适当的抚育方式的强化而持续存在下来的。儿童的个体气质对该行为的出现也起重要作用，困难型儿童往往更多地出现屏气发作。

2. 干预原则

对该行为矫正的重点应放在解决儿童与父母及环境之间的冲突上。要告诉父母，这种现象是一种良性行为，以消除父母的紧张、疑虑情绪，同时帮助父母分析引起屏气发作的原因并有效地消除、避免各种诱发因素，纠正不良的抚育方式，特别要注意，简单的惩罚与斥责只会使该行为发作的频率增加。进行上述干预后若儿童的行为无改善，则需到医疗保健机构进一步检查干预。屏气发作要与癫痫发作、心律失常、脑干肿瘤等疾病相区别。

（四）发脾气

发脾气是指儿童在受到挫折后哭叫吵闹的现象，在各年龄阶段均可出现，以幼儿期最为常见。

1. 主要原因

该行为的发生与儿童气质及父母的教养方式有关。困难型儿童容易出现这种现象；父母过度溺爱，有求必应，这种教养方式下的儿童在要求未能满足时就容易发脾气，长此以往则会形成好发脾气的习惯。

好发脾气的儿童一般较任性，常有不合理要求，当要求未满足或受到挫折时就大发脾气，表现为大喊大叫，哭闹不止，就地打滚，撕扯衣服、头发，甚至用头撞墙或以死来威胁父母，发脾气时成人的劝说多无效，只有当要求得到满足或者被理会后，经过较长时间才平息下来。

2. 干预原则

对这种行为应以预防为主，父母不要过分娇宠儿童，注意培养他们良好的行为习惯，让儿童知道什么要求是合理的，什么要求不合理而不能得到满足。矫正方法主要是注意教养方式，父母二人的态度要一致，儿童发脾气时与发脾气后均要对其耐心地说服和解释，正确引导。若劝说无效则可采取冷处理，暂时不予理睬，任其哭闹，经过多次以后这种现象就可自然消失。进行上述干预后若儿童行为无改善，则需到医疗保健机构进一步检查干预。

（五）拔毛发癖

拔毛发癖是指长期反复拔头发以致秃顶的现象。有的儿童也可能拔扯眉毛、睫毛等。

1. 主要原因

对该行为发生的原因，不同学派有不同的解释。精神动力学派心理学家把这种行为看作亲子冲突和（或）性心理发展受阻的表现；行为学派心理学家则认为

该行为是一种习惯性行为。有这种行为的儿童在拔毛发时，常有明显的精神紧张和心理冲突。

2. 干预原则

该行为多发生于1～5岁，也可开始于青春期，女孩比男孩多见，需要注意排除甲状腺功能减退、缺钙、皮肤疾病等引起的脱发。该行为随儿童年龄增长可逐渐消失。对该行为的矫正主要是采用阳性强化疗法、厌恶疗法和习惯矫正训练等行为治疗措施。进行上述干预后若儿童行为无改善，则需到医疗保健机构进一步检查干预。

（六）习惯性擦腿动作

习惯性擦腿动作是指儿童发生的摩擦会阴部（外生殖器区域）的习惯动作。半岁左右的婴儿即会出现，但多数发生在2岁以后，女孩较男孩多见。婴儿期发作表现为在家长怀抱中两腿交叉内收进行擦腿。幼儿则表现为将两腿骑跨于凳子上，或在其他物体上摩擦外生殖器。儿童做摩擦动作时两颊泛红，两眼凝视，额部微微出汗，呼唤不理，如果强行制止会产生不满情绪，甚至反抗。该行为多发生在儿童入睡前、醒后或单独玩耍时，常被误认为癫痫发作。

1. 主要原因

该病发生的原因可能是先有会阴部的刺激，如外阴部的湿疹、炎症、蛲虫症或包茎引起的包皮炎等，因局部发痒而摩擦，尔后在此基础上发展为习惯性动作。也有不少病例无明确诱因可寻。

2. 干预原则

发现儿童做出此行为后，家长不要流露出焦虑或紧张的情绪，更不要责骂或惩罚儿童，而要以和善的态度叫他站起来或让他做其他事情，晚上让他在感到疲倦后再上床入睡，清晨醒后唤他起床，平时不给他穿紧身内裤，消除出现习惯性动作的诱因。婴儿两大腿交叉时，家长可用手轻轻地将之分开，并转移其注意力以终止不良行为的发作。随着年龄的增大，这种习惯性动作会逐渐减少，最后消失。进行上述干预后若儿童行为无改善，则需到医疗保健机构进一步检查干预。

二　睡眠问题

睡眠问题是指在睡眠条件适宜的情况下，睡眠启动、睡眠过程、睡眠时间和睡眠质量等方面出现异常表现。我国12省市0～5岁儿童睡眠状况流行病学调查结果指出，睡眠问题发生率为20.87%。儿童常见的睡眠问题包括入睡困难、夜醒。入睡困难是指在睡眠条件适宜的情况下，入睡时间大于20分钟；夜醒是指在睡眠条件适宜的情况下，儿童夜间醒来后无法自主入睡，需要家长帮助才能重新入睡。

睡眠状态分为快速眼动睡眠（REM）和非快速眼动睡眠（NREM）。快速眼动睡眠为活跃的睡眠状态，眼球运动快，心率和呼吸加快，躯体活动较多；非快速眼动睡眠为安静的睡眠状态，无眼球快速运动，心率和呼吸慢而规则，躯体活动少。非快速眼动睡眠又分为浅睡期、中睡期和两个深睡期共四期，新生儿的这四期分界不明显，2个月后才能分清。6个月后婴儿的入睡模式是从觉醒状态到非快速眼动睡眠再到快速眼动睡眠，两大睡眠时期循环进行，构成整夜的睡眠。

随着年龄的增长，儿童的睡眠时间逐渐减少，清醒的时间逐渐延长，夜间连续睡眠时间延长。到5个月时夜间可不间断地睡7个小时；1岁时每日睡眠时间约14小时，白天需2次小睡；2岁时每日睡12～13小时，白天小睡1次；3岁时每日睡11～12小时。

（一）主要原因

儿童出现睡眠问题的主要原因有照料者缺乏正确的睡眠知识，养育方式不当，入睡、夜醒处理时过度安抚，阻碍儿童自我入睡能力的发展。此外，中枢神经系统发育不成熟或疾病，也会影响儿童的睡眠。

（二）干预原则

大多数睡眠问题是自限性的，但部分可持续到儿童后期。充足的睡眠可促进儿童大脑发育，避免可能出现的身体和精神症状。对于婴幼儿来说，充足的睡眠还是保证生长发育的必要条件。国家卫生健康委员会于2017年出台了《0岁~5岁儿童睡眠卫生指南》卫生行业标准，引导家长帮助孩子养成良好的睡眠习惯。

1. 睡眠环境

卧室应空气清新，温度适宜。可在卧室开盏小灯，儿童睡后应熄灯。不宜在卧室放置电视、电话、电脑、游戏机等设备。

2. 睡床方式

婴儿宜睡在自己的婴儿床里，与父母同一房间。1岁以后的儿童可逐渐从婴儿床过渡到小床，有条件的家庭宜让儿童单独睡一个房间。

3. 规律作息

从3~5个月起，儿童睡眠逐渐规律，宜固定就寝时间，一般不晚于21点，但也不提倡过早上床。节假日保持固定、规律的睡眠作息。

4. 睡前活动

安排3~4项睡前活动，如盥洗、如厕、讲故事等。活动内容每天基本保持一致，固定有序，温馨适度。活动时间控制在20分钟内，活动结束时，尽量确保儿童处于较安静状态。

5. 入睡方式

培养儿童独自入睡的能力，在儿童瞌睡但未睡着时将其单独放置小床睡眠，不宜摇睡、搂睡。将喂奶或进食与睡眠分开，至少在儿童睡前1小时喂奶。允许儿童抱安慰物入睡。分清儿童睡眠时的活动与完全清醒的状态，儿童在睡眠中每1个小时左右就会动一动或发出声音，显得较活跃，家长不要儿童一有响动就忙着喂奶或抱起来哄，这样不仅会延缓儿童发展连续的睡眠能力，还容易使儿童形成夜间哭吵的习惯（醒来就要吃或要抱，否则就哭闹）。儿童哭闹时，家长先耐心等待几分钟，再进房间短暂待在其身边1~2分钟后立即离开，重新等候，并逐步延长等候时间，帮助儿童学会独自入睡和顺利完成整个夜间连续睡眠。

6. 睡眠姿势

1岁以内的儿童宜采用仰卧位睡眠，不宜采用俯卧位睡眠，直至儿童可以自行变换睡眠姿势。

三 发育迟缓

婴幼儿发育包括大动作和精细运动、语言、认知、社会情感以及执行功能等方面的发展。发育迟缓通常指的是5岁以下的儿童较其他正常儿童，有1个或1个以上的发育方面的明显延迟。发育迟缓的诊断需要借助不同的评估量表。

熊熊，男孩，1岁半，会独立行走，知道叫自己的名字，会模仿大人的动作做出"再见"或"欢迎"的动作，会按要求指人或物，与人有目光交流，但还不会有意识叫"爸爸"或"妈妈"，这个孩子的发育有问题吗？

（一）主要原因

发育迟缓的病因十分复杂，既有外在的非遗传性因素，又有内在的遗传性因素。

1. 非遗传性因素

非遗传性因素对轻度发育迟缓影响很大。产前常见的因素包括先天性感染、接触致畸物或环境毒物（如药物、酒精、铅、汞、辐射、化学致畸物）等；产时常见的因素包括早产、低出生体重、产伤、窒息、缺氧、颅内出血等；产后常见的因素有中枢神经系统感染、低血糖、脑外伤、惊厥后脑损伤、佝偻病、甲状腺功能减退、碘缺乏、营养不良、脑血管疾病、核黄疸、听力障碍、肿瘤，以及文化、经济、心理因素等。

2. 遗传性因素

遗传性因素估计占不明原因智力障碍的50%，在中重度智力障碍患者中尤为突出，比例达2/3，甚至更高。遗传性因素包括染色体数目和结构异常、单基因病、线粒体病、多基因和（或）表观遗传异常等。国内外大量研究表明，儿童发育异常，特别是原发性发育迟缓、先天畸形与遗传缺陷关系密切。

（二）早期识别

由于发育迟缓病因十分复杂，目前大多数发育迟缓的患者尚不能获得针对病因的治疗。康复训练是发育迟缓患者最重要的治疗手段，康复训练越早开始，效果越好。因此，发育迟缓必须做到"三早"——早发现，早诊断，早干预。

1. 可疑迟缓的临床判断

发展里程碑是指大多数儿童在一定的年龄可以达到的能力水平，如果儿童在某个年龄阶段某些能力没有达到相应的水平，则需要引起重视。若存在表9-5中任

意一种情形，则应引起重视，照料者应带儿童到医疗保健机构进一步检查诊断。

表9-5　可疑迟缓的临床判断里程碑对照表

大运动	精细运动	语言发育	个人—社会能力
4个月，俯卧不能抬头 8.4个月，不能独坐 13.5个月，不能独站 15个月，不能独走	6.5个月，不能伸手抓物 9个月，不能换手 12个月，不能用拇指食指取小丸	15个月，不会单词 24个月，无组合词 30个月，无短句	3个月，不能逗笑 9个月，不认生 15个月，不会表示需要

2. 儿童发育问题预警征象

国内专家共同组织编制了儿童心理行为发育问题预警征象筛查工具——《儿童心理行为发育问题预警征象筛查表》（如表9-6所示），可帮助照料者快速全面地了解0～6岁儿童心理行为发育状况，定期进行筛查，更早地发现儿童发育中的可疑情况。若相应筛查年龄阶段任何一条预警征象筛查不通过，提示有发育迟缓的可能性，照料者应带儿童及时到医疗保健机构进行进一步检查干预。

表9-6　儿童心理行为发育问题预警征象筛查表

年龄	预警征象	
3个月	1. 对很大声音没有反应	☐
	2. 逗引时不发音或不会微笑	☐
	3. 不注视人脸，不追视移动的人或物品	☐
	4. 俯卧时不会抬头	☐
6个月	1. 发音少，不会笑出声	☐
	2. 不会伸手抓物	☐
	3. 紧握拳松不开	☐
	4. 不能扶坐	☐
8个月	1. 听到声音无应答	☐
	2. 不会区分生人和熟人	☐
	3. 双手间不会传递玩具	☐
	4. 不会独坐	☐

（续表）

年龄	预警征象	
12个月	1．呼唤名字无反应	☐
	2．不会模仿"再见"或"欢迎"的动作	☐
	3．不会用拇指食指对捏小物品	☐
	4．不会扶物站立	☐
18个月	1．不会有意识叫"爸爸"或"妈妈"	☐
	2．不会按要求指人或物	☐
	3．与人无目光交流	☐
	4．不会独走	☐
24个月	1．不会说3个物品的名称	☐
	2．不会按吩咐做简单事情	☐
	3．不会用勺吃饭	☐
	4．不会扶栏上楼梯/台阶	☐
30个月	1．不会说2～3个字的短语	☐
	2．兴趣单一、刻板	☐
	3．不会示意大小便	☐
	4．不会跑	☐
36个月	1．不会说自己的名字	☐
	2．不会玩"拿棍当马骑"等假想游戏	☐
	3．不会模仿画圆	☐
	4．不会双脚跳	☐
4岁	1．不会说带形容词的句子	☐
	2．不能按要求等待或轮流	☐
	3．不会独立穿衣	☐
	4．不会单脚站立	☐

（续表）

年龄	预警征象	
5岁	1. 不能简单叙说事情经过	☐
	2. 不知道自己的性别	☐
	3. 不会用筷子吃饭	☐
	4. 不会单脚跳	☐
6岁	1. 不会表达自己的感受或想法	☐
	2. 不会玩角色扮演的集体游戏	☐
	3. 不会画方形	☐
	4. 不会奔跑	☐

拓展阅读

目前，很多妇幼专业机构在互联网上有公益的自助筛查工具，可以进行儿童心理行为发育问题预警征象筛查，如扫描右侧二维码，关注保健熊公众号，选择服务→保健熊→神经心理→基础评估，填写基本信息及回答问题后，系统将自动提示是否通过筛查。

我们将前面的案例分析用保健熊或直接对照表9-6《儿童心理行为发育问题预警征象筛查表》，提示18个月龄中"不会有意识叫'爸爸'或'妈妈'"不通过，这表明孩子存在发育迟缓的可能性，但对照表9-5《可疑迟缓的临床判断里程碑对照表》则未发现异常，因此对于发育迟缓筛查，国内专家推荐定期使用《儿童心理行为发育问题预警征象筛查表》，该方法更全面，且简单易行。

此外，对于存在儿童发育高危因素的，如出生后有缺氧窒息或有新生儿住院病史的，其出现发育迟缓的风险相对较高，单纯由照料者观察较难在早期发现异常，应定期到医疗保健机构进行专业发育评估，以早发现、早诊断、早干预。

（三）干预原则

脑神经系统的发育特点决定了儿童的大脑具有很大的可塑性和修复性。关于早期脑发育的神经生理学研究显示，丰富的环境刺激（包括听觉、视觉、味觉、嗅觉等方面的刺激）可以增加神经突触连接的数量。给儿童提供适当的、丰富的刺激，可以促进儿童大脑的发育，如丰富的语言环境会促进大脑语言区的突触发育。早期的感觉剥夺或经验剥夺，会使儿童的相应感觉区域出现萎缩，损害脑功能的发育。早期的营养状况也会对脑的生长产生重要影响。

如果儿童在婴儿期大脑受到某种损害，通过学习可以获得一定程度的修复，某一半球受损则另一半球可产生代偿性的发展。比如，5岁以前的语言损伤不会是永久性的，通过训练可以逐渐恢复，而成人则可能导致永久性的失语症。因此，对于发育迟缓的儿童应采取综合干预的方法，首先是查找原因，针对病因进行治疗；其次是进行训练和教育，如进行言语训练、精细动作训练等，帮助他们发挥潜能。

四　孤独症谱系障碍

孤独症谱系障碍（以下简称孤独症）也称自闭症，是一类发生于儿童早期的神经发育障碍性疾病，是以社交沟通障碍、重复刻板的行为或兴趣狭窄为核心症状的疾病谱。约有3/4的孤独症儿童伴有明显的精神发育迟滞（智力落后）。之所以称之为"谱系障碍"，是因为即使孤独症患儿的核心缺陷是一致的，但症状严重程度、个体表现形式仍有很大的差异。我国儿童孤独症患病率约为7‰，孤独症严重影响儿童的社会功能和生活质量，通常会导致较高的终生致残率。

案例分析

2岁2个月的浅浅，家人发现她不爱讲话，会说的词汇不到10个，很少叫爸爸妈妈，总喜欢自己一个人玩，喜欢反复将小汽车排成一排；不懂什么是危险的事，喜欢攀高，喜欢转圈；对成人说的话没有反应，缺乏兴趣；还不会玩假扮游戏，不会假装打电话，不会学动物叫等。

经妇幼医院专科诊断，浅浅患上了孤独症。爸爸妈妈带她在妇幼医院进行康复训练，同时进行家庭干预。经过近2年的训练，浅浅开始能与家里人交流了，对成人的指令能做出基本正确的回应，能表达自己的基本需求。现在，她已经上了普通幼儿园，同时继续在专业机构接受训练。

（一）主要原因

目前，医学上仍未明确孤独症的发病原因，也缺乏有针对性的治疗方法。多数学者认为孤独症是遗传和环境因素共同作用导致脑神经细胞发育异常、神经功能失调的结果。总的来看，遗传因素在发病中起着主导作用，如同卵双胞胎共患孤独症的概率极高。此外，环境因素如孕期接触有毒有害物质、孕期感染、母体营养不良、个体免疫异常等均可能与孤独症的发生发展相关。

（二）早期识别

孤独症的社交不足行为和部分刻板行为在早期即可出现，2岁左右可以进行早期诊断。当儿童出现以下"五不"行为（如图9-1所示）时，要特别留意儿童是否为孤独症儿童。

图9-1　孤独症早期"五不"行为

1. 不（少）看

不（少）看指目光接触异常，孤独症儿童早期即开始表现出对有意义的社交刺激的视觉注视缺乏或减少，对人尤其是人眼部的注视减少。

2. 不（少）应

不（少）应包括叫名反应不敏感和共同注意水平低。叫名反应不敏感即对父母的呼唤声充耳不闻，这通常是家长较早发现的孤独症表现之一。共同注意指幼儿早期社会认知发展中的一种协调性注意能力，是指个体借助手指指向、眼神等与他人共同关注二者之外的某一物体或者事件。在对孤独症患儿的前瞻性研究中发现，孤独症儿童在14～15月龄即表现出与共同注意相关的沟通水平下降。

3. 不（少）指

不（少）指即缺乏恰当的肢体动作，无法对感兴趣的东西提出请求。孤独症儿童可能早在12月龄时就表现出肢体动作的使用频率下降，如不懂得点头表示需要、摇头表示不要，不会有目的地指向、手势比画等。

4. 不（少）语

多数孤独症患儿存在语言延迟现象，家长最多关注的也往往是儿童的语言问题。

5. 不当

不当指不恰当的物品使用及相关的感知觉异常。孤独症患儿从12月龄起可能会出现对物品的不恰当使用，包括旋转、排列以及对物品的持续视觉探索，如将小汽车排成一排，旋转物品并持续注视等。言语的不当也应该注意，表现为正常语言出现后言语能力的倒退，常说一些难以听懂、重复、无意义的语言。

拓展阅读

孤独症儿童常伴有智力落后，但也有部分孤独症儿童智力正常或超常。比如，高功能孤独症儿童的总体智力基本属于正常范围，但具有特殊的智力结构，表现为各功能区发育或智力发育各分项不平衡趋势。这类儿童的手眼协调能力及心理运作的速度、准确度较差，对新环境的适应能力较差，但对某些数字、符号和图形等的记忆力超群。推荐观看美国经典影片《雨人》，讲的就是一位记忆力超群的孤独症患者的故事。

（三）干预原则

孤独症通常起病于婴幼儿期，目前尚缺乏有效的治疗药物，主要治疗途径为康复训练，包括教育训练、行为矫治和药物治疗等综合措施。最佳治疗期为6岁前，越早干预效果越好。治疗目标是提高儿童的社会适应能力，促进儿童的言语能力发展，帮助儿童掌握基本生活和学习技能。通过早期发现、早期诊断、早期干预，可不同程度地改善儿童的症状和预后。

1.5岁以内的幼儿可以在专业医疗机构指导下以家庭干预为主，专业医疗机构应帮助家长主动利用各种资源，不断学习和提高康复训练技术。1.5～3岁的幼儿可以选择专业医疗机构进行康复训练，同时进行家庭干预。3岁以后，病情相对轻、具备一定社会交往和交流能力的儿童可在普通幼儿园接受融合教育，同时结合专业机构训练；病情较重、社会交往和交流能力弱的儿童可在专业医疗机构、特殊教育机构或有资质的康复机构接受康复训练，继续鼓励家庭成员参与。

拓展阅读

目前，国内比较推荐使用《改良婴幼儿孤独症筛查量表》（M-CHAT）进行专项筛查，适用年龄是18～36月龄。量表中共23个项目，每个项目2级评分。量表中项目11、18、20、22回答"是"，其余项目回答"否"视为项目不通过。若核心项目2、7、9、13、14、15中有2项或2项以上不通过，或者在全部项目中有3个或3个以上不通过者，为筛查不通过，提示存在孤独症风险。存在孤独症风险并不等同于得了孤独症。孤独症仍缺乏可用于诊断的生物学标记，因此需要靠经验丰富的专业医生综合评估诊断。对于筛查不通过的儿童，应到具有儿童孤独症诊断资质的专业医疗机构进一步诊断。

目前，很多妇幼专业机构在互联网上有公益的自助筛查工具，保健熊公众号也有孤独症筛查功能，扫描右侧二维码，选择服务→保健熊→孤独症筛查，填写基本信息并回答问题后，系统会自动提示是否通过筛查。

单项选择题

1. 新生儿期的年龄界定是指（　　）。

    A．从出生到生后满28天   B．从出生到生后满2天

    C．从孕期28周到生后2周   D．从出生到生后满2周

2. 下列现象中不属于新生儿先天性反射的是（　　）。

    A．抓握反射   B．吮吸反射   C．莫罗反射   D．张嘴反射

3. 要矫正儿童吮吸手指的行为问题，以下方法不合适的是（　　）。

    A．改变不正确的喂养方式   B．让儿童自己待着，不要打扰他

    C．多给儿童以关注   D．给予儿童丰富的环境刺激

4. 下列哪种情况要怀疑孩子有语言发育迟缓的可能？（　　）

    A．6个月仍不会有意识地叫"爸爸"或"妈妈"

    B．1岁6个月仍不会有意识地叫"爸爸"或"妈妈"

    C．10个月仍不会有意识地叫"爸爸"或"妈妈"

    D．8个月仍不会有意识地叫"爸爸"或"妈妈"

5. 促进婴儿语言早期训练的方法是（　　）。

    A．增强宝宝的社会交往能力

    B．提高宝宝的美感

    C．加强婴儿肺、咽、唇、舌四个主要发音器官的锻炼

    D．提高宝宝的肢体协调能力

6. 水痘的主要传染源为（　　）。

    A．健康带毒者   B．隐性感染者

    C．患者本人   D．患者的排泄物

7. 婴幼儿（　　）其中部分原因可能是婴儿鼻塞造成的。

    A．声音嘶哑、认知降低

    B．烦躁不安、呼吸困难和抗拒吮乳

    C．喉头变窄

    D．智力低下

8.（　　）是1～3岁婴儿走路不稳易摔跤的主要原因。

  A．自主神经发育不全   B．婴儿的神经细胞缺乏髓鞘

  C．小脑发育较晚，平衡能力差 D．身体比例失调

9.下列哪种疾病是由缺钙引起的？（　　）

  A．过敏症状 B．孤独症 C．神经炎 D．佝偻病

10.小儿呼吸道感染最常见的病原体是（　　）。

  A．细菌   B．病毒   C．支原体   D．衣原体

参考文献

［1］沈雪梅. 0～3岁婴幼儿心理发展［M］. 北京：北京师范大学出版社，2019.

［2］吴荔红. 学前儿童发展心理学［M］. 福州：福建人民出版社，2010.

［3］陈福红，李慧霞，李德菊. 学前儿童发展心理学［M］. 长沙：湖南师范大学出版社，2017.

［4］吉喆，姜玉华，李海秋. 幼儿卫生学［M］. 长沙：湖南师范大学出版社，2020.

［5］徐琳. 0～3岁婴幼儿保育与教育［M］. 南京：江苏凤凰教育出版社，2021.

［6］济南阳光大姐服务有限责任公司. 母婴护理：基础知识、初级［M］. 北京：高等教育出版社，2020.

［7］陈帼眉，冯晓霞，庞丽娟. 学前儿童发展心理学［M］. 3版. 北京：北京师范大学出版社，2013.

［8］周念丽. 学前儿童发展心理学［M］. 3版. 上海：华东师范大学出版社，2014.

［9］文颐. 婴儿心理与教育：0～3岁［M］. 2版. 北京：北京师范大学出版社，2015.

［10］曹中平. 0～3岁婴幼儿玩具与游戏［M］. 长沙：湖南教育出版社，2021.

［11］秦金亮. 早期儿童发展导论［M］. 北京：北京师范大学出版社，2014.

［12］刘玉娟，岳毅力. 学前儿童发展心理学［M］. 北京：北京出版社，2014.

［13］李晓巍. 学前儿童发展与教育［M］. 上海：华东师范大学出版社，2018.

［14］王振宇. 学前儿童心理学［M］. 北京：中央广播电视大学出版社，2007.

［15］文颐. 婴儿早期教育指导课程：0～3［M］. 北京：北京师范大学出版社，2012.

［16］王丹. 婴幼儿心理学［M］. 重庆：西南师范大学出版社，2016.

［17］陈帼眉. 幼儿心理学［M］. 2版. 北京：北京师范大学出版社，2017.

［18］李艳玲，王美娜. 学前儿童发展心理学［M］. 视频指导版. 北京：人民邮电出版社，2019.

［19］夏菡，陈艳杰. 0～3岁婴幼儿生长发育与心理发展概论［M］. 北京：北京师范大学出版社，2020.

［20］琳恩·默里. 婴幼儿心理学：关于婴幼儿安全感、情绪控制和认知发展的秘密［M］. 张安也，译. 北京：北京科学技术出版社，2020.

［21］郭莲荣. 婴幼儿心理学［M］. 北京：西苑出版社，2020.

［22］谢弗，基普. 发展心理学：儿童与青少年［M］. 邹泓，等译. 9版. 北京：中国轻工业出版社，2016.

［23］宋丽博. 学前儿童发展心理学［M］. 4版. 北京：高等教育出版社，2022.

［24］王静，冉超. 0～3岁婴幼儿语言发展与教育［M］. 北京：北京师范大学出版社，2020.

［25］张文军. 学前儿童发展心理学［M］. 2版. 长春：东北师范大学出版社，2017.

［26］沙莉，钱国英. 学前儿童心理发展［M］. 2版. 北京：清华大学出版社，2022.

［27］钱文，俞辉. 婴幼儿社会性发展与教育［M］. 上海：上海科技教育出版社，2019.

［28］朱智贤. 儿童心理学［M］. 1993年修订版. 北京：人民教育出版社，1993.

［29］劳拉·E.贝克. 儿童发展［M］. 邵文实，译. 8版. 南京：江苏教育出版社，2014.

［30］约翰逊，等. 游戏与儿童早期发展［M］. 华爱华，郭力平，译. 2版. 上海：华东师范大学出版社，2006.

［31］俞国良. 社会心理学［M］. 北京：北京师范大学出版社，2006.

［32］李幼穗. 儿童社会性发展及其培养［M］. 上海：华东师范大学出版社，2004.

［33］黎海芪. 实用儿童保健学［M］. 2版. 北京：人民卫生出版社，2022.

［34］石淑华，戴耀华. 儿童保健学［M］. 3版. 北京：人民卫生出版社，2014.

［35］刘范，张增杰. 儿童认知发展与教育［M］. 北京：人民教育出版社，1985.

［36］孟昭兰. 人类情绪［M］. 上海：上海人民出版社，1989.

［37］杨海梦. 基于多元智能理论的幼儿体育游戏设计及实施效果研究［D］. 上海：华东师范大学，2021.

［38］冯晓梅，张晓冬，张厚粲，等. 新生儿视觉分辨能力的研究［J］. 心理学报，1988（3）：253-259.

［39］周兢. 汉语儿童的前语言现象［J］. 南京师大学报（社会科学版），1994（1）：45-50.

［40］曾洁，刘媛. 妈妈语的动态调整与儿童语言发展的关系［J］. 学前教育研究，2017（3）：32-40.

［41］王振宇. 性别化：儿童社会化的重要环节［J］. 幼儿教育，2012（28）：12-14.

［42］邹泓. 同伴关系的发展功能及影响因素［J］. 心理发展与教育，1998（2）：39-44.

［43］静进. 孤独症谱系障碍诊疗现状与展望［J］. 中山大学学报（医学科学版），2015，36（4）：481-488.

［44］中华医学会儿科学分会神经学组，中国医师协会神经内科分会儿童神经疾病专业委员会. 儿童智力障碍或全面发育迟缓病因诊断策略专家共识［J］. 中华儿科杂志，2018，56（11）：806-810.

［45］张悦，黄小娜，王惠珊，等. 中国儿童心理行为发育问题预警征编制及释义［J］. 中国儿童保健杂志，2018，26（1）：112-114，116.